U0359087

地方志災異資料叢刊

第二編

8

于春媚　賈貴榮　編

國家圖書館出版社

第八册目録

（清）潘相等纂修

【乾隆】曲阜縣志

清乾隆三十九年（1774）刻本

知縣安鄉潘相修

男承焯編

通編第一之一

謹按曲阜邑名傳於農皞建都遡乎尚矣顧自夏商以前皆荒遠不可譜昔太史公爲史記於世表本紀斷自黃帝三十二國年表共和以後始以甲子紀年疑則傳疑也茲謹据經史采諸子集擇其言有徵者斷自元公受封迄於近代上下數千年其世之所殊地之所屬事之所繫人之所著與夫政教之關乎吏民災祥之見於邦域皆提其大要著於篇而我
朝尊師崇道之盛典與禮度文之邁越萬古爲邑乘所得載者皆以次恭錄俾人知化神之治于聖里尤著後之君子因以世世續編至億萬年傳之無窮云

己卯 周武王十有三年封周公于曲阜國曰魯

史記云徧封功臣同姓戚者封周公旦於少昊之墟曲阜是爲魯公 禮記明堂位云封周公于曲阜地方七百里

丙戌 成王元年 魯公元年 公代父周公就封

左傳祝鮀曰昔武王克商成王定之選建明德以藩屏周故周公相王室以尹天下於周爲睦分魯公以大路大旂夏后之璜封父之繁弱殷民六族使之職事於魯以昭周公之明德分之土田陪敦祝宗卜史備物典策官司彝器因商奄之民命以伯禽而封於少昊之墟 史記云周公不就封留佐武王卒相成王而使其子伯禽代就封於魯 鄭康譜云伯禽以成王元年封

立兩社

周禮小司徒凡建國立其社稷小宗伯掌建國之神位右社稷左宗廟 白虎通云封東方諸侯青土苴以白茅 左傳曰閒于兩社爲公室輔 公羊傳云哀公四年六月辛丑蒲社災 公羊解云蒲者古國之名天子滅之以封伯禽取其社以戒諸侯使事上 穀梁傳作亳社

立文王廟

見襄公十二年左傳史記亦云成王乃命魯得郊祭文王鄭康成曰魯以周公之故立文王之廟毛奇齡云魯爲宗國以周公爲武王母弟得稱別子爲文王之宗禮別子宗宗當祀別子所自出因立文王廟於魯爲周公之所自出名出王廟

公帥師伐淮夷徐戎作費誓

書序云魯侯伯禽宅曲阜徐夷並興東郊不開作費誓傳云伯禽爲方伯監七百里之內諸侯帥之以征史記云伯禽即位之後有管蔡等反也淮夷徐戎亦並興反於是伯禽率師伐之於肸作肸誓遂平徐戎定魯○呂氏曰伯禽撫封於魯夷戎妄意其未更事且乘其新造之隙而伯禽應之者甚整暇有序詳見書經傳說彙纂

築外城

史記正義曰括地志云兖州曲阜縣外城即魯公伯禽所築古魯城也

戊子三年 魯公三年 公報政于周公

史記云伯禽封魯之三年然後報政周公周公曰何遲也伯禽曰變其俗革其禮喪三年而後除之故遲太公亦封於齊五月而報政周公周公曰何疾也曰吾簡其君臣禮從其俗為也及後聞伯禽報政遲乃歎曰嗚呼魯後世其北面事齊矣夫政不簡不易民不有近平易近民民必歸之

庚戌 十有三年 魯公十有三年 行九府圜法

錢圓函方輕重以銖通九府之用布帛廣二尺二寸為幅長四丈有四

己亥 十有四年 魯公十有四年 周公薨于豐葬于畢王命世祀周公以天子之禮樂立太廟

禮記曰周公七年致政于成王洛誥曰惟周公誕保文武受命惟七年陳氏傅良曰周公位冢宰攝政已七年欲退休成王留之治洛又歷七年自武王沒後共十四年也綱目前編載周公薨于成王十一年竹書紀年謂薨于二一年皆不足信

庚子 十有五年 魯公十有五年 春正月公祀帝于郊配以后稷夏四

大雩 王制云喪三年不祭惟祭天地社稷爲越紼而行事

壬寅 十有七年 魯公十有七年 夏六月以禘禮祀周公于太廟

按春秋閔公二年夏五月乙酉吉禘于莊公公羊傳云其言吉者未可以吉未三年也據此則魯行禘禮當始于是年以後因事則書又設則變位截行禘于季夏六月本夏正之四月至孟獻子乃以夏之五月故雜記曰七月而禘至魯之郊禘程子朱子皆信禮記以爲成王之賜伯禽之受而綱目前編乃據劉氏外紀羅氏路史謂魯惠始請郊禘之禮王命史角往止之大書于平王四十八年究非確據茲故仍從舊說餘見闕里志

癸亥 康王元年 魯公十八年 三公入朝于豐宮

戊寅 十有六年 魯公五十三年 公卒子酋立

是爲考公徐廣曰皇甫謐云伯禽以成王元年封在位四十六年康王十六年卒前編曰據徐廣說當作在位五十三年

立世室

見明堂位記

己卯 十有七年 考公元年

壬午 二十年 考公四年 公卒弟熙立

一 是為煬公

癸未 二十有一年 煬公元年 築茅闕門

徐廣曰茅一作第又作夷世本曰煬公徙魯宋忠曰今魯國

戊子 二十有六年 煬公六年 公卒子宰立

是為幽公索隱曰宰世本名圉

己丑 昭王元年 幽公元年

壬寅 十有四年 幽公十有四年 公弟濆弒公而自立

是爲魏公徐廣曰世本作微公索隱曰系本讀作弗音沸

癸卯　十有五年　魏公元年

庚辰　穆王元年　魏公三十八年

壬辰　十三年　魏公五十年　公卒子擢立是爲厲公索隱曰擢系本作翟

癸巳　十四年　厲公元年

己巳　五十年　厲公三十七年　公卒國人立其弟具是爲獻公

庚午　五十有一年　獻公元年

乙亥　共王元年　獻公六年

丁亥　懿王元年　獻公十有八年

辛丑 十有五年 獻公三十二年公卒子濞立是爲眞公索隱曰眞音愼本亦作愼公濞系本作摯或作鼻音四位反鄒誕本作愼公鼻也

壬寅 十有六年 眞公元年

壬子 孝王元年

丁卯 夷王元年

癸未 厲王元年

甲戌 宣王元年 史記年表作眞公二十九年

乙亥 二年 史記年表作眞公三十年

按史記世家云獻公三十二年卒子眞公濞立眞公十四年厲王無道出奔彘共和行政二十九年周宣王即位二十年眞公卒弟敖立是爲武公但據綱目前編自眞公元年之壬寅至今乙亥已九十三年其年數之不同如此今并存之以備考

丙子 三年史記年表作武公元年

乙酉 十有二年武公十年 公入覲見其二子括戲王命戲為世子世家作武公九年

夏公歸國卒子戲立

是為懿公

丙戌 十有三年懿公元年

甲午 二十有一年懿公九年 公兄括之子伯御弑公而自立戲在位九年其兄括之子伯御與魯人攻弑之而自立

乙巳 三十有二年王來討誅伯御立懿公之弟稱伯御立十一年王伐魯殺伯御問魯公子之能導順諸侯者以為魯後樊穆仲曰魯懿公弟稱肅恭明神而敬事耆老賦事行刑必問於遺訓而咨於故實不干所問不犯所咨王曰然則能訓治其民矣乃立稱於夷宮是為孝公

丙午 三十有三年 孝公元年

庚申 幽王元年 孝公十有五年

辛未 平王元年 孝公二十六年

壬申 二年 孝公二十七年 公卒子弗湟立

是爲惠公徐廣曰表云弗生索隱曰系本作弗湟年表作弗生

癸酉 三年 惠公元年

戊午 四十有八年 惠公四十有六年 公卒子息姑立

是爲隱公初惠公元妃孟子卒繼室以聲子生隱公宋武公生仲子有文在其手曰爲魯夫人仲子歸於我生桓公而惠公薨是以隱公立而奉之

己未 四十有九年 隱公元年 春三月公及邾儀父盟于蔑 夏四月費伯帥師城郎 秋七月[illegible]使宰咺來歸惠公仲子之賵

九月及宋人盟于宿 冬十月庚申改葬惠公 公子豫及

邾人鄭人盟于翼 新作南門 十有二月祭伯來 公子

益師卒

庚申 五十年 隱公二年 春公會戎于潛 夏五月無駭帥師入極

秋八月庚辰公及戎盟于唐 九月紀履綸來逆女 冬十月

伯姬歸于紀 十有二月乙卯夫人子氏卒

辛酉 五十一年 隱公三年 秋武氏子來求賻

壬戌 桓王元年 隱公四年 夏公及宋公遇于清 秋翬帥師會宋公

陳侯蔡人衛人伐鄭

癸亥 二年 隱公五年 春公觀魚于棠

臧僖伯諫不聽見列傳

秋九月考仲子之宮初獻六羽公問羽數於衆仲仲請自八以下於是始用六羽

螟　冬十有二月辛巳公子彄卒臧僖伯卒公曰叔父有憾於寡人寡人不敢忘葬之加一等

甲子三年隱公六年春鄭人來輸平　夏五月辛酉公會齊侯盟于艾　冬公爲京師請糴于宋衛齊鄭

乙丑四年隱公七年春三月叔姬歸于紀　夏城中邱　齊侯使其弟年來聘　秋公伐邾　冬王使凡伯來聘

丙寅五年隱公八年春三月鄭伯使宛來歸祊庚寅入祊　秋九月辛卯公及莒人盟于浮來　螟　冬十有二月無駭卒

丁卯六年隱公九年春王使南季來聘　三月癸酉大雨震電庚辰

大雨雪　挾卒　夏城郎　冬公會齊侯于防

戊辰七年隱公十年春二月公會齊侯鄭伯于中丘　夏翬帥師會齊人鄭人伐宋　六月壬戌公敗宋師于菅　辛未取郜　辛巳取防

己巳八年隱公十一年春滕侯薛侯來朝　夏公會鄭伯于時來　秋七月壬午公及齊侯鄭伯入許　冬十有一月公子翬弑公而自立

是爲桓公羽父請殺桓公將以求太宰公曰爲其少故也吾將授之矣使營菟裘吾將老焉羽父懼反譖公于桓公而請殺之公祭鍾巫齋于社圃館于寪氏翬使賊殺之而立桓公討寪氏有死者

庚午九年桓公元年春三月公會鄭伯于垂鄭伯以璧假許田　夏四月丁未公及鄭伯盟于越　秋大水　冬鄭伯拜盟

辛未十年桓公二年春正月戊申宋督弑其君與夷及其大夫孔父公羊曰督將弑殤公孔父生而存則殤公不可得而弑也於是先攻孔父之家殤公趨而救之皆死也滕子來朝 三月公會齊侯陳侯鄭伯于稷以成宋亂 夏四月取郜大鼎于宋戊申納于太廟臧哀伯諫不聽見列傳秋七月杞一作紀侯來朝 九月入杞 公及戎盟于唐

壬申十有一年桓公三年春正月公會齊侯于嬴 夏六月公會杞侯于郕 秋公子翬如齊逆女齊侯送姜氏于讙公往會之夫人姜氏至自齊 冬齊侯使其弟年來聘 有年

癸酉十有二年桓公四年春正月公狩于郎 夏王使宰渠伯糾來聘

甲戌 十有三年 桓公五年 夏王使仍叔之子來聘 城祝丘秋大雩螽

乙亥 十有四年 桓公六年 春正月州公來 夏四月公會紀侯于郕 秋八月壬午大閱 九月丁卯世子同生 冬紀侯來朝

丙子 十有五年 桓公七年 春二月己亥焚咸丘 夏穀伯綏鄧侯吾離來朝

丁丑 十有六年 桓公八年 春正月己卯烝 王使家父來聘 夏五月丁丑烝 秋伐邾 冬十月雨雪 祭公來 命魯主婚遂逆王后于紀

戊寅 十有七年 桓公九年 冬曹伯使其世子射姑來朝

己卯 十有八年 桓公十年 秋公會衛侯于桃丘弗遇 冬十有二月

丙午齊侯衛侯鄭伯來戰于郎

庚辰十有九年桓公十一年秋柔會宋公陳侯蔡叔盟于折　公會宋公于夫鍾　冬十有二月公會宋公于闞

辛巳二十年桓公十有二年夏六月壬寅公會杞侯莒子盟于曲池　秋七月丁亥公會宋公燕人盟于穀丘　公會宋公于虛　冬十有一月公會宋公于龜　丙戌公會鄭伯盟于武父　十有二月及鄭師伐宋丁未戰于宋

壬午二十有一年桓公十有三年春二月公會紀侯鄭伯己巳及齊侯宋公衛侯燕人戰齊師宋師衛師燕師敗績　夏大水

癸未二十有二年桓公十有四年春正月公會鄭伯于曹　無冰　夏鄭伯使其弟語來盟　秋八月壬申御廩災　乙亥嘗

甲申二十有三年桓公十有五年春二月王使家父來求車　夏公會齊侯于艾　邾人牟人葛人來朝　冬十有一月公會宋公衛侯陳侯于袲伐鄭

乙酉莊王元年桓公十有六年春正月公會宋公蔡侯衛侯于曹　夏四月伐鄭　冬城向

丙戌二年桓公十有七年春正月丙辰公會齊侯紀侯盟于黃　二月丙午公會邾儀父盟于趡　夏五月丙午師及齊師戰于奚　秋師及宋人衛人伐邾

丁亥三年桓公十有八年春正月公會齊侯于濼遂與夫人姜氏如齊夏四月丙子齊侯諸兒殺公世子同立是爲莊公

丁酉公之喪至自齊冬十有二月己丑葬桓公

戊子 四年 莊公元年 春三月夫人姜氏奔齊 夏單伯逆王姬 秋築王姬之館于外 冬十月王使榮叔來錫桓公命

己丑 五年 莊公二年 夏四月公子慶父帥師伐於餘邱 冬十有二月夫人姜氏會齊侯于禚

庚寅 六年 莊公三年 春正月溺會齊師伐衛 冬公次于滑

辛卯 七年 莊公四年 春二月夫人姜氏享齊侯于祝邱 三月紀伯姬卒 冬公及齊人狩于禚

壬辰 八年 莊公五年 夏夫人姜氏如齊師 秋郳黎來來朝 冬公會齊人宋人陳人蔡人伐衛

癸巳 九年 莊公六年 秋螟 冬齊人來歸衛俘

甲午 十年 莊公七年 春夫人姜氏會齊侯于防 夏四月辛卯夜恒星不見夜中星隕如雨 秋大水無麥苗 冬夫人姜氏會齊侯于穀

乙未 十有一年 莊公八年 春正月師次于郎以俟陳人蔡人 甲午治兵 夏師及齊師圍郕秋師還

丙申 十有二年 莊公九年 春公及齊大夫盟于蔇 夏公伐齊納糾 秋八月庚申及齊師戰于乾時敗績九月齊人取子糾殺之 冬浚洙

丁酉 十有三年 莊公十年 春正月公敗齊師于長勺 二月公侵宋 夏六月齊師宋師次于郎公敗宋師于乘丘

戊戌 十有四年 莊公十一年 夏五月戊寅公敗宋師于鄑

己亥　十有五年　莊公十二年　春三月紀叔姬歸于酅

庚子　僖王元年　莊公十三年　冬公會齊侯盟于柯

辛丑　二年　莊公十四年　夏單伯會齊人陳人曹人伐宋　冬單伯會齊侯宋公衛侯鄭伯于鄄

壬寅　三年　莊公十五年　夏夫人姜氏如齊

癸卯　四年　莊公十六年　冬十有二月公會齊侯宋公陳侯衛侯鄭伯許男滑伯滕子同盟于幽

甲辰　五年　莊公十七年　秋鄭詹自齊逃來　冬多麋

乙巳　惠王元年　莊公十八年　夏公追戎于濟西　秋有蜮

丙午　二年　莊公十九年　秋公子結媵陳人之婦于鄄遂及齊侯宋公盟　夫人姜氏如莒　冬齊人宋人陳人來伐西鄙

丁未三年莊公二十年春二月夫人姜氏如莒

戊申四年莊公二十一年秋七月戊戌夫人姜氏卒

己酉五年莊公二十二年春正月肆大眚　癸丑葬文姜　秋七月丙申及齊高傒盟于防　冬公如齊納幣

庚戌六年莊公二十三年春祭叔來聘　夏公如齊觀社　荆人來聘　公及齊侯遇于穀　蕭叔朝公于穀　秋丹桓宮楹　冬十有二月甲寅公會齊侯盟于扈

辛亥七年莊公二十四年春三月刻桓宮桷　夏公如齊逆女　秋八月丁丑夫人姜氏入　戊寅大夫宗婦覿用幣　大水

壬子八年莊公二十五年春陳侯使女叔來聘　夏六月辛未朔日有食之鼓用牲于社　伯姬歸于杞　秋大水鼓用牲于社于門

冬公子友如陳

癸丑 九年 莊公二十六年 春公伐戎 秋公會宋人齊人伐徐

甲寅 十年 莊公二十七年 春公會杞伯姬于洮 夏六月公會齊侯宋公陳侯鄭伯同盟于幽 秋公子友如陳葬原仲 冬杞伯姬來 莒慶來逆叔姬 杞伯來朝 公會齊侯于城濮

乙卯 十有一年 莊公二十八年 秋公會齊人宋人救鄭 冬築郿 無麥禾 臧孫辰告糴于齊

丙辰 十有二年 莊公二十九年 春新延廄 秋有蜚 冬十有二月叔姬卒 城諸及防

丁巳 十有三年 莊公三十年 夏師次于成 秋八月癸亥葬紀叔姬 九月庚午朔日有食之鼓用牲于社 冬公及齊侯遇于

魯濟

戊午十有四年莊公三十一年春築臺于郎　夏築臺于薛　六月齊侯來獻戎捷　秋築臺于秦　冬不雨

己未十有五年莊公三十二年春城小穀　秋七月癸巳公子牙卒　八月癸亥公卒于路寢子般立　冬十月已未公子慶父弑之而立啓方年八歲是為閔公　公子友奔陳　公子慶父如齊

庚申十有六年閔公元年夏六月辛酉葬莊公　秋八月公及齊侯盟于落姑公子友來歸　冬齊仲孫湫來

辛酉十有七年閔公二年夏五月乙酉吉禘于莊公　秋八月辛丑

公子慶父弑公于武闈公子友以公子申如邾　九月夫人
姜氏奔邾公子慶父奔莒　冬齊高子來盟公子申立
是爲僖公
取慶父于莒殺之
壬戌　十有八年僖公元年秋七月戊辰齊侯討殺夫人姜氏于夷以
歸　八月公會齊侯宋公鄭伯曹伯邾人于檉　九月公敗
邾師于偃　冬十月壬午公子友帥師敗莒師于酈獲莒挐
公賜友汶陽之田及費　十有二月丁巳夫人氏之喪至自
齊
癸亥　十有九年僖公二年夏五月辛巳葬哀姜　冬十月不雨
甲子　二十年僖公三年春正月不雨夏四月不雨六月雨　冬公子

友如齊涖盟

乙丑二十有一年僖公四年春正月公會齊侯宋公陳侯衛侯鄭伯許男曹伯侵蔡蔡潰遂伐楚次于陘　秋及江人黄人伐陳　冬十有二月公孫茲帥師會齊人宋人衛人鄭人許人曹人侵陳

丙寅二十有二年僖公五年春杞伯姬來朝其子　夏公孫茲如牟公及齊侯宋公陳侯衛侯鄭伯許男曹伯會王世子于首止　秋八月盟于首止

丁卯二十有三年僖公六年夏公會齊侯宋公陳侯衛侯曹伯伐鄭圍新城

戊辰二十有四年僖公七年夏小邾子來朝　秋七月公會齊侯宋

公陳世子款鄭世子華盟于甯母　公子友如齊

己巳二十有五年僖公八年春正月公會王人齊侯宋公衛侯許男

曹伯陳世子款盟于洮　秋七月禘于太廟用致夫人

志卷之二十五

　知縣楚安鄉潘相修

通編第三之二　男承熾編

庚午襄王元年僖公九年夏公會宰周公齊侯宋子衛侯鄭伯許男曹伯于葵邱秋九月戊辰盟于葵邱

辛未二年僖公十年春正月公如齊　冬大雨雹

壬申三年僖公十一年夏公及夫人姜氏會齊侯于陽穀　秋八月大雩

甲戌五年僖公十三年夏四月公會齊侯宋公陳侯衛侯鄭伯許男曹伯于鹹　秋九月大雩　冬公子友如齊

乙亥六年僖公十四年春城緣陵　夏六月季姬及鄫子遇于防使鄫子來朝

丙子　七年僖公十五年　春三月公會齊侯宋公陳侯衛侯鄭伯許男
曹伯盟于牡邱遂次于匡　公孫敖帥師及諸侯之大夫救
徐　秋八月螽　九月季姬歸于鄫　己卯晦震夷伯之廟
丁丑　八年僖公十六年　春三月壬申公子季友卒　夏四月丙申鄫
季姬卒　秋七月甲子公孫茲卒　冬十有二月公會齊侯
宋公陳侯衛侯鄭伯許男邢侯曹伯于淮
戊寅　九年僖公十七年　夏滅項　秋夫人姜氏會齊侯于卞
己卯　十年僖公十八年　夏師救齊
庚辰　十有一年僖公十九年　冬公會陳人蔡人楚人鄭人盟于齊
辛巳　十有二年僖公二十年　春新作南門　夏郜子來朝　五月乙
巳西宮災

壬午 十有三年 僖公二十一年 夏大旱 冬公伐邾 楚人使宜申來獻捷十有二月癸丑公會諸侯盟于薄 饑

癸未 十有四年 僖公二十二年 春公伐邾取須句 秋八月丁未及邾人戰于升陘

乙酉 十有六年 僖公二十四年 王使來告王子帶之難

丙戌 十有七年 僖公二十五年 夏四月宋蕩伯姬來逆婦 冬十有二月癸亥公會衛子莒慶盟于洮

丁亥 十有八年 僖公二十六年 春正月己未公會莒子衛甯速盟于向齊人來侵西鄙公追齊師至酅弗及 夏齊人來伐北鄙公子遂如楚乞師 冬公以楚師伐齊取穀

戊子 十有九年 僖公二十七年 春杞子來朝 秋八月乙巳公子遂帥

師入杞　冬十有二月甲戌公會諸侯盟于宋

己丑二十年僖公二十八年春公子買戍衛不卒戍刺之　夏五月癸丑公會晉侯齊侯宋公蔡侯鄭伯衛子莒子盟于踐土朝于王所　秋杞伯姬來　公子遂如齊　冬公會晉侯齊侯宋公蔡侯鄭伯陳子莒子邾子秦人于溫　壬申朝于王所遂圍許

庚寅二十有一年僖公二十九年春介葛盧來　夏六月公會王人晉人宋人齊人陳人蔡人秦人盟于翟泉　秋大雨雹　冬介葛盧來

辛卯二十有二年僖公三十年冬王使宰周公來聘公子遂如京師遂如晉

壬辰二十有三年僖公三十一年春取濟西田　公子遂如晉　夏四月四卜郊不從乃免牲猶三望　冬杞伯姬來求婦

甲午二十有五年僖公三十三年春齊侯使國歸父來聘　夏公伐邾取訾婁　秋公子遂帥師伐邾　冬十月公如齊　十有二月乙巳公卒于小寢子興立是爲文公

隕霜不殺草李梅實

乙未二十有六年文公元年春二月王使叔服來會葬夏四月丁巳葬僖公　王使毛伯來錫公命叔孫得臣如京師　秋公孫敖會晉侯于戚　冬十月公孫敖如齊

丙申二十有七年文公二年春二月丁丑作僖公主　三月乙巳及

晉處父盟　夏六月公孫敖會宋公陳侯鄭伯晉士縠盟于垂隴　自十有二月不雨至于秋七月　八月丁卯大事于太廟躋僖公　冬公子遂如齊納幣

丁酉　二十有八年 文公三年 春正月叔孫得臣會晉人宋人陳人衛人鄭人伐沈　冬公如晉十有二月己巳公及晉侯盟

戊戌　二十有九年 文公四年 夏逆婦姜于齊　秋衛侯使甯俞來聘　冬十有一月壬寅夫人風氏卒

己亥　三十年 文公五年 春正月王使榮叔歸含且賵三月辛亥葬成風王使召伯來會葬　夏公孫敖如晉

庚子　三十有一年 文公六年 夏季孫行父如陳　秋季孫行父如晉　冬十月公子遂如晉　閏月不告月猶朝于廟

辛丑 三十有二年 文公七年 春公伐邾三月甲戌取須句遂城郚
夏秋來侵西鄙 秋八月公會諸侯晉大夫盟于扈 冬公
孫敖如莒涖盟
壬寅 三十有三年 文公八年 冬十月壬午公子遂會晉趙盾盟于衡
雍乙酉會雒戎盟于暴 公孫敖如京師不至而復丙戌奔
莒 叅
癸卯 頃王元年 文公九年 春毛伯來求金 夫人姜氏如齊 二月
叔孫得臣如京師 公子遂會晉人宋人衛人許人救鄭
秋九月癸酉地震 冬楚子使椒來聘 秦人來歸僖公成
風之襚
甲辰 二年 文公十年 春三月辛卯臧孫辰卒 自正月不雨至于秋

七月　及蘇子盟于女栗

乙巳　三年　文公十一年　夏叔仲彭生會晉郤缺于承筐　秋曹伯來朝　公子遂如宋　冬十月甲午叔孫得臣敗狄于鹹

丙午　四年　文公十二年　春正月郕伯來奔　杞伯來朝　二月庚子子叔姬卒　秋滕子來朝　秦伯使術來聘　冬季孫行父帥師城諸及鄆

丁未　五年　文公十三年　自正月不雨至于秋七月　世室屋壞　冬公如晉衛侯會公于沓十有二月己丑公及晉侯盟公還自晉鄭伯會公于棐

戊申　六年　文公十四年　春邾人來伐南鄙叔彭生帥師伐邾　夏六月公會宋公陳侯衛侯鄭伯許男曹伯晉趙盾癸酉同盟于

新城　秋九月甲申公孫敖卒于齊　宋子哀來奔　冬單
伯如齊齊人執單伯齊人執子叔姬
己酉匡王元年文公十五年　春季孫行父如晉　三月宋司馬華孫
來盟　夏曹伯來朝　齊人歸公孫敖之喪　六月辛丑朔
日有食之鼓用牲于社　秋齊人侵西鄙季孫行父如晉
冬十有二月齊人來歸子叔姬　齊侯來侵西鄙
庚戌匡王二年文公十六年　春季孫行父會齊侯于陽穀齊侯弗及盟
夏五月公四不視朔　六月戊辰公子遂及齊侯盟于郪邱
秋八月辛未夫人姜氏卒　毀泉臺
辛亥匡王三年文公十七年　夏四月癸亥葬聲姜　齊侯來伐北鄙六月
癸未公及齊侯盟于穀　冬公子遂如齊

壬子四年文公十八年春二月丁丑公卒于臺下子赤立夏六月癸酉葬文公　秋公子遂叔孫得臣如齊　冬十月公子遂弑子赤及公子視而立公子倭是爲宣公

夫人姜氏歸于齊　季孫行父如齊

癸丑五年宣公元年春公子遂如齊逆女三月遂以夫人婦姜至自齊　夏季孫行父如齊　公會齊侯于平州　公子遂如齊

六月齊人取濟西田　秋邾子來朝

乙卯定王元年宣公三年春正月郊牛之口傷改卜牛牛死乃不郊猶三望

丙辰二年宣公四年春正月公及齊侯平莒及郯莒人不肯伐莒取

向　秋公如齊

丁巳三年宣公五年春公如齊　秋九月齊高固來逆子叔姬　叔孫得臣卒　冬齊高固及子叔姬來

戊午四年宣公六年秋八月螽

己未五年宣公七年春衛侯使孫良夫來盟　夏公會齊侯伐萊　秋大旱　冬公會晉侯宋公衛侯鄭伯曹伯于黑壤

庚申六年宣公八年夏六月公子遂如齊至黃乃復辛巳有事于太廟仲遂卒于垂壬午猶繹萬入去籥　戊子夫人嬴氏卒　冬十月己丑葬敬嬴雨不克葬庚寅日中而克葬　城平陽

辛酉七年宣公九年春王正月王使來徵聘公如齊夏仲孫蔑如京師　秋取根牟

壬戌八年宣公十年春公如齊齊人歸濟西田　夏四月公如齊六月公孫歸父如齊　秋王使王季子來聘　公孫歸父帥師伐邾取繹　大水　季孫行父如齊　冬公孫歸父如齊齊侯使國佐來聘　饑

癸亥九年宣公十一年夏公孫歸父會齊人伐莒

乙丑十有一年宣公十三年秋螽

丙寅十有二年宣公十四年冬公孫歸父會齊侯于穀

丁卯十有三年宣公十五年春公孫歸父會楚子于宋　秋螽　仲孫蔑會齊高固于無婁　初稅畝　冬蝝生　饑

戊辰十有四年宣公十六年秋郯伯姬來歸　冬大有年

己巳十有五年宣公十七年夏六月己未公會晉侯衛侯曹伯邾子

同盟于斷道　冬十有一月壬午公弟叔肸卒

戊午十有六年宣公十有八年春公伐杞　秋公孫歸父如晉　冬十月壬戌公卒于路寢子黑肱立是為成公

歸父還自晉至笙遂奔齊

辛未十有七年成公元年春二月辛酉葬宣公　無冰　三月作丘甲　夏臧孫許及晉侯盟于赤棘　冬臧孫許命修賦繕完具守備

壬申十有八年成公二年春齊侯來伐北鄙　夏六月癸酉季孫行父臧孫許叔孫僑如公孫嬰齊帥師會晉郤克衛孫良夫曹公子首及齊侯戰于鞍齊師敗績　秋取汶陽田　冬楚師

來侵十有一月公會楚公子嬰齊于蜀使公衡爲質丙申公及楚人秦人宋人陳人衛人鄭人齊人曹人邾人薛人鄫人盟于蜀　公衡逃歸

癸酉十有九年成公三年春正月公會晉侯宋公衛侯曹伯伐鄭二月甲子新宮災三日哭　夏公如晉　秋叔孫僑如帥師圍棘　大雩　冬十有一月晉侯使荀庚來聘衛侯使孫良夫來聘丙午及荀庚盟丁未及孫良夫盟

甲戌二十年成公四年春宋公使華元來聘　杞伯來朝　夏四月甲寅臧孫許卒　公如晉　冬城鄆

乙亥二十有一年成公五年春正月杞叔姬來歸　仲孫蔑如宋夏叔孫僑如會晉荀首于穀　秋大水　冬十有二月己丑

公會晉侯齊侯宋公衛侯鄭伯曹伯邾子杞伯同盟于蟲牢

丙子簡王元年成公六年春二月辛巳立武宮　取鄟　夏六月邾子來朝　公孫嬰齊如晉　秋仲孫蔑叔孫僑如帥師侵宋

冬季孫行父如晉

丁丑二年成公七年春正月鼷鼠食郊牛角改卜牛鼷鼠又食其角乃免牛　夏五月曹伯來朝　不郊猶三望　秋公會晉侯齊侯宋公衛侯曹伯莒子邾子杞伯救鄭八月戊辰同盟于馬陵　冬大雩

戊寅三年成公八年春晉侯使韓穿來言汶陽之田歸之于齊　公孫嬰齊如莒　宋公使華元來聘　夏宋公使公孫壽來納幣　秋七月王使召伯來錫公命　冬十月癸卯杞叔姬卒

晉侯使士燮來聘叔孫僑如會晉士燮齊人邾人伐鄭衛人來媵

己卯四年成公九年春正月杞伯來逆叔姬之喪以歸　公會晉侯齊侯宋公衛侯鄭伯曹伯莒子杞伯同盟于蒲　二月伯姬歸于宋夏季孫行父如宋致女晉人來媵　冬城中城

庚辰五年成公十年夏四月五卜郊不從乃不郊　五月公會晉侯齊侯宋公衛侯曹伯伐鄭　齊人來媵　秋七月公如晉

辛巳六年成公十有一年春晉侯使郤犨來聘己丑及郤犨盟　夏季孫行父如晉　秋叔孫僑如如齊

壬午七年成公十有二年夏公會晉侯衛侯于瑣澤

癸未八年成公十有三年春晉侯使郤錡來乞師三月公如京師夏五

月公自京師遂會晉侯齊侯宋公衛侯鄭伯曹伯邾人滕人
伐秦
甲申 九年 成公十有四年 秋叔孫僑如如齊逆女九月僑如以夫人婦
姜氏至自齊
乙酉 十年 成公十有五年 春三月乙巳仲嬰齊卒 癸丑公會晉侯衛
侯鄭伯曹伯宋世子成齊國佐邾人同盟于戚 冬十有一
月叔孫僑如會晉士燮齊高無咎宋華元衛孫林父鄭公子
鰌邾人會吳于鍾離
丙戌 十有一年 成公十有六年 春正月雨木冰 夏晉侯使欒黶來乞
師 秋公會晉侯齊侯衛侯宋華元邾人于沙隨不見公
公會尹子晉侯齊國佐邾人伐鄭 九月晉人執季孫行父

舍之于苕丘　冬十月乙亥叔孫僑如出奔齊　十有二月

乙丑季孫行父及晉郤犨盟于扈　乙酉刺公子偃

丁亥十有二年成公十有七年夏公會尹子單子晉侯齊侯宋公衛侯

曹伯邾人伐鄭六月乙酉同盟于柯陵　秋九月辛丑用郊

晉侯使荀罃來乞師　冬公會單子晉侯宋公衛侯曹伯

齊人邾人伐鄭　十有一月壬辰公孫嬰齊卒于貍脤

戊子十有三年成公十八年春公如晉　夏晉侯使士匄來聘　秋

杞伯來朝　八月邾子來朝　築鹿囿　己丑公卒于路寢

子午立是爲襄公

宋晉侯使士魴來乞師十有二月仲孫蔑會晉侯宋公衛侯

邾子齊崔杼同盟于虛朾　丁未葬成公

己丑十有四年襄公元年春正月仲孫蔑會晉欒黶宋華元衛甯殖曹人莒人邾人滕人薛人圍宋彭城　夏仲孫蔑會齊崔杼曹人邾人杞人次于鄫　邾子來朝　冬衛侯使公孫剽來聘晉侯使荀罃來聘

庚寅靈王元年襄公二年夏五月庚寅夫人姜氏卒　秋七月仲孫蔑會晉荀罃宋華元衛孫林父曹人邾人于戚　己丑葬齊姜　叔孫豹如宋　冬仲孫蔑會晉荀罃齊崔杼宋華元衛孫林父曹人邾人滕人薛人小邾人于戚遂城虎牢

辛卯二年襄公三年春公如晉　夏四月壬戌公及晉侯盟于長樗

六月公會單子晉侯宋公衛侯鄭伯莒子邾子齊世子光

己未同盟于雞澤戊寅叔孫豹及諸侯之大夫及陳袁僑盟

壬辰三年襄公四年夏叔孫豹如晉　秋七月戊子夫人姒氏卒八月葬定姒　冬公如晉

癸巳四年襄公五年夏鄭伯使公子發來聘　叔孫豹鄫世子巫如晉　仲孫蔑衛孫林父會吳于善道　秋大雩　公會晉侯宋公陳侯衛侯鄭伯曹伯莒子邾子滕子薛伯齊世子光吳人鄫人于戚　冬戍陳　公會晉侯宋公衛侯鄭伯曹伯齊世子光救陳　辛未季孫行父卒

甲午五年襄公六年夏宋華弱來奔　秋滕子來朝　冬叔孫豹如邾季孫宿如晉

乙未六年襄公七年春郯子來朝　夏四月三卜郊不從乃免牲

小邾子來朝 城費 秋季孫宿如衛 八月螽 冬十月
衛侯使孫林父來聘壬戌及孫林父盟 十有二月公會晉
侯宋公陳侯曹伯莒子邾子于鄬

丙申七年襄公八年春正月公如晉 夏季孫宿會晉侯鄭伯齊人
宋人衛人邾人于邢丘 莒人來伐東鄙 秋九月大雩
冬晉侯使士匄來聘

丁酉八年襄公九年夏季孫宿如晉 五月辛酉夫人姜氏卒 秋
八月癸未葬穆姜 冬公會晉侯宋公衛侯曹伯莒子邾子
滕子薛伯杞伯小邾子齊世子光伐鄭十有二月己亥同盟
于戲 晉侯宴公于河上公冠于衛成公之廟假鐘磬

戊戌九年襄公十年春公會晉侯宋公衛侯曹伯莒子邾子滕子薛

伯杞伯小邾子齊世子光會吳于柤　秋莒人來伐東鄙
公會晉侯宋公衞侯曹伯莒子邾子齊世子光滕子薛伯杞
伯小邾子伐鄭戍虎牢
己亥十年襄公十有一年春正月作三軍　夏四月四卜郊不從乃不
郊　公會晉侯宋公衞侯曹伯齊世子光莒子邾子滕子薛
伯杞伯小邾子伐鄭　秋七月己未同盟于亳城北　冬公
會晉侯宋公衞侯曹伯齊世子光莒子邾子滕子薛伯杞伯
小邾子伐鄭會于蕭魚
庚子十有一年襄公十有二年春三月莒人來伐東鄙圍台季孫宿帥
師救台遂入鄆　夏晉侯使士魴來聘　秋臨吳子乘之喪
于周廟

左傳云吳子壽夢卒臨于周廟禮也凡諸侯之喪異姓臨于外同姓于宗廟同宗于祖廟同族于禰廟是故魯爲諸姬臨于周廟爲邢凡蔣茅胙祭臨于周公之廟杜預注云周廟文王廟也周公出文王故魯立其廟宗廟所出王之廟也祖禰始封君之廟也詳見魯公元年通編

冬公如晉

辛丑 十有二年 襄公十有三年 夏取邿 冬城防

壬寅 十有三年 襄公十有四年 春正月季孫宿叔老會晉士匄齊人宋人衛人鄭公孫蠆曹人莒人邾人滕人薛人杞人小邾人會吳于向 夏四月叔孫豹會晉荀偃齊人宋人衛北宮括鄭公孫蠆曹人莒人邾人滕人薛人杞人小邾人伐秦 莒人來侵東鄙 冬季孫宿會晉士匄宋華閱衛孫林父鄭公孫蠆莒人邾人于戚

癸卯十有四年襄公十有五年春宋公使向戌來聘二月己亥及向戌盟于劉　夏齊侯來伐北鄙圍成　公救成至遇　季孫宿叔孫豹帥師城成郛　秋邾人來伐南鄙

甲辰十有五年襄公十有六年春三月公會晉侯宋公衛侯鄭伯曹伯莒子邾子薛伯杞伯小邾子于溴梁戊寅大夫盟　齊人來伐北鄙　夏五月甲子地震　叔老會鄭伯晉荀偃衛甯殖宋人伐許　秋齊侯來伐北鄙圍成　大雩　冬叔孫豹如晉

乙巳十有六年襄公十有七年秋齊侯來伐北鄙圍桃齊高厚帥師來伐北鄙圍防　九月大雩　冬邾人來伐南鄙

丙午十有七年襄公十有八年春白狄來　秋齊師來伐北鄙　冬十

月公會晉侯宋公衛侯鄭伯曹伯莒子邾子滕子薛伯杞伯
小邾子同圍齊
丁未十有八年（襄公十有九年）春正月諸侯盟于祝柯　取邾田自漷
水　季孫宿如晉　秋八月丙辰仲孫蔑卒冬城西郛　叔
孫豹會晉士匄于柯　城武城
戊申十有九年（襄公二十年）春正月辛亥仲孫速會莒人盟于向
夏六月庚申公會晉侯齊侯宋公衛侯鄭伯曹伯莒子邾子
滕子薛伯杞伯小邾子盟于澶淵　秋仲孫速帥師伐邾
叔老如齊冬季孫宿如宋
己酉二十年（襄公二十一年）春正月公如晉　邾庶其以漆閭丘來奔
冬曹伯來朝　公會晉侯齊侯宋公衛侯鄭伯曹伯莒子邾

子于商任

曲阜縣志卷之十六終

知縣楚安鄉潘相修

通編第三之三

男承炳編

庚戌二十有一年襄公二十二年春臧孫紇如晉　秋七月辛酉叔老卒　冬公會晉侯齊侯宋公衛侯鄭伯曹伯莒子邾子薛伯杞伯小邾子于沙隨

十有一月庚子孔子生

史記云魯襄公二十二年孔子生魯昌平鄉陬邑公羊傳云襄公二十一年十有一月庚子孔子生時歲在己卯穀梁傳云庚子孔子生陸氏曰上有十月庚辰此亦十月也李氏曰何休以此年爲己卯杜氏以爲己酉已屬不合史記又以爲二十二年又與公穀不合未詳孰是按孔子之生公羊穀梁年與日同而月有異賈逵注從公穀司馬遷之說杜預注從之胡舜陟孔宗翰羅泌亦與之同孔若古主公穀洪興祖主穀梁謂周家改月十月二十一日庚子即夏之八月二十一日馮去疾見傳記異辭則造爲調人之言曰襄公二十一年實己酉之歲也是歲八月置閏以

歷法積之則大雪節當在十月十七日或十八日是爲十一月朔氣又三四日方爲庚子是孔子之生已在十一月之節矣既在十一月則是二十二年庚戌歲首無疑公羊書爲十一月似誤而非誤也司馬遷書爲二十二年又謂孔子之年七十三以卒亦未嘗誤也穀梁於年於月皆據實而書公羊於年亦據實而書於月則以節書謂有口可以表見也司馬遷於年則以節書總而論之三者皆非誤也宋濂力辨之曰公穀二氏傳經之家也當有講師以次相授且去孔子時甚近其言必有所據依司馬遷固良史則後於公穀者也孔子之生吾當從公穀氏

欽定春秋傳說彙纂云按孔子之生三家不同朱子論語集注序採用孔子世家則專以史記爲憑也宋濂作孔子生卒歲月辨力主公穀而亦無確然不易之証但謂史記紀載多失實公穀以次相授必有據依耳夏氏洪基曰孔子生於襄公二十二年至哀公十六年乃爲七十三歲史記所紀正得其實公羊書月已訛豈盡可據宋濂乃從公穀作七十四歲似乎駭聞夏氏之見卓矣通鑑前編謂襄公二十一年日再食非生聖人之年亦頗有理蓋孔子生於庚戌卒於壬戌相傳已久今折衷於朱子而參以夏氏及通鑑前編之說則史記良不誣也

辛亥　二十有二年襄公二十三年　夏邾畀我來奔　秋八月叔孫豹帥

師救晉次于雍榆　己卯仲孫速卒　冬十月乙亥臧孫紇

出奔邾

壬子二十有三年襄公二十四年春叔孫豹如晉　仲孫羯帥師侵齊

秋大水　公會晉侯宋公衛侯鄭伯曹伯莒子邾子滕子

薛伯杞伯小邾子于夷儀　冬叔孫豹如京師　大饑　孔

子父叔梁卒葬于防山之陰

癸丑二十有四年襄公二十五年春齊崔杼帥師來伐北鄙　夏公會

晉侯宋公衛侯鄭伯曹伯莒子邾子滕子薛伯杞伯小邾子

于夷儀　秋八月己巳同盟于重邱

甲寅二十有五年襄公二十六年夏晉侯使荀吳來聘　公會晉人鄭

良霄宋人曹人于澶淵

乙卯 二十有六年 襄公二十七年 春齊侯使慶封來聘 夏叔孫豹會晉趙武楚屈建蔡公孫歸生衛石惡陳孔奐鄭良霄許人曹人于宋秋七月辛巳盟于宋

丙辰 二十有七年 襄公二十八年 春無冰 夏邾子來朝 秋八月大雩 仲孫羯如晉 冬齊慶封來奔 十有一月公如楚

丁巳 景王元年 襄公二十九年 春正月公在楚 夏五月公歸自楚 仲孫羯會晉荀盈齊高止宋華定衛世叔儀鄭公孫段曹人莒人滕人薛人小邾人城杞 晉侯使士鞅來聘 杞子來盟 吳子使札來聘 冬仲孫羯如晉

戊午 二年 襄公三十年 春正月楚子使薳罷來聘 夏五月甲午宋災宋伯姬卒 秋叔弓如宋葬宋共姬 冬叔孫豹會晉人

齊人宋人衛人鄭人曹人莒人邾人滕人薛人杞人小邾人
于澶淵宋災故

己未三年襄公三十一年夏六月辛巳公卒于楚宮子野立　秋九月
癸巳子野卒公子裯立
是爲昭公

己亥仲孫羯卒　冬十月滕子來會葬癸酉葬襄公

庚申四年昭公元年春正月叔孫豹會晉趙武楚公子圍齊國弱宋
向戌衛齊惡陳公子招蔡公孫歸生鄭罕虎許人曹人于虢

三月季孫宿伐莒取鄆　秋叔弓帥師疆鄆田

辛酉五年昭公二年春晉侯使韓起來聘　夏叔弓如晉　冬公如
晉至河乃復季孫宿如晉

壬戌六年昭公三年夏叔弓如滕　秋小邾子來朝　八月大雩
冬大雨雹
癸亥七年昭公四年春正月大雨雹　秋九月取鄫　冬十有二月
乙卯叔孫豹卒
甲子八年昭公五年春正月舍中軍　公如晉　夏莒牟夷以牟婁
及防茲來奔　秋七月戊辰叔弓帥師敗莒師于蚡泉
乙丑九年昭公六年夏季孫宿如晉　秋九月大雩　冬叔弓如楚
丙寅十年昭公七年春正月暨齊平　三月公如楚　叔孫舍如齊
涖盟　夏四月甲辰朔日有食之去衛地如魯地
日食凡不係于魯者皆不錄
惟此及降婁之次故記之
冬十有一月癸未季孫宿卒

丁卯十有一年昭公八年夏叔弓如莒　秋蒐于紅　大雩

戊辰十有二年昭公九年春叔弓會楚子于陳　秋仲孫貜如齊

冬築郎囿

己巳十有三年昭公十年夏齊欒施來奔　秋七月季孫意如叔弓仲孫貜帥師伐莒　九月叔孫舍如晉　以孔子爲委吏

孔伯魚生

庚午十有四年昭公十一年春二月叔弓如宋　夏五月甲申夫人歸氏卒　大蒐于比蒲　仲孫貜會邾子盟于祲祥　秋季孫意如會晉韓起齊國弱宋華亥衛北宫佗鄭罕虎曹人杞人于厥慭　九月己亥葬齊歸　以孔子爲乘田吏

辛未十有五年昭公十二年夏宋公使華定來聘　公如晉至河乃

復　冬十月公子慭出奔齊

壬申　十有六年　昭公十三年　春叔弓帥師圍費　秋公會劉子晉侯齊侯宋公衛侯鄭伯曹伯莒子邾子滕子薛伯杞伯小邾子于平丘八月甲戌同盟于平丘公不與盟晉人執季孫意如以歸　冬公如晉至河乃復

癸酉　十有七年　昭公十四年　春晉人釋季孫意如　孔子母顏氏卒合葬于防

甲戌　十有八年　昭公十五年　春二月癸酉有事于武宮籥入叔弓卒去樂卒事　冬公如晉

乙亥　十有九年　昭公十六年　秋九月大雩　季孫意如如晉

丙子　二十年　昭公十七年　春小邾子來朝　秋郯子來朝孔子見之

問官名

孔子時年二十七歲

丁丑 二十有一年 昭公十八年 孔子學琴于師襄

本闕里文獻考

戊寅 二十有二年 昭公十九年 夏五月己卯地震

庚辰 二十有四年 昭公二十一年 夏晉侯使士鞅來聘 秋八月乙亥叔輒卒 冬公如晉至河乃復

辛巳 二十有五年 昭公二十二年 春大蒐于昌間 夏六月叔鞅如京師

壬午 敬王元年 昭公二十三年 春正月叔孫舍如晉晉人執之 癸丑叔鞅卒 秋八月乙未地震 冬公如晉至河有疾乃復

癸未二年昭公二十四年春二月丙戌仲孫貜卒　晉人釋叔孫舍
秋八月大雩
甲申三年昭公二十五年春叔孫舍如宋　夏叔詣會晉趙鞅宋樂大
心衛北宮喜鄭游吉曹人邾人滕人薛人小邾人于黃父
有鸜鵒來巢　秋七月上辛大雩季辛又雩　九月己亥季
孫意如作亂公奔齊次于陽州　齊侯唁公于野井　冬十
月戊辰叔孫舍卒十有二月齊侯爲公取鄆　孔子適齊
乙酉四年昭公二十六年春三月公至自齊居于鄆　夏公圍成　秋
公會齊侯莒子邾子杞伯盟于鄟陵公至自會居于鄆
丙戌五年昭公二十七年春公如齊公至自齊居于鄆　冬公如齊公
至自齊居于鄆

丁亥 六年（昭公二十八年）春公如晉次于乾侯 顏子生
顏子之生謹依綱目前編省志信隨書志載生于二十一年者多舛誤不可從

戊子 七年（昭公二十九年）春公至自乾侯居于鄆齊侯使高張來唁公
公如晉次于乾侯 夏四月庚子叔詣卒 冬十月鄆潰

己丑 八年（昭公三十年）春正月公在乾侯

庚寅 九年（昭公三十一年）春正月公在乾侯季孫意如會晉荀躒于適
歷 夏四月晉侯使荀躒唁公于乾侯 冬黑肱以濫來奔

辛卯 十年（昭公三十二年）春正月公在乾侯取闞 冬仲孫何忌會晉
韓不信齊高張宋仲幾衛世叔申鄭國參曹人莒人薛人杞
人小邾人城成周 十有二月己未公卒于乾侯

壬辰 十有一年（定公元年）夏六月癸亥公之喪至自乾侯季孫意如

立公子宋是爲定公

秋七月癸巳葬昭公于墓道南　九月大雩　季氏立煬宮

冬十月隕霜殺菽

癸巳十有二年定公二年夏五月壬辰雉門及兩觀災　冬十月新

作雉門及兩觀

甲午十有三年定公三年春正月公如晉至河乃復　冬仲孫何忌

及邾子盟于拔

乙未十有四年定公四年春三月公會劉子晉侯宋公蔡侯衛侯陳

子鄭伯許男曹伯莒子邾子頓子胡子滕子薛伯杞伯小邾

子齊國夏于召陵侵楚五月盟于皋鼬

丙申 十有五年 定公五年 夏歸粟于蔡六月丙申季孫意如死 秋七月壬子叔孫不敢卒乙亥陽虎囚季孫斯及公父歜逐仲梁懷冬十月丁亥殺公何藐盟于稷門之內庚寅大詛逐公父歜及秦遄皆奔齊 孔子修詩書禮樂

史記曰定公初年季氏强僭其臣陽虎作亂專政故孔子不仕退而修詩書禮樂弟子益衆○按前編載孔子修詩書禮樂于十四年與史記異今從史記

曾子生

丁酉 十有六年 定公六年 春二月公侵鄭 夏季孫斯仲孫何忌如晉 冬城中城、季孫斯仲孫何忌帥師圍鄆

戊戌 十有七年 定公七年 秋大雩 齊國夏帥師來伐西鄙 九月大雩

己亥 十有八年 定公八年 春正月公侵齊 二月公侵齊 夏齊國夏帥師來伐西鄙 公會晉師于瓦 秋季孫斯仲孫何忌帥師侵衛 始以昭公從祀于太廟 陽虎作亂攻三家竊寶玉大弓入于讙陽關以叛

庚子 十有九年 定公九年 夏四月得寶玉大弓虎奔齊 公山不狃以費叛召孔子不果往 以孔子爲中都宰

史記云是時 孔子年五十一

辛丑 二十年 定公十年 春以孔子爲司空進大司寇 三月及齊平 夏公會齊侯于夾谷孔子相齊人來歸鄆讙龜陰田 叔孫州仇仲孫何忌帥師圍郈 秋叔孫州仇仲孫何忌帥師圍郈 冬叔孫州仇如齊

壬寅二十有一年（定公十一年） 冬及鄭平叔還如鄭涖盟

癸卯二十有二年（定公十二年） 夏叔孫州仇帥師墮郈 季孫斯仲孫何忌帥師墮費 秋大雩 冬十月癸亥公會齊侯盟于黃 十有二月公圍成弗克

甲辰二十有三年（定公十三年） 夏築蛇淵囿 大蒐于比蒲

乙巳二十有四年（定公十四年） 春以孔子攝相事與聞國政誅少正卯 齊人歸女樂孔子適衛 衛公叔戌來奔 夏衛北宮結來奔 秋公會齊侯衛侯于牽 王使石尙來歸脤 冬大蒐于比蒲 邾子來會公 城莒父及霄

丙午二十有五年（定公十五年） 春正月邾子來朝 鼷鼠食郊牛牛死改卜牛 夏五月辛亥郊 壬申公卒于高寢子將立

是歲哀公

邾子來奔喪　秋七月壬申姒氏卒　九月滕子來會葬

丁巳葬定公雨不克葬戊午日下昃乃克葬辛巳葬定姒

冬城漆　孔子去衛適陳

丁未二十有六年哀公元年春鼷鼠食郊牛改卜牛夏四月辛巳郊

冬仲孫何忌帥師伐邾

戊申二十有七年哀公二年春王二月季孫斯叔孫州仇仲孫何忌帥

師伐邾取漷東田及沂西田　癸巳叔孫州仇仲孫何忌及

邾子盟于句繹夏滕子來朝　孔子去陳過蒲反于衛　晉

趙鞅以中牟畔召孔子不果往自衛適晉至河而反復如陳

己酉二十有八年哀公三年孔子在陳　夏四月甲午地震　五月

辛卯桓宮僖宮災　季孫斯叔孫州仇帥師城啓陽　秋七月丙子季孫斯卒　冬叔孫州仇仲孫何忌帥師圍邾　季孫肥使召冉求

庚戌 二十有九年 哀公四年 夏城西郛　六月辛丑亳社災　孔子自陳適蔡

辛亥 三十年 哀公五年 春城毗　冬叔還如齊　孔子居蔡

壬子 三十有一年 哀公六年 春城邾瑕　夏齊國夏及高張來奔　叔還會吳于柤　冬仲孫何忌帥師伐邾　孔子自蔡如葉復還蔡楚子遣使來聘孔子厄於陳蔡之間楚遣兵迎之遂適楚復反乎衛

癸丑 三十有二年 哀公七年 夏公會吳于鄫　秋公伐邾八月己酉

入邾以邾子益來　孔子居衛

甲寅　三十有三年哀公八年　春吳人來伐及吳盟于城下　夏齊人取讙及闡歸邾子益于邾　冬十有二月齊人歸讙及闡

乙卯　三十有四年哀公九年　冬吳子使來儆師伐齊

丙辰　三十有五年哀公十年　春二月邾子益來奔　公會吳伐齊　孔子自陳復至衛

丁巳　三十有六年哀公十一年　春齊國書帥師來伐　夏五月公會吳伐齊　孔子自衛反乎魯刪詩書定禮樂贊周易　孔伯魚卒

戊午　三十有七年哀公十二年　春用田賦　夏五月甲辰夫人孟子卒　公會吳于橐皐　顏子卒　秋公會衛侯宋皇瑗于鄖

冬十有二月螽

己未 三十有八年 哀公十三年 夏公會晉侯及吳子于黃池 秋九月螽 冬十有二月螽

庚申 三十有九年 哀公十四年 春西狩獲麟 孔子作春秋 小邾射以句繹來奔 夏四月齊陳恒執其君壬寘于舒州 庚戌叔還卒六月齊陳恒弒其君壬孔子請討之三家不可八月辛丑仲孫何忌卒 冬饑

辛酉 四十年 哀公十五年 春正月成叛 秋八月大雩 冬及齊平子服何如齊端木賜爲介齊人來歸侵地

壬戌 四十有一年 哀公十六年 春正月仲由卒于衛孔悝之難衛侯輒來奔 夏四月己丑孔子卒

癸亥　四十有二年　哀公十七年　冬十二月公會齊侯盟于蒙　孟武伯相齊侯稽首公拜齊人怒武伯曰非天子寡君無所稽首武伯問於高柴曰諸侯盟誰執牛耳季羔曰鄫衍之役吳公子姑曹發陽之役衛石魋武伯曰然則彘也

乙丑　四十有四年　哀公十九年　冬叔青如京師

丙寅　元王元年　哀公二十年　春師及齊人鄭人會于廩丘　秋師還

丁卯　二年　哀公二十一年　夏五月越人始來　秋八月公及齊侯邾子盟于顧　齊人責稽首因歌魯人之皋詳見舊記

戊辰　三年　哀公二十二年　冬十一月越人來致泗東之地方百里

己巳　四年　哀公二十三年　春季孫肥使冉求弔宋夫人景曹之喪且送葬　秋八月叔青如越越使諸鞅來聘

庚午五年哀公二十四年夏臧石會晉侯伐齊取廩丘　公以公子荊之母爲夫人荊爲世子　閏月公如越

辛未六年哀公二十五年夏六月公至自越與大夫始有惡

壬申七年哀公二十六年夏五月叔孫舒帥師會越人宋人伐衛納輒不克納　衛輒自城鉏使以弓問端木賜

癸酉貞定王元年哀公二十七年春越子使后庸來聘且言邾田封于駘上二月盟于平陽

三子皆從康子病之言及子貢曰若在此吾不及此夫武伯曰然何不召曰固將召之文子曰他日請念

夏四月己亥季孫肥卒　秋八月公出奔越國人迎之歸卒于有山氏公子寧立

是爲悼公初哀公患三桓之侈也欲以諸侯去之三桓亦患公之妄也故君臣多間公遊于陵阪遇孟武伯于孟氏

之衞曰請有問于子余及死乎曰臣無由知之三問卒辭不對公欲以越伐魯而去三桓秋八月甲戌公如公孫有陘氏因孫于邾乃遂如越國人施公孫有山氏

甲戌　二年　悼公元年　三桓勝公公室如小侯卑于三桓之家

癸未　十有一年　悼公十年　晉侯來告伐荀趙韓魏四氏

庚戌　考王十年　悼公三十七年　公卒子嘉立　是爲元公初悼公之喪季昭子告孟敬子食粥敬子謝不能

甲寅　十有四年　元公四年　公會晉侯于楚邱

己巳　威烈王十有四年　元公十九年　齊田白來伐

庚午　十有五年　元公二十年　齊田白來伐取一城　年表作取一都

辛未　十有六年　元公二十一年　公卒子顯立

是爲繆公

癸酉　十有八年繆公二年　齊田和來伐取成

甲戌　十有九年繆公三年　公訪於孔子思　以公儀休爲相泄柳申詳爲臣

庚辰　安王元年繆公九年

丁亥　八年繆公十六年　齊來伐取最韓人來救

辛卯　十有二年繆公二十年　師敗齊師于平陸

丙申　十有七年繆公二十五年　齊人來伐破之

甲辰　二十有五年繆公三十三年　公卒子奮立

是爲共公

子思居于衛

戊申　烈王三年　共公四年　師會魏伐齊入陽關

己酉　四年　共公五年　孟子生

據鄒志存之

乙丑　顯王十有三年　共公二十一年　公朝于魏

魏王嬰觴諸侯于范臺酒酣請魯君舉觴魯君興避席擇言曰昔者帝女令儀狄作酒而美進之禹禹飲而甘之遂疏儀狄絕旨酒曰後世必有以酒亡其國者齊桓公夜半不嗛易牙乃煎熬燔炙和調五味而進之桓公食之而飽至旦不覺曰後世必有以味亡其國者晉文公得南之威三日不聽朝遂推南之威而遠之曰後世必有以色亡其國者楚王登强臺而望崩山左江而右湖以臨彷徨其樂忘死遂盟强臺而弗登曰後世必有以高臺陂池亡其國者今主君之尊儀狄之酒也主君之味易牙之調也左白台而右閭須南威之美也前夾林而後蘭臺强臺之樂也有一於此足以亡其國今主君兼此四者可無戒與梁王稱善相屬

丙寅　十有四年　共公二十二年　公卒子屯立

是爲康公

乙亥 二十有三年 康公九年 公卒子偃立

是爲景公

乙酉 三十有三年 景公十年 孟子至魏

壬寅 慎靚王二年 景公二十七年 孟子去魏適齊

甲辰 四年 景公二十九年 公卒子叔立

是爲平公

乙巳 五年 平公元年 六國皆稱王

丁未 赧王元年 平公三年 孟子去齊居鄒公將出見嬖人臧倉尼之

甲子 十有八年 平公二十二年 公卒子賈立

是爲文公

壬申　二十有六年文公八年孟子卒
據孟氏志存之

丁亥　四十有一年文公二十三年公卒子讎立
是爲頃公

壬寅　五十有六年頃公十五年魏以孔斌爲相封文信君尋以病免
斌孔穿之子孔子六世孫也

丙午　頃公十九年楚來伐取徐州遂遷公于莒而取其地

辛亥　頃公二十四年楚遷公于卞爲家人公卒于柯魯絕祀地入于楚
名魯縣

元石晉沿革記云頃公二十四年爲楚所滅乃爲魯縣而地入于楚舊志稿用之○魯起周公至頃公三十四世八百七十七年

庚申 楚遷于壽春

丙寅 自六月不雨至于八月

戊寅 秦王政二十四年 秦滅楚縣入于秦

曲阜縣志卷之十七終

曲阜縣志卷之十八

知縣楚安鄉潘相修

男承熾編

通編第三之四

庚辰 秦始皇帝二十六年併天下置郡縣以魯縣屬薛郡 以十月爲歲首 更民名曰黔首

辛巳 二十七年治馳道

道廣五十步三丈而樹厚築其外隱以金椎樹以青松

壬午 二十八年帝東巡上鄒嶧山召諸儒生議刻石頌德及封禪望祭山川之事

魯儒生或曰古者封禪爲蒲車惡傷山之土石草木掃地而祭席用葅稭議各乖異始皇以其難施用遂絀儒生

乙酉 三十一年使黔首自實田 更名臘曰嘉平

戊子 三十四年孔鮒及弟騰藏古文經傳於壁隱嵩山

鮒孔子九世孫祖父斌父謙謙生鮒騰樹三人鮒見秦焚書乃與弟藏古文尚書論語孝經於祖堂舊壁隱居教授弟子百人

壬辰　二世皇帝元年冬十月赦　秋七月陳勝聘孔鮒以爲博士太師　九月孔鮒謝病老於陳詳世家

癸巳　二年縣入于項籍史記云楚懷王封項籍爲魯公

甲午　三年冬項籍大破秦軍遣人來聘顏產產不往

乙未　冬項籍入秦

丙申　夏項籍還軍從縣出胡陵救彭城破漢軍史記正義曰括地志云徐州魯兖州曲阜縣也地理志云胡陵在山陽縣屬也

己亥 漢太祖高皇帝五年冬十月項籍亡縣始降

漢兵圍項籍於垓下籍自殺楚地悉定獨魯不下王欲屠之漢至城下猶聞絃誦之聲謂其守禮義之國爲主死節因持籍頭示之魯乃降漢以魯公禮葬籍於穀城

春正月赦　夏五月罷兵　六月赦　朱家舍匿季布之洛陽因滕公言于帝帝赦布以爲郎中

朱家魯人魯人皆以儒教而朱家用俠聞先是季布爲項籍將數窘辱帝籍滅帝購求布千金敢有舍匿罪三族布匿濮陽周氏周氏髡鉗季布衣褐衣置廣柳車中之朱家所賣之朱家心知其布也置買田舍身之洛陽見滕公曰季布何罪臣各爲其主職耳項氏臣豈可盡誅耶今上始得天下而以私怨求一人何示不廣也且以布之賢漢求之急此不北走胡南走越耳夫忌壯士以資敵國此伍胥所以鞭荆平之墓也滕公言於上上乃赦布名拜郎中朱家遂不復見之朱家家無餘財衣不完采食不重味乘不過軥車專趨人之急賑人之貧賤甚於己私藏活豪士以百數庸人不可勝言然終不伐其能歆其德諸所常施惟恐見之楚人田仲以俠聞喜劍父事朱家自以爲行弗及

庚子 六年春正月封孔藂爲蓼侯

藂孔樹之子孔子十世孫史記年表云藂以執盾從起碭以左司馬入漢爲將軍三以都尉擊項羽又從韓信破項羽垓下故封○高祖本紀云諸侯兵共擊楚軍垓下淮陰侯將四十萬自當之孔將軍居左又云孔將軍繼正義云孔將軍蓼侯孔熙也今按熙與藂不同併存之

楚王以穆生白生申公爲中大夫

初魯穆生白生申公與楚元王同受詩於浮邱伯遣秦焚書各别去元王既王楚以三人爲中大夫穆生不能飲王日設醴焉及王戊即位常設後忘設穆生即謝病歸戊後與吳謀反申公白生諫戊戊胥靡之語詳列傳中

遣博士叔孫通來徵諸生起朝儀有兩生不肯行

魯薛人博士叔孫通請徵魯諸生共起朝儀於是使通徵之有兩生不肯行曰公所事者且十主皆面諛以得親貴今死者未葬傷者未起又欲起禮樂禮樂必積德百年後可與也吾不忍爲公所爲公去矣無污我通笑曰若眞鄙儒不知所變與所徵及其弟子百餘人往爲緜蕝野外習之月餘而成

辛丑 七年令民產子復勿事二歲

壬寅 八年春令賈人毋得衣錦繡綺縠絺紵罽操兵乘馬

乙巳 十一年春正月赦　立口賦法　求遺賢

令人歲出六十三錢給獻費又令諸侯王郡守身勸賢士爲之駕署行義年遣詣相國府有而弗言覺免年老癃病勿遣

丙午 十二年冬十一月帝幸闕里以太牢祀孔子

此帝王祀孔子之始。史記云諸侯卿相至常先謁然後從政

封孔騰爲奉祠君召見申公於南宮

丁未 孝惠皇帝元年夏五月減田租復十五稅一

庚戌 四年春正月舉民孝弟力田者復其身　赦　省法令妨吏民者　除挾書律

癸丑　七年秋九月赦　初置魯國以縣爲國治屬豫州部

前漢書地理志云魯國故秦薛郡高后始改爲魯國屬豫州戸十一萬八千四十五口六十萬七千三百八十一縣六一曰魯伯禽所封戸五萬二千曰卞曰汶陽曰蕃曰騶曰薛

甲寅　高皇后元年　春正月除三族罪妖言令　二月置孝弟力田二千石者一人　夏四月立張偃爲魯王

乙卯　二年　秋行八銖錢

己未　六年　夏四月赦　行五分錢

辛酉　八年　張偃廢爲侯國除　赦

壬戌　太宗孝文皇帝元年冬十二月除收孥相坐令　春三月定振窮養老之令

癸亥　二年夏五月除誹謗妖言法　秋九月賜民今年田租之

半

丙寅 五年夏四月行四銖錢除盜鑄令

戊辰 七年夏四月赦

己巳 八年長星出壘婁

庚午 九年蓼侯孔藂卒 謚曰夷子臧嗣

癸酉 十二年令民入粟邊得拜爵免罪 賜農民今年半租

甲戌 十三年夏五月除肉刑 六月除租稅

乙亥 十四年廣諸祀壇場珪幣 時祁縣置社稷太守令長侍祠牲以羊縣邑以乙未日祠先農于乙地丙戌日祠風伯于戌地己丑日祠雨師于丑地牲以羊豕

丙子　十五年夏四月赦

戊寅　後元年春詔議可以佐百姓者

辛巳　四年夏五月赦

乙酉　孝景皇帝元年夏四月赦　復收民田半租三十而稅一減笞法

丙戌　二年令男子年二十始傅

丁亥　三年春正月赦　三月填星在婁幾入還居奎　分楚復置魯國隸徐州徙淮陽王餘王之

是爲魯恭王○元石晉沿革記云治六縣曰魯曰卞在泗水縣東南曰汶陽在龔邱東北三十二里曰蕃今州曰鄒曰薛所謂魯縣即今曲阜之東城也

戊子　四年夏六月赦　國王餘入朝

壬辰　中元年夏四月赦　國王餘入朝

癸巳　二年國相田叔到官

叔以治梁獄上賢之擢爲魯相叔至官魯民言王取其財物者百餘人叔笞怒其渠率曰王非汝主耶何敢言主王大慚發中府錢使叔償之相曰如是是王爲惡而相爲善也王宜自使人償之王好獵相常從入苑中王輒休相就館相常暴坐苑外終不休曰王暴露相何獨舍王以故不大出久之卒

丙申　五年夏六月赦　秋九月詔長吏讞疑獄

丁酉　六年冬定鑄錢律　夏更減笞法定箠令

減笞三百曰二百二百曰一百又定箠長五尺其本大一寸竹也末薄半寸皆平其節當笞者笞臀畢一罪乃更人自是笞者得全然死刑既重而生刑又輕民易犯之

戊戌　後元年春正月詔治獄者務先寬　三月赦

己亥　二年夏四月詔戒二千石修職事　詔訾算四得官

庚子 三年春正月詔勸農桑

辛丑 世宗孝武皇帝建元元年春二月赦　行三銖錢　遣使來迎申公以爲太中大夫

壬寅 二年冬十月申公免歸

詳列傳

乙巳 五年春行半兩錢　置五經博士

孔延年以治尚書孔安國以治詩及書皆豫是選

丁未 元光元年冬十一月初令長吏舉孝廉各一人　夏四月赦

庚戌 四年夏五月赦

辛亥 五年徵吏民習先聖之術者與計偕

壬子 六年初算商車 國王餘卒

王好治宮室園囿狗馬季年好音樂不喜辭爲人口吃難言在位二十六年薨謚曰共子光襲封是爲安王

甲寅 元朔二年以孔臧爲太常

乙卯 三年冬赦

丙辰 四年孔臧免

年表云臧坐衣冠道橋壞不得度國除索隱云臧子琳位至諸吏琳子璜失侯爵此云國除當是後更封其子也

丁巳 五年夏六月爲博士置弟子五十人

弟子多魯人

戊午 六年春二月赦 夏六月詔民得買爵贖罪置武功爵

己未 元狩元年夏四月赦 賜縣鄉三老孝弟力田及鰥寡孤獨帛絮米有差

辛酉 三年夏五月赦

壬戌 四年冬復行三銖錢置鹽鐵官

漢書地理志云魯有鐵官

癸亥 五年行五銖錢

有司言三銖錢輕易作姦詐請鑄五銖錢周郭其質令不可磨鋊

甲子 六年秋殺大農令顏異

異顏子十世孫也以廉直至九卿上既造白鹿皮幣問異異曰今王侯朝賀以蒼璧值數千而其皮荐反四十萬本末不相稱上不悅人有告異他事下張湯治異與客語初令下有不便者異不應微反脣湯奏當異見令不便不入言而腹誹論死

乙丑 元鼎元年夏五月赦

丙寅 二年置均輸禁鑄錢

己巳　五年夏四月赦

壬申　元封二年夏六月赦

乙亥　五年夏四月赦　初置兖州部刺史詔舉茂材異等可爲將相及使絶國者

丁丑　太初元年夏五月行太初歷以正月爲歲首

戊寅　二年夏籍吏民馬補車騎

辛巳　天漢元年夏五月赦

癸未　三年夏四月赦

甲申　四年夏令死罪入贖

乙酉　太始元年夏六月赦

戊子　四年夏五月赦

己丑　征和元年孔安國爲古文經傳訓詁會巫蠱事起不以聞

漢書藝文志云魯共王壞孔子宅欲以廣其居得古文尚書及禮記論語孝經凡數十篇聞鼓琴瑟鐘磬之音懼乃止不壞孔安國獻之遭巫蠱事未列於學官尚書序云王悉以書還孔氏安國承詔爲五十九篇作傳既畢會國有巫蠱事經籍道息用不復以聞綱目是年冬十一月大搜長安十日巫蠱乃起故附錄於此禮古經亦出於魯淹中里與孔氏所得壁中記同故藝文志云禮古經者出於魯淹中及孔氏劉歆以孔氏爲上句讀朱子從之是也

辛卯　三年夏五月赦

癸巳　後元元年春二月赦　國王光卒

王初好音樂輿馬晚節嗇惟恐不足於財立四十年薨謚曰安子慶忌嗣封是爲孝王

甲午　二年夏六月赦

乙未　孝昭皇帝始元元年秋七月赦

丙申　二年秋除今年田租

戊戌　四年秋令民勿出馬

辛丑　元鳳元年夏六月赦

壬寅　二年夏六月赦

癸卯　三年殺符節令眭弘

弘魯蕃人詳列傳

甲辰　四年夏六月赦

丙午　六年夏赦

丁未　元平元年春二月減口賦錢什三　秋九月赦

戊申　中宗孝宣皇帝本始元年夏五月赦　令勿收租稅

己酉　二年下博士夏侯勝獄

勝魯人詳列傳

辛亥 四年春三月赦　夏四月赦　以夏侯勝為諫大夫

癸丑 地節二年鳳凰來集赦

漢書宋書皆云鳳凰集魯羣鳥從之

甲寅 三年夏四月赦　詔孔霸授太子經

霸孔騰四世孫詳世家

六月以丙吉為御史大夫

吉魯人詳列傳

乙卯 四年秋八月乙丑封史高為樂陵侯

高魯人史恭子也初史良娣以元鼎四年入為衛太子良娣生男進號史皇孫武帝末巫蠱事起衛太子及良娣史皇孫皆遭害史皇孫生子即宣帝時號皇曾孫生甫數月坐繫獄積五歲赦出丙吉護以付史恭恭母貞君撫視之及帝即位而貞君與恭已死乃賜恭長子高爵關內侯至是以發霍氏奴封樂陵侯邑二千三百戶

詔有大父母父母喪者勿由　詔自今子匿父母妻匿夫孫匿大父母皆勿治　九月減鹽賈令長吏歲上繫囚掠笞瘐死者以課殿最

丙辰 元康元年春三月赦

丁巳 二年春正月赦　詔察官屬治獄不平者　令被疾疫者毋出今年租

戊午 三年春二月封丙吉爲博陽侯

以御史大夫關內侯有舊恩功德茂侯千三百三十戶

封史曾爲將陵侯史玄爲平臺侯

以悼皇考舅子侍中郎將關內侯有舊恩封曾二千二百戶曾弟玄一千九百戶

己未 四年復長安公孔宣家

宣孔臧之曾孫也臧生琳琳生黄茂黄嗣坐事失爵茂復爲關内侯茂生宣爲長安公詔復其家

壬戌 神爵三年夏四月以丙吉爲丞相　秋八月益小吏俸

癸亥 四年春二月赦　將陵侯史曾卒

謚曰哀無後

丙寅 五鳳三年春正月丞相博陽侯丙吉卒

謚曰定子顯嗣

三月減口錢

丁卯 四年初置常平倉

戊辰 甘露元年博陽侯丙顯奪爵一級爲關内侯

坐酎宗廟騎至司馬門不敬也

己巳 二年春正月赦減民算三十

戊午 三年國王慶忌卒

王立三十七年薨謚曰孝子勁嗣是爲頃王

立夏侯尚書穀梁春秋博士

夏侯穀梁皆魯人

壬申 黃龍元年春以史高爲大司馬車騎將軍受遺詔輔政

癸酉 孝元皇帝初元元年春正月赦　拜孔霸爲太師賜爵關內侯　以史丹爲駙馬都尉侍中詔護太子家

丹史高子也

乙亥 三年夏四月赦

丁丑 五年春正月匡衡請封孔子世爲殷後不報

衡言王者存二王後所以尊其先王而通三統也其犯誅絕之罪者絕而更封他親爲始封君上承其王者之始祖

今宋國已不守其統宜更立殷後爲始封君而上承湯統非當繼宋之絕侯也推求宋之故嫡已以遠不可得禮記孔子曰丘殷人也宜以孔子世爲湯後上以其語不經遂見寢

夏六月罷鹽鐵官常平倉及博士弟子員數

甲寅 永光元年春詔舉質樸敦厚遜讓有行者 赦 詔褒成侯孔霸以所食邑八百戶祀孔子 此世爵奉祠之始

己卯 二年春二月赦 夏六月赦 大司馬樂陵侯史高卒 高封二十四年薨諡曰安子衛襲封是爲麗侯

庚辰 三年冬復鹽鐵官博士弟子員

癸未 建昭元年平臺侯史玄卒 玄封二十五年薨諡曰康子憑嗣封是爲戴侯

戊子 竟寧元年秋七月赦

己丑 孝成皇帝建始元年擢史丹長樂衛尉遷右將軍賜爵關內侯　春二月赦

庚寅 二年樂陵侯史術卒

術襲封十一年薨謚曰釐子崇襲封是爲康侯

減賦錢算四十

辛卯 三年春三月赦

癸巳 河平元年夏四月赦　秋減死刑省律令

甲午 二年樂陵侯史崇卒

崇嗣封四年薨謚曰康無後

乙未 三年秋求遺書

丙申 四年春正月赦

戊戌 陽朔二年春三月赦 國王勁卒王立二十八年薨謚曰頃子駿嗣封是爲文王

庚子 四年春二月赦

辛丑 鴻嘉元年夏四月庚辰封史丹爲武陽侯 六月關內侯丙顯卒以吉孫昌紹封博陽侯是爲康侯

壬寅 二年平臺侯史恁卒恁嗣侯十九年薨謚曰戴子習襲封

乙巳 永始元年夏六月赦

丙午 二年冬十一月以孔光爲御史大夫

光襄成烈侯第四子也

丁未　三年故南昌尉梅福請封孔子後以奉湯祀不報　福言存人所以自立壅人所以自塞善惡之報各如其事今成湯不祀殷人亡後孔子故殷後也賢者子孫宜有土況聖人又殷後哉今仲尼之廟不出闕里孔氏子孫不免編戶以聖人而歆匹夫之祀非皇天之意陛下誠能據仲尼之素功以封其子孫則國家必獲其福陛下之名與天亡極帝不納

戊申　四年武陽侯史丹卒　丹爲侯七年薨謚曰頃子郜嗣封是爲煬侯

己酉　元延元年夏四月赦　冬故槐里令朱雲言事得罪旣而釋之　雲魯人詳列傳

庚戌　二年夏六月癸巳詔史淑紹封樂陵侯

淑故康侯崇崇弟也以崇無子詔淑襲爵

癸丑 綏和元年春正月赦 二月封孔吉爲殷紹嘉侯三月進爵爲公

初詔求殷後推訪其嫡不能得匡衡梅福之言皆不納至是立二王後推迹古文以左氏穀梁世本禮記相明遂下詔曰蓋聞王者必存二王之後所以通三統也昔成湯受命列爲三代而祭祀廢絕考求其後莫正孔吉其封吉爲殷紹嘉侯食邑千六百七十戶三月進爵爲公地方百里國於沛吉孔鮒之後也鮒生隨隨生子元或云元路隨之子及孫會皆失考吉乃隨之元孫也○漢書年表殷紹嘉侯孔何齊以殷後孔子世吉嫡子侯千六百七十戶師古曰何齊孔吉之嫡也與綱目不同存考

甲寅 二年夏四月赦 博士孔衍請立孔安國所傳古文經傳不果行

衍安國之孫安國生卬卬生驩及衍衍爲博士上書曰臣聞明主不掩人之功大聖不遺人之善所以能彌其[illegible]也

陛下發明詔諮羣儒集天下書籍命通才大夫校定其義
使遐載之文著于今日立言之士垂于不朽此則蹈明王
之軌遵大聖之風雖唐帝之煥然周王之彧彧未若斯之
盛者矣故述作之士莫不樂闡大論爲原祖故臨淮太守
孔安國逮仕於孝武皇帝之世以經學爲名以儒雅爲官
贊明道義見稱前朝時魯共王壞孔子故宅得古文科斗
尚書孝經論語世莫有能言者安國爲改今文讀而訓傳
其義又撰次孔子家語既畢訖會值巫蠱事起遂廢不行
於時然其典雅正實與世相傳者不可同日而論也光祿
大夫向以其爲時所未施故尚書則不記於別錄論語則
不使名家也臣竊惜之且百家章句無不畢記況孔子家
古文正實而疑之哉又戴聖近世小儒以曲禮不足乃取
孔子家語雜記者及子思孟軻荀卿之書以裨益之總名
曰禮記今見其已在禮記者則便除家語之本篇是謂滅
其源而存其末也不亦難乎臣之愚以爲宜如此爲例皆
記錄別見故敢冒昧以聞奏上天子許之未即論定而遇
帝崩向又病
亡遂不果立

甲寅 孔光爲丞相

乙卯 孝哀皇帝建平元年春正月赦

丙辰　二年夏四月赦　策免丞相博山侯光爲庶人　益紹嘉公孔吉戶九百三十二

丁巳　三年國王駿卒夏六月以頃王子鄣鄉侯閔紹封

駿立十九年薨謚曰文無後以閔紹封

己未　元壽元年秋七月以孔光爲丞相

庚申　二年武陽侯史鄣卒

鄣爲侯十二年薨謚曰煬子褒嗣封更始元年爲兵所殺

夏五月徙孔光爲大司徒　秋九月赦　以孔光爲帝太傅

辛酉　孝平皇帝元始元年春正月以孔光爲太師

光初以丞相侯千戶至是益萬戶

夏六月封公子寬爲褒魯侯孔均爲褒成侯以奉周公孔子

之祀

寬魯頃公之後均孔霸曾孫也各侯二千戶

追謚孔子爲褒成宣尼公

此孔子有謚之始

冬十一月褒魯侯相如嗣封更姓公孫氏

後更姓姬氏王莽時姬就降封[illegible]子

壬戌 二年博陽侯丙昌卒

謚曰康子並嗣是爲釐侯年表又云侯勝客嗣王莽時絶

癸亥 三年縣置學官

甲子 四年春正月改殷紹嘉公曰宋公

漢書年表載在二年存考

樂陵侯史淑卒 以高曾孫岑紹封王莽時絕

乙丑五年夏四月太師孔光卒 光謚曰簡烈詳列傳子放嗣封王莽時絕

閏月丁酉封孔永寧鄉侯 永孔霸次子捷之子也爲侍中五官中郎將王莽奏立明堂辟雍使永與少府平晏羲和劉歆常侍謁者孫遷等治之至是明堂成封永爲侯食邑千戸後爲莽大司馬

冬十二月赦

丁卯居攝二年行大錢一直五十

己巳新莽始建國元年 莽拜孔均爲太尉固辭不就還里遂失爵 封梁護爲修遠伯奉少昊後 郡大尹云倣到官

敞字幼孺平陵人師事同縣吳章治尚書莽殺章令其門人更名他師敞時爲大司徒掾自劾吳章弟子收章尸葬之莽篡位王舜復荐敞可輔職以病免唐林言敞可典郡擢爲魯郡大尹

庚午 二年 令民各以所業爲貢 更作寶貨 國王閔貶爲公

辛未 三年 國公閔上書言莽德封列侯賜姓王

壬申 四年 令民得賣田

甲戌 天鳳元年 改錢貨法

丙子 三年 始賦吏祿

戊寅 五年 考吏致富者收其財以給軍

庚辰 地皇元年 令犯法者論斬毋須時 更鑄錢法

曲阜縣志卷之十八終

知縣安鄉潘相修
男承焯編

通編第三之五

乙酉 世祖光武皇帝建武元年夏六月赦

丙戌 二年春三月乙未赦　封兄縯子興爲魯王屬豫州　郡守鮑永到官

永字君長上黨屯留人司隷校尉鮑宣之子也時董憲部將屯兵於魯侵害魯郡帝拜永爲魯郡太守永到討破之降者數千人惟別帥彭豐虞休皮常等各千餘人稱將軍不下頃之孔子闕里自滌塵至于里門荊棘無故自除永謂府丞及魯令曰此豈夫子欲令太守行禮助吾誅無道耶乃會衆修鄉射禮請豐等共觀因會手殺豐等禽破黨與帝詔封永爲關内侯

丁亥 三年春正月赦　夏六月赦

戊子 四年春正月赦

己丑五年春二月赦　封孔安爲殷紹嘉公

安孔吉孫何齊子

冬十月帝幸闕里使大司空宋弘祠孔子

帝擊破董憲於昌慮還幸孔子講堂顧指子路室謂左右曰此吾太僕之室也講堂即今洙泗書院也

大將軍竇融署孔奮議曹掾守姑臧長

奮孔子十四世孫避亂河西依融融奏請署職

庚寅六年夏六月省縣減吏員　令收田租三十稅一如舊制

辛卯七年春三月令民薄葬　夏四月赦

壬辰八年賜孔奮爵關內侯

丙申十二年除孔奮武都郡丞討隴西餘賊平之拜奮爲武都太守

丁酉 十三年春二月降國王興爲公以殷紹嘉公孔安爲宋公

戊戌 十四年夏四月辛巳封孔志爲褒成侯

志孔均子也自均之失爵至是三十年矣

己亥 十五年詔檢覈墾田戶口

庚子 十六年復行五銖錢

辛丑 十七年春二月晦日有食之在胃九度

癸卯 十九年閏月戊申進國公興爵爲王

甲辰 二十年冬十月甲午車駕臨幸

戊申 二十四年春正月赦

庚戌 二十六年春正月增官俸

辛亥 二十七年冬國王興始就國

興識守緱氏令有明略善聽訟甚得名稱遷弘農太守亦有善政視事四年上疏乞骸骨徵還京師奉朝請至是始就國

壬子　二十八年以國地益東海詔東海王彊徙都之徙興爲北海王

帝以故太子讓國不以過去故優以大封兼食魯郡合二十九縣賜虎賁旄頭宮殿設鐘虡之縣擬於乘輿又以魯共王好宮室起靈光殿甚壯麗是時猶存故詔彊都魯

癸丑　二十九年賜男子爵人二級貧無告者粟

甲寅　三十年春二月甲子東巡臨幸　秋七月丁酉東巡復臨幸

丙辰　中元元年春二月己卯東巡臨幸東海王彊從封太山褒成侯孔志朝行在

帝東巡至于岱宗柴望秩于山川班瑞
于羣臣遂覲東后褒成侯損從東后後

夏四月赦免今年田租

丁巳 二年冬東海王彊歸國

彊自岱山回京師是年
春帝崩彊至冬始返國

戊午 顯宗孝明皇帝永平元年夏五月東海王彊卒　六月乙

卯葬恭王

彊病上遣中常侍鈞盾令將太醫乘驛視疾絡繹不絕詔
沛王輔濟南王康淮陽王延詣魯省疾王薨天子使大司
空持節護喪事大鴻臚副宗正將作大匠視喪事贈以殊
禮升龍旄頭鸞輅龍旂虎賁百人詔楚王英趙王栩北海
王興館陶公主比陽公主及京師親戚四姓夫人小侯皆
會葬帝追惟彊深執謙儉不欲厚葬違其意詔中常侍
東海傅相從約省將作大匠留起
陵廟諡曰恭王子政嗣封是為靖王

己未 二年春正月赦　秋九月東海王政入朝

政都魯故入朝必書

冬十月令學校皆祀周公孔子養三老五更于辟雍令郡縣道行鄉飲酒禮于學校皆祀周公孔子牲以犬此學校祀孔子之始

辛酉 四年國相鍾離意修孔子車意山陰人爲尚書僕射數直諫帝知其至誠亦以此不久留出爲魯相到官出私錢萬三千文付戶曹孔訢修夫子車身入廟拭几席劍履視事五年以愛利爲化人多殷富以久病卒官遺言升平之世難以急化宜少寬假帝感傷下詔嗟歎賜錢二十萬○闕里文獻考云夫子車獻帝時遇火被焚

癸亥 六年春正月東海王政入朝 冬十月東巡狩臨幸祠東海恭王陵沛王輔楚王英濟南王康東平王蒼淮南王延琅琊王京皆會

乙丑 八年冬十月詔聽有罪亡命者贖

賞九年詔歲考長吏殿最　初置五經師

戊辰十一年春正月東海王政入朝

己巳十二年夏五月賜男子爵人二級三老孝弟力田人三級

流民無名數欲占者人一級民無告及貧無家者粟人三斛

命有司申明科禁

壬申十五年春三月帝徵諸王來會祠東海恭王陵還幸闕里

祠孔子及七十二弟子親御講堂命皇太子諸王說經

此弟子從祀之始漢春秋曰帝升廟西向羣臣中庭北面皆再拜帝進爵而後坐

放蝗　孔損襲封褒成侯

損孔志子也

甲戌十七年春三月賜民爵及粟帛各有差

乙亥 十八年夏四月賜民爵及粟帛各有差 冬十月賜養郊

初 赦免田租

丙子 肅宗孝章皇帝建初元年春正月詔郡縣勸農桑慎選舉

順時令理冤獄 冬十有二月戊寅彗星出婁三度長八九尺百餘日始滅

拜孔豐黃門侍郎與東觀事豐孔子十八世孫也爲高第御史以大旱上疏帝納之故有是命詳列傳

戊寅 三年春正月赦賜民爵及粟帛各有差

己卯 四年夏四月賜民爵及粟帛各有差 冬十一月詔議五

經同異

壬午 七年春正月東海王政入朝

癸未八年冬令羣儒選高才生受學左氏穀梁春秋古文尚書毛詩

甲申元和元年夏四月客星晨出東方在胃　六月詔議貢舉法　秋七月禁治獄慘酷者　冬十一月以孔僖爲蘭臺令史僖豐之子也詔除妖惡禁錮者

乙酉二年春正月詔賜民胎養穀人三斛復其夫勿算一歲著爲令　詔戒俗吏矯飾者　二月行四分曆　三月赦　己丑帝東巡狩東海恭王陵庚寅幸闕里祠孔子及七十二弟子賜褒成侯孔損及諸孔男女帛留祭器於廟

帝以太牢祠孔子師弟作六代之樂留太尊犧尊象尊山尊雷尊明水瓶各一大會孔氏男子年二十以上者六十三人令以儒者巾服見賜酒飯又以孔傳奏對稱旨拜僖郎中令從還京師

秋七月定冊以十一月十二月報四

止用冬初十月以春秋重三正慎三微也

冬十月拜孔僖臨晉令

丙戌 三年春正月詔嬰兒無親屬及有子不能養者廩給之

秋九月臨晉令孔僖卒

詳列傳

丁亥 章和元年秋七月令養衰老授几杖行糜粥飲食 八月

東海王政朝行在

帝幸東平獻王陵徵東海王來會遂從幸彭城

戊子 二年夏四月罷鹽鐵之禁

己丑 孝和皇帝永元元年以孔劉爲從事

舊志稱云此孔氏爲本郡縣官之始

庚寅 二年春正月赦　乙卯金水俱在奎　丙寅水又在奎

辛未水金木在婁　二月壬午日有食之在奎八度

辛卯 三年春正月甲子賜民爵及粟帛各有差

壬辰 四年徙封孔損爲褒亭侯食邑一千戶

癸巳 五年春正月赦

甲午 六年春二月稟貸貧民

丙申 八年春二月賜民爵及粟帛有差　秋九月辛丑夜有流星出婁

丁酉　九年夏六月除田租

戊戌　十年疏導隄防溝渠

己亥　十一年夏四月赦

庚子　十二年春三月賜民爵及粟有差

壬寅　十四年春二月乙亥東海王政卒　政淫欲薄行嘗詣中山會葬簡王私取王姬徐妃又盜送掖庭出女豫州刺史魯相奏請誅政有詔削薛縣立廿四年薨謚曰靖子肅嗣封是爲頃王

三月赦

癸卯　十五年初令以日北至薄刑

甲辰　十六年春二月禁沽酒　封東海王肅弟二十一人皆爲列侯

秋七月免今年田租之半

乙巳　元興元年夏四月赦　冬十二月賜民爵及粟各有差

丙午　孝殤皇帝延平元年春正月丁酉金火在婁　夏四月罷祀官不在禮典者　五月赦　秋七月除田租舉隱逸選博士

丁未　孝安皇帝永初元年春正月赦　三月癸酉日有食之在胃二度　廩貧民

戊申　二年召見孔季彥于德陽殿　東海王肅上錢二千萬助平西羌費

己酉　三年春正月赦　夏四月令吏民入錢穀拜官賜爵

庚戌　四年夏四月赦　蝗　漢志是夏九州蝗

辛亥　五年舉賢良方正有道直言極諫之士及至孝者　蝗

壬子　六年夏六月赦

甲寅　元初元年春正月賜民爵及穀帛有差　夏四月赦　東海王肅上縑萬匹助國費

丙辰　三年春三月日食在婁五度

丁巳　四年春二月日食在奎九度　赦

己未　六年春二月選舉孝廉郎寬博有謀清白行高者補令長丞尉賑窮民表貞婦

庚申　永寧元年夏四月赦賜民爵及布粟有差

辛酉　建光元年春二月赦　詔舉有道之士　秋七月赦

壬戌　延光元年春三月赦賜民爵及粟帛有差舉令長相之賢

者

癸亥 二年選能通古文尚書毛詩穀梁春秋者各一人令三署郎通達經術任民牧者三歲以上得察舉

甲子 三年春三月戊戌帝幸闕里祠孔子及七十二弟子自魯相令丞尉及孔氏親屬婦女諸生悉會賜褒亭侯以下帛各有差

乙丑 四年夏六月赦 秋七月丙子東海王肅卒肅性謙儉循恭王法度立三十二年薨謚曰頃子臻襲封是爲孝王

丙寅 孝順皇帝永建元年春正月赦賜民爵及粟帛有差

丁卯 二年春二月封東海王臻弟二人敏儉爲鄉侯

戊辰 三年夏六月錄囚徒理輕繫

己巳 四年春正月赦賜民爵及粟帛有差 國相王堂到官

堂字敬伯廣漢郡人也初舉光祿茂才遷穀城令治有名
迹拜巴郡太守斬賊虜有功吏民爲立生祠遷扶風不附
阿母王聖中常侍王京永建二年入爲將作
大匠四年復拜魯相政存簡易數年無辭訟

三月戊午朔日食在胃

壬申　陽嘉元年春三月赦　秋七月試明經下第者補弟子增甲乙科員各十人　冬立孝廉限年課試法

諸生通章句文吏能牋奏乃得應選其
有茂才異行若顏淵子奇不拘年齒

癸酉　二年夏六月以孔扶爲司空

扶孔子十
九世孫也

甲戌　三年夏五月赦賜老民米酒肉帛有差　冬十一月司空孔扶免

詳列
傳

丙子　永和元年春正月赦

己卯　四年夏四月赦賜民爵及粟帛有差

辛巳　六年春二月丁丑彗星在奎

壬午　漢安元年春正月赦

癸未　二年冬十一月增孝廉及能從政者與儒學文吏爲四科

甲申　建康元年夏四月赦賜人爵及粟帛有差

丙戌　孝質皇帝本初元年夏四月詔郡國舉明經詣太學受業者歲滿課試拜官有差　六月赦賜人爵及粟帛有差

丁亥　孝桓皇帝建和元年春正月赦賜人爵及粟帛有差

戊子　二年春正月赦賜粟帛有差

庚寅　和平元年春正月赦

辛卯　元嘉元年春正月赦　冬十一月詔舉獨行之士

壬辰　二年國相乙瑛請爲孔子廟置百石卒史一人

癸巳　永興元年夏五月赦　六月國相平請除孔龢補百石卒史縣令鮑疊作吏舍立碑於廟

前相乙瑛書言孔子廟褒成侯四時來祠事已即去廟有禮器無常人掌領請置百石卒史一人典主守廟春秋饗祀出王家錢給犬酒直司徒雄司空戒下魯相平選其年卌以上經通一藝雜試學守文學掾魯孔龢修春秋嚴氏經通高第事親至孝能奉先聖之禮爲宗所歸除龢補名狀如牒令鮑疊爲作百石吏舍詳金石志

甲午　二年春正月赦　夏六月泗水泛漲逆流東海

乙未　永壽元年春正月赦

丙申　二年春二月東海王臻卒

臻及弟蒸鄉侯儉並有篤行母卒皆吐血毀瘠至服練紅兄弟追念初喪父幼小哀禮有闕因復重行喪制臻性敦

厚有恩常分祖秩賑給諸父昆弟國相籍褒具以狀聞順帝美之制詔大將軍三公大鴻臚曰東海王臻以近藩之尊少襲王爵膺受多福未知艱難而能克己率禮孝敬自然事親盡愛送終竭哀降儀從士寢苫三年和睦兄弟恤養孤弱至孝純備仁義兼宏朕甚嘉焉夫勸善厲俗爲國所先曩者東平孝王敞兄弟行孝喪母如禮有增戶之封詩云永世克孝念茲皇祖今增臻封五千戶儉五百戶光啓土宇以酬厥德立三十一年薨謚曰孝子祗嗣位是爲懿王

國相韓勅修孔子墓復顔氏亓官氏繇發修禮器

初孔子墓祠壇方六尺門弟子以瓴甓爲之勅始于墓前造神門一間東南造齋廳三間易祠壇以石石方三尺厚如之縱橫各七復民吳初輩若干戶給掃除勅又以顔氏聖舅家居魯親里亓官聖妃在安樂里聖族之親禮所宜異復顔氏亓官氏邑中繇發造立禮器鐘磬瑟鼓雷洗觴觚爵鹿柤梪籩柉禁壺修飾宅廟更作二輿朝車立碑記其事詳金石志

丁酉 三年春正月赦

戊戌 延熹元年夏六月赦

己亥 二年秋八月減税租之半

庚子 三年春正月赦

辛丑 四年夏六月赦　秋七月減官俸貸王侯半租貢官

癸卯 六年春三月赦

乙巳 八年春正月詔舉賢良方正　三月赦　秋八月初斂田畝税錢

丙午 九年春正月詔舉至孝　夏六月逮捕黨人

丁未 永康元年夏六月赦　除黨錮

戊申 孝靈皇帝建寧元年春二月赦賜民爵及帛各有差　夏四月國相史晨到官

晨行秋饗飲酒畔宫畢復禮孔子宅拜謁神主自以俸錢修上案食醱具○舊志稱是年給守廟百戶附存

徵孔昱拜議郎補洛陽令

昱孔子二十世孫桓帝末遭黨錮名列于八及靈帝即位公車徵拜議郎補洛陽令以師喪棄官卒於家

己酉 二年春正月赦　三月國相晨奏准祀孔子依社稷出王家穀春秋行禮以供禋祀餘胙賜先生執事

會饗之日長史李謙五官掾孔暘功曹史孔准戶曹掾東門榮史馬琮守廟百石孔讚副掾孔綱故尚書孔立河東太守孔彪處士孔褒皆會廟堂國縣員冗吏無大小空府竭寺咸俾來觀并畔宫文學先生執事諸弟子合九百七人雅歌吹笙奉爵稱壽相樂終日饗後部史仇誧縣史劉耽等補完里中道路牆垣作屋塗色修通大溝西流里外南注城池禁縣吏侵擾百姓自以城池道濡麥給令還所歛民錢財晨又念孔瀆顏母井去市遼遠百姓酤買不能得香酒美肉于昌平亭下立會市民咸願樂又勅瀆井復民餝治桐車馬於瀆上東行道表南北各種一行梓假夫子冢顏母井舍及魯公冢守吏凡四人月與佐除有前後碑記詳金石志

孔融匿亡命張儉國相收融及其兄褒于獄詔坐褒罪

融孔子二十世孫也黨人張儉與其兄褒有舊亡抵褒不遇融年十六匿之事泄儉亡走國相收褒融送獄未知所坐融曰保納舍藏者融也褒曰彼來求我非弟之過其母曰家事任長妾當其辜一門爭死郡縣不能決詔坐褒罪

辛亥 四年春正月赦

惟黨人不赦

壬子 熹平元年夏五月赦

癸丑 二年春二月赦

甲寅 三年春二月赦

乙卯 四年夏五月赦

丙辰 五年夏四月赦

丁巳 六年春正月赦

戊午 光和元年春三月赦 賣官

二千石二千萬四百石四百萬令長隨縣豐約有買富者先入貧者到官倍輸

始畫孔子及七十二弟子像于鴻都門學

己未 二年夏四月赦

庚申 三年春正月赦 夏六月詔舉通尚書毛詩左氏穀梁春秋者

辛酉 四年春正月調郡國馬 夏四月赦

壬戌 五年春正月赦 二月彗星出奎 詔糾長吏爲民害者

遷道小郡清修有惠化者二十六人被糾貪者皆免

癸亥 六年春正月赦

甲子 中平元年春三月大將軍何進辟孔融舉高第爲侍御史

冬十二月赦

乙丑 二年春二月稅田畝十錢

丙寅 三年春二月赦

丁卯 四年春正月赦

戊辰 五年春正月赦 二月彗星出奎

庚午 孝獻皇帝初平元年春正月赦 董卓轉孔融爲議郎出
爲北海相

辛未 二年春正月赦 行小錢

壬申 三年春正月赦

癸酉 四年春正月赦 東海王祗遣子琬入朝封琬汶陽侯拜
平原相

甲戌 興平元年春正月赦　孔融請劉備領徐州

乙亥 二年春正月赦　劉備表孔融領青州刺史

丙子 建安元年春正月赦　冬十月徵孔融爲將作大匠

丁丑 二年秋孔融見曹操請出楊彪於獄　孔融議馬日磾不宜加禮從之

庚辰 五年冬十月東海王祗卒

祗立四十四年薨謚曰懿子美嗣

戊子 十五年秋八月曹操殺太中大夫孔融夷其族

詳列傳

國相孫禮到官

禮涿郡容城人也曹操平幽州召爲司空軍謀掾後除河間郡丞稍遷滎陽都尉魯山中賊數百人保固險阻爲民

害乃徙禮爲魯相王官出俸穀發吏民招納降附使還爲問賊應時平累官司空封大利亭侯薨謚曰景

乙未 二十年春操賜人爵及穀有差

庚子 二十五年冬十月魏廢東海王羨爲崇德侯國除縣入於魏

曲阜縣志卷之十九終

曲阜縣志卷之二十

知縣楚安鄉潘相修

男承炳編

通編第三之六

辛丑 魏文帝黃初二年春正月置魯郡封孔羨爲宗聖侯令郡守修孔子廟置百石吏卒以守衛之

初褒亭侯孔損卒子曜襲封曜卒子完襲封完卒無子其弟讚之子名羨字子餘文帝拜議郎命之紹封詔曰昔仲尼資大聖之才懷帝王之器當衰周之末而無受命之運乃退考五代之禮修素王之事因魯史而制春秋就太史而正雅頌俾千載之後莫不宗其文以述作仰其聖以成謀兹可謂命世大聖億載之師表者已遭天下大亂百祀墮壞舊居之廟毁而不修褒成之後絕而莫繼闕里不聞講誦之聲四時不覩蒸嘗之位斯豈所謂崇化報功盛德百世必祀者哉嗟乎朕甚閔焉其以議郎孔羨爲宗聖侯邑百戶奉孔子祀令魯郡修起舊廟置百石吏卒以守衛之又於其外廣爲屋宇以居學者曹植爲碑記見金石志明帝景初間魯相上言宗聖侯未有命祀之禮宜給牲牢長吏奉祀尊爲貴神制下三府議司空崔林議曰宗聖侯亦以王命祀不爲未有命也孔子以大夫之後特受無疆

之祀可謂崇明報德矣無復重祀于非族也乃止

冬十月罷五銖錢

壬寅 三年春正月除貢士限年法

甲辰 五年夏四月制五經課試之法置春秋穀梁博士

丁未 明帝太和元年夏四月復行五銖錢　賜男子爵及窮民無告者穀

戊申 二年夏六月申勑貢士以經學爲先

己酉 三年冬十月删約漢法爲新律令

庚戌 四年立郎吏課試法

詔郎吏學通一經才任牧民博士課試擢其高第者亟用其浮華不務道本者罷之

辛亥 五年秋八月赦

癸丑 青龍元年夏閏月詔山川不在祠典者勿祠

甲寅 二年春二月減鞭杖之制著爲令　三月赦

丁巳 景初元年春正月以建丑之月爲正　夏五月赦

戊午 二年夏四月赦　冬十二月賜男子爵人二級及鰥寡孤獨穀

己未 三年春正月赦　秋八月赦　冬十二月復以建寅之月爲正

庚申 齊王芳正始元年春令獄官平寃枉出輕罪

辛酉 二年春二月使太常以太牢祭孔子於辟雍以顏淵配

以初通論語也此國學釋奠以弟子配享之始

癸亥 四年夏四月赦

甲子　五年夏五月使太常以太牢祠孔子於辟雍以顏淵配以講尚書經通也

乙丑　六年冬十二月令故司徒王朗所作易傳學者得以課試

丙寅　七年秋八月詔郡縣振給天民之窮者　冬十二月使太常以太牢祠孔子於辟雍以顏淵配以講禮記通也

辛未　嘉平三年夏四月赦

壬申　四年春二月赦　彗星見西方在胃長五六丈色白芒南指貫參積三十日滅

癸酉　五年夏四月赦

乙亥　正元二年春三月赦

丁丑 甘露二年秋九月赦

乙酉 咸熙二年冬十二月晉篡魏縣入于晉

丙戌 晉武帝泰始二年復以魯縣為魯郡治仍隸豫州部

郡屬縣六曰魯曰汶陽曰卞曰鄒曰薛曰龔邱

詔以顏子為先師

丁亥 三年秋九月增吏俸 冬十二月詔太學及魯國四時備三牲祀孔子 十二月禁星氣讖緯之學 徙宗聖侯孔震為奉聖亭侯

震羨之子也

戊子 四年春正月律令成懸死罪條目以示民 赦 秋九月大水

己丑 五年春正月申戒令長盡地利禁游惰 冬十二月詔舉勇猛秀異之才

庚寅 六年春三月赦五歲刑以下

辛卯 七年皇太子以太牢祀孔子 以講孝經通也此太子釋奠之始

壬辰 八年夏六月赦

乙未 咸寧元年春正月赦

丙申 二年春正月赦五歲刑以下 令祈雨于社稷山川

丁酉 三年春有星孛于奎 冬十月大水

戊戌 四年蝗 見晉志

己亥五年冬十二月省員吏

庚子太康元年春三月赦　罷兵

壬寅三年夏四月魯公賈充卒

癸卯四年秋七月大水宋志云傷秋稼壞屋有死者

甲辰五年夏六月國內池水赤如血晉志任城魯國同此異減戶課三分之一　冬十二月赦

乙巳六年秋八月減綿絹三分之一

丁未八年夏六月大風拔樹木壞廬舍見帝紀

戊申 九年冬十有二月戊申青黃龍各一見

宋書云青龍見魯國居民井中晉紀云青黃各一見魯國

己酉 十年夏四月赦

庚戌 孝惠帝永熙元年夏四月赦　雨雹

壬子 元康二年秋八月赦

乙卯 五年夏四月有星孛於奎　大水

丙辰 六年春正月赦

丁巳 七年夏五月雨雹

見五行志

戊午 八年春三月赦　夏大水

己未 九年誅魯公賈謐

晉志元康中有童謠云南風起吹白沙遙望魯國何嵯峨千歲髑髏生齒牙魯賈謐國也言賈后將與謐爲亂不得其死之應也

庚申 永康元年春正月赦

辛酉 永寧元年夏四月赦　六月赦　秋八月赦

壬戌 太安元年春三月赦　秋大水

癸亥 二年春正月赦五歲刑

甲子 永興元年春正月赦

乙丑 二年秋八月赦

丙寅 光熙元年夏六月赦

丁卯 孝懷帝永嘉元年春正月赦　秋七月瑯琊王睿引孔衍爲安東參軍專掌記室

衍孔子二十二世孫也

戊辰　二年春正月赦　冬十二月赦

己巳　三年孔子手植檜枯

唐封演封氏聞見記云兖州曲阜縣文宣廟内并殿西南各有柏葉松身之樹各高五六丈枯槁已久相傳夫子手植永嘉三年其樹枯死

庚午　四年春正月赦　石勒兵來寇掠

癸酉　孝愍帝建興元年夏四月赦　六月石勒兵來寇掠縣淪沒于石氏

晉書愍帝本紀元年六月山東郡邑相繼陷于勒地理志云永嘉之亂豫州淪没石氏

甲戌　二年春正月赦

乙亥　三年夏四月赦

丁丑　元帝建武元年補孔衍中書郎　豫州牧上表勸進縣復歸於晉　慕容廆以孔纂爲賓友

廆擢舉賢才官方授任以魯國孔纂舊德淸望與太山胡毋翼俱引爲賓友

戊寅　大興元年以孔衍領太子中庶子　補顏含太子中庶子遷黃門侍郎

含顏子二十七世孫也

秋八月蝗

晉志云青徐州蝗食生草盡至于二年

己卯　二年徐龕兵來寇掠　出孔衍爲廣陵郡守

庚辰　三年孔衍卒

詳列傳

壬午　永昌元年徵兖州刺史郄鑒爲尚書地多降于石氏

郄鑒在鄒山三年有衆數萬戰爭不息百姓饑饉爲後趙所逼僕射紀瞻疏請徵之乃徵拜尚書徐兖間諸塢多降於後趙趙置守宰以撫之

乙酉　明帝太寧三年詔給奉聖亭侯孔亭四時祠孔子祭直如泰始故事　石勒復盡陷豫州之地

丁亥　成帝咸和二年夏四月地震

晉志豫州地震

戊子　三年封顏含西平縣侯拜侍中除吳郡太守

含補本州中正歷散騎常侍大司農豫討蘇峻功故封

辛卯　六年冬十一月熒惑守胃

乙未　咸康元年春二月甲子帝講詩經通親釋奠

此爲天子親祭圜丘之始

丙申 二年春正月辛巳彗星見西方在奎

丁酉 三年流星出奎中沒婁北 大如二斗魁色青赤光耀地

戊戌 四年冬十月光祿勳顏含致仕歸建業 含以老遜位二十餘年年九十三薨卒詳列傳

己亥 五年夏四月辛未月犯歲星在胃

戊申 穆帝永和四年夏五月熒惑入婁犯填星

辛亥 七年春三月戊子歲星熒惑合於奎　秋八月收復豫州郡縣復歸於晉 是月豫州與徐兗荊洛并來降

壬子 八年寧朔將軍榮胡以郡叛降于燕慕容儁
晉載記云是年榮胡以彭城魯郡叛降于儁

丁巳 升平元年春三月帝講孝經通親祠孔子以顔子配
晉以太學在水南懸遠有司議權以中堂爲太學後孝武帝寧康三年亦釋奠于此

壬戌 哀帝隆和元年春正月減田租畝收二升

甲子 興寧二年春三月大閲戶口令所在土斷

丙寅 帝奕太和元年冬十月燕寇兖州陷魯高平數郡縣沒於燕
晉載記云慕容暐使晉太山太守陷兖州諸郡置守宰而還

壬申 秦滅燕縣沒於秦 遣送經義之士

甲戌 禁老莊圖讖之學

甲申 晉孝武帝太元九年謝玄平兖青司豫縣復歸於晉

乙酉 十年清河人李遼來謁闕里孔子廟

丙戌 十一年夏六月甲午歲星晝見在胃 秋八月庚午封孔靖之爲奉聖亭侯奉孔子祀

己丑 十四年冬十一月勅修闕里孔子廟 頒六經于孔子廟

庚寅 十五年秋八月蝗

壬辰 十七年李遼表請重修闕里孔子廟不報

表曰臣聞教者治化之本人倫之始所以誘達羣方進德興仁譬諸土石陶冶成器雖復百王殊禮質文參差至於斯道其用不爽自中華湮沒闕里荒毀先王之澤寢聖賢之風絕自此迄今將及百年造化有靈否終以泰河濟夷徙海岱清通黎庶蒙蘇危藻奮化而典訓弗敷雅頌寂蔑久凋之俗大弊未改非適邁斯文緝熙宏猷將何以光贊時雍克隆盛化哉事有如賒而實急者此之謂也亡父先臣回綏集邪邑歸誠本朝以太元十年遣臣奉表路經闕

里遇亂孔廟庭宇傾頓軌式頹毁萬世宗匠忽焉淪廢仰瞻俯慨不覺涕流旣達京輦表求興復聖祀修建講學至十四年十一月十七日奉被明詔采臣鄙議勅下兗州魯郡准舊營飾故尚書令謝石令臣所須列上又出家布薄助興立故鎭北將軍譙王恬版臣行北魯縣令賜許供遣二臣寔爼成規不遂陛下體唐堯文思之美訪宣尼善誘之勤矜荒餘之淵昧愍聲教之未淡愚謂可重符兗州刺史遂成舊廟蠲復數戶以供灑掃并賜給六經講立庠序延請宿學廣集後進使油然入道發剖琢之功遲仁義以征伐數道德以服遠何招而不懷何柔而不從所爲者微而宏者大乞以臣表付外參議帝不省

丙申　二十一年春三月太白晝見於胃

戊戌　安帝隆安二年夏六月歲星晝見在胃

庚子　四年春二月有星孛於奎婁長三丈

辛丑　五年起孔季恭建威將軍山陰令不就

季恭名靖孔子二十七世孫居會稽

癸丑 元興二年冬十月太白犯塡星在婁

乙巳 義熙元年以孔季恭爲會稽內史

丁未 三年春正月甲子太白晝見在奎　二月熒惑塡星太白辰星聚於奎婁

秋七月司馬叔璠來侵太守徐邕破走之

桓玄之亂叔璠奔南燕至是攻鄒山及魯郡邕擊敗之

己酉 五年冬十有二月太白犯歲星在奎

晉志占曰大兵起魯有兵是年四月劉裕討慕容超六年二月滅超于魯地

庚戌 六年春二月滅燕慕容超

壬子 八年復以孔季恭爲會稽內史

戊午 十四年春以孔季恭爲宋國尙書令

庚申 恭帝元熙二年六月宋簒晉徙魯郡治鄒縣以魯縣爲屬邑改隸兖州部 閏月特進大夫孔季恭加開府儀同三司

曲阜縣志卷之二十終

知縣楚安鄉潘相修

通編第三之七　　搢黃檢元

辛酉　宋武帝永初二年春正月赦　夏四月毀淫祠

癸亥　景平元年彗星出奎南長三丈　魏奚斤等取兗豫諸郡縣置守宰以撫之

文帝元嘉元年秋八月赦

乙丑　二年春正月赦

丙寅　三年春三月以顏延之為中書侍郎

延之顏子三十世孫也

己巳　六年春三月赦　秋七月以孔默之為廣州刺史

默之孔子二十六世孫也

庚午 七年冬十月行四銖錢 十有二月有流星自天船至河抵奎北大星及於壁

宋志云首如甕長二十餘丈大如數十斛色正赤光照人面

辛未 八年夏四月太白晝見在胃 奪孔繼之爵

繼之孔亭五世孫也見世家

壬申 九年春正月赦

乙亥 十二年春正月赦 夏運穀賑楊州 禁擅鑄象造寺者

丙子 十三年春三月赦

丁丑 十四年春正月赦

戊寅 十五年令守宰以六期為斷

己卯 十六年夏五月太白晝見胃

壬午十九年春正月赦○冬十二月丙申詔修孔子廟復學舍召生徒

又詔曰昔之賢哲及一介之善猶或衛其丘壠禁其芻牧況尼父德表生民功被百代而墳塋荒蕪荊棘勿翦可蠲墓側數戶以當灑掃魯郡上民孔景等五戶居近孔子墓側蠲其課役供給灑掃并種松柏六百株

授孔隱之奉聖亭侯

詔曰胄子始集學業方興自微言泯絕逝將千祀感事思人意有慨然奉聖之胤可速議繼襲於先廟地特爲營造依舊給祠直令四時享祀

癸未二十年頒藉田儀注

甲申二十一年春正月赦

乙酉二十二年春正月朔行元嘉歷　冬十二月孔熙先謀逆伏誅

熙先孔隱之兄子博學文史兼通數術有縱橫才爲員外散騎侍郎憤憤不得志父默之以贓獲罪彭城王義康救解得免及義康遷豫章熙先密懷報效且以爲天文圖讖宋主必以非道晏駕禍由骨肉而江州應出天子以范蔚宗志意不滿欲引與同謀而素不爲蔚宗所重乃厚結蔚宗甥太子中舍人謝綜綜引熙先見蔚宗熙先家饒於財數與蔚宗博故爲拙行以物輸之由是情好欵洽熙先乃從容說蔚宗殺宋主立義康蔚宗愕然熙先曰丈人雅望過人讒夫側目久矣比肩競逐庸可遂乎令建大勳奉賢哲圖難於湯以安易危豈可來祇而不取哉蔚宗猶凝未決熙先曰又有過於此者愚則未敢道耳蔚宗曰何謂也熙先曰丈人奕葉清通而不得連姻帝室人以犬豕相遇而丈人曾不疵之欲爲之死不亦惑乎蔚宗門無內行故熙先以此邀之蔚宗默然不應反意乃決綜素爲義康所厚弟約又娶其女丹陽尹徐湛之及尼法靜皆義康黨並與熙先往來法靜妹夫許耀領隊在臺許爲內應熙先以牋書與義康陳說圖讖於是密相署置及素所不善者並入死目又作徽文稱賊臣趙伯符肆兵犯蹕禍流儲宰湛之蔚宗等投命奮戈斷伯符首令遣將軍臧質奉璽綬迎彭城王正位宸極又詐作義康與湛之書令誅君側之惡宣示同黨宋主之燕武帳岡也蔚宗等謀以其日作亂許耀扣刀目蔚宗蔚宗不敢發湛之恐事不濟密白其謀宋

主乃命有司收捕延尉熙先望風吐款詞氣不撓宋主奇其才遣人慰勉之曰以卿之才而滯於集書省理應有異志此乃我負卿也熙先於獄中上書謝恩且陳圖讖深戒宋主以骨肉之禍十二月熙先等皆伏誅

奪孔隱之爵

以兄子孔熙先謀逆也

皇太子釋奠樂用登歌

裴松之議釋奠用八佾奏登歌此釋奠孔子用樂之始

丙戌 二十三年夏四月赦

丁亥 二十四年春正月赦 行大錢一當兩

戊子 二十五年罷大錢

己丑 二十六年春三月赦

庚寅 二十七年春三月減官俸 秋發民丁借民貲以充軍用

冬十一月赦　魏主來侵郡守崔邪利被禽　魏遣使來祠孔子

秋宋人大舉侵魏魏主自將救之命諸將分道並進十一月至鄒山禽魯郡太守崔邪利見秦始皇石刻使人排而仆之遣使者以太牢祀孔子

十二月魏主引兵南下

魏不齎糧用惟以抄掠爲資民多逃匿無所得人馬飢乏

辛卯　二十八年春二月令民遭寇者蠲其租税

魏人殺掠不可勝計丁壯者即加斬截嬰兒貫於槊上盤舞以爲戲所過赤地無餘春燕歸巢於林木自是邑里蕭條

更以孔惠雲爲奉聖侯尋以疾失爵

甲午　孝武帝孝建元年春正月赦　行孝建四銖錢　秋七月

赦　冬十月戊寅詔建孔子之廟制同諸侯之禮詔曰仲尼體天降德維周興漢經緯三極冠冕百王爰自前代咸加褒述典司失人用闕宗祀先朝遠存遺範有詔繕立世故妨道事未克就國難頻深忠勇奮厲實憑聖義大教所敦永惟兼懷無忘待旦可開建廟制同諸侯之禮詳擇爽塏厚給祭秩

乙未　二年夏六月赦

丙申　三年春正月赦　冬十二月以侍中孔靈符為郢州刺史靈符季恭子也

金紫光祿大夫顏延之卒詳列傳

丁酉　大明元年春正月赦　三月太白在奎　魏人入兗州

夏六月以顏竣為揚州刺史

㚟延之子也

戊戌二年冬魏侵青口青冀刺史顏師伯連戰破之 師伯顏子三十一世孫也

以孔邇為奉聖侯 邇後卒子菾嗣以有罪失爵

冬十一月有長星出於奎 色白蛇行有尾跡既滅變為白雲

己亥三年夏五月殺東揚州刺史顏竣 竟陵王誕反誣竣與通謀收付廷尉賜之死詳列傳

秋七月赦

庚子四年春正月赦 以顏師伯為侍中

辛丑 五年冬十二月制民歲輸布戸四匹 禁士族雜婚

壬寅 六年春正月赦 二月復官祿 秋七月甲申地震有聲

自河北來郡內山搖地動

從宋志

甲辰 八年冬飢

乙巳 明帝泰始元年春行二銖錢

形勢薄[illegible]民間效之而更薄

小無輪郭不磨鑢謂之耒子

秋八月殺僕射顏師伯

師伯與柳元景沿謀廢子業立義恭沈慶之發

其事子業遂殺義恭元景及師伯并其六子

聽民私鑄錢

有鵞眼錢綖環錢貫之以縷入水不

沈隨手破碎斗米一萬商貨不行

冬十月殺會稽太守孔靈符

丙午　二年春以畢衆敬行兗州事縣附之　夏六月兗州蟻鬭死

冬兗州刺史畢衆敬降魏師縣入於魏

魏志云兗州有黑蟻與赤蟻交鬭長六十步廣四寸赤蟻斷頭而死黑主北赤主南十一月畢衆敬遣使降

丁未　魏獻文帝皇興元年春正月遣兵進取宋淮北四州及豫州淮西地仍以魯縣爲魯郡治隸兗州

魯郡領縣五曰魯曰汶陽曰鄒曰陽平曰新陽

戊申　二年遣中書令高允兼太常至兗州以太牢祀孔子

己酉　三年立三等輸租法除其租調

辛亥　孝文帝延興元年郡守張應遷官北史作張膺

應履行貞素聲績著聞妻子樵採自給獻文深嘉之

二年春二月定祭孔子廟之禮

詔曰尼父稟達聖之姿體生知之量窮理盡性道光四海頃者淮徐未賓廟隔非所致令祠典寢頓禮章殄滅遂使女巫妖覡淫進非禮殺生鼓舞倡優媟狎豈所以尊明神敬聖道也自今以後祭孔子廟制用酒脯而已不聽婦女合雜以祈非望之福犯者以違制論其公家有事自如常禮犧牲粢盛務盡豐潔臨事致敬令肅如也牧司之官明糾不法使禁令必行

冬制小祀勿用牲

非天地宗廟社稷皆勿用牲薦以酒脯

癸丑三年春正月詔守令勸農事除盜賊

縣令能靜一縣劫盜者兼治二縣即食其祿能靜二縣者兼治三縣三年遷爲郡守郡守自二郡至三郡亦如之三年遷爲刺史

夏四月詔以孔乘爲崇聖大夫給十戶以供灑掃

秉孔子二十八世孫自孔羨至乘六世矣又拜孔氏四人官

制賦法戶收絹一匹綿十斤租三十石

甲寅 四年罷門房之誅

乙卯 五年夏六月初禁殺牛馬

丙辰 承明元年春二月赦　夏四月大風雨雹

丁巳 太和元年詔工商賤族有仕者止本部丞　更定律令

戊午 二年春二月地震　夏四月大霖雨　五月禁士族與非類昏偶以違制論

己未 三年冬十月赦

庚申 四年秋大雨雹

辛酉 五年新律成

凡八百三十二章門房之誅十有六大辟二百三十五雜刑三百七十七

壬戌 六年秋八月大水蝗害稼

癸亥 七年始禁同姓爲婚

甲子 八年秋始班祿

舊制戶調帛二疋絮二斤絲一斤穀二十斛又入帛一疋二丈委之州庫以供調外之費所調各隨土所出至是始班俸祿而戶增調帛三疋穀二斛九斗以給之調外亦增二疋祿行之後贓滿一疋者死舊律枉法十疋義贓二十疋罪死至是義贓一疋枉法無多少皆死

乙丑 九年春正月禁讖緯巫卜

詔曰圖讖之興出於三季旣非經國之典徒爲妖邪所憑自今圖讖祕緯及名爲孔子閉房記者一皆焚之留者以大辟又嚴禁諸巫覡及委巷卜筮非經典所載者

冬均田

男夫十五以上受露田四十畝婦人二十畝奴婢依良丁牛一頭受田三十畝限至四牛所授之田率倍之三易之田再倍之以供耕作及還受之盈縮人年及課則受田老免及身没則還田奴婢牛隨有無以還受初受田者男夫給二十畝課種桑五十株桑田皆為世業終身不還恒計見口有盈者無受無還不足者受種如法盈者得賣其盈

諸宰民之官各隨近給公田有差更代相付賣者坐如律

丙寅　十年春置三長定民戶籍

五家立鄰長五鄰立里長五里立黨長取鄉人彊謹者為之鄰長復一夫里長二夫黨長三夫三載無過則升一等其民調一夫一婦帛一疋粟二石大率十疋為公調二疋為調外費三疋為百官俸此外復有雜調八十一子不從役孤老貧病不能自存者三長內迭養食之

丁卯　十一年秋七月詔有司賑貸

戊辰　十二年春詔犯死刑而親老無他子旁親者以聞

己巳十三年春兗州民王伯恭作亂於勞山東泰鎮將孔伯孫討誅之　秋立孔子廟于京師

庚午十四年遣使問民疾苦

辛未十五年冬正官品考牧守

壬申十六年罷租課　修周公孔子之祀改謚孔子曰文聖尼父告謚孔子廟

祀孔子及周公皆令牧守執事其宣尼之主祀于中書者親行拜祭堯舜禹之祀亦皆修舉祀堯於平陽舜於廣寧禹於安邑此有司祀廟之如後文成帝時亦詔宣尼廟別飭有司行荐享之禮

夏四月頒新律

癸酉十有七年夏六月兗州獻白烏

甲戌十有八年秋九月考績黜陟百官

乙亥　十有九年夏四月帝如闕里親祀孔子封孔靈珍爲崇聖侯　賜兖州民爵及粟帛有差舉郡內士人才堪軍國及守宰治行見者

魏主如魯城祠孔子詔兖州爲孔子起園栽柏修飾墳壠更建碑銘褒揚聖德拜孔氏四人顏氏二人爲官仍選宗子秘書郎靈珍封崇聖侯食邑一百戶奉孔子祀靈珍孔乘長子也○舊志稱又云北魏賜孔氏田附錄于此

減兗官之祿求遺書法度量　冬十月詔州牧考其官屬得失品第以聞　行太和歷

丙子　二十年春正月初定族姓　三月兖州獻白雉　置常平倉　除通亡緣坐法

戊寅　二十有二年夏大霖雨　秋八月地震

己卯　二十有三年夏六月大水

庚辰 宣武帝景明元年秋七月大水蚜蚄害稼

辛巳 二年春正月金火俱在奎（魏志云內青外黃）饑 秋七月月暈于婁

壬午 三年夏四月齊御史中丞顏見遠死齊主寶融之難（見遠顏子三十三世孫也詳見列傳）

秋八月月暈樂婁胃

癸未 四年秋七月復鹽池之禁

甲申 正始元年冬十二月更定律令 月暈婁胃

乙酉 二年夏六月梁初立孔子廟

丙戌 三年夏四月罷鹽池之禁

丁亥 四年春正月月暈胃

戊子 永平元年秋七月定枷杖小大之制

庚寅 三年夏六月求遺書

壬辰 延昌元年冬十一月旌表孝子順孫廉夫節婦給粟帛有差

癸巳 二年秋八月月犯太白於胃

乙未 四年春復官祿蠲綿麻稅 兗州獻白狐 是時兗州治瑕邱即今之滋陽縣故因事書之

丙申 孝明帝熙平元年秋八月月在奎食十五分食入

丁酉 二年春正月制諸錢新舊通行巧僞者罪之 秋八月月在婁食既 郡守張猛龍教民嚮學

猛虢南陽白水人建節將軍興宗之孫年十七孝養其母延昌中出身除奉朝請熙平中爲魯郡太守講習之暇闡于國學教令所及莫不勸焉

縣令杜脩壽到官

戊戌 神龜元年復徵綿麻稅　復鹽禁

己亥 二年立停年格

吏部尚書崔亮爲格制不問士之賢愚專以停解日月爲斷沈滯者稱其能

復減官祿

庚子 正光元年春正月詔以來春釋奠於孔子

詔曰建國緯民立教爲本尊師崇道兹典自昔來歲仲陽節和氣潤釋奠孔顏乃其時也有司可豫繕國學圖飾聖賢置官簡牲擇吉行禮

辛丑 二年春三月帝祠孔子以顏子配　秋九月月暈胃

壬寅　三年冬十一月行正光歷

癸卯　四年秋七月月暈於婁胃

甲辰　五年冬十二月月暈於奎婁

丙午　孝昌二年秋八月月在胃掩塡星

丁未　三年春正月月犯塡星於婁

秋八月月暈胃　月犯鎭星相去七寸許光芒相及

冬十二月月在婁暈奎婁胃

戊申　四年春赦　冬十二月月在婁暈奎胃

己酉　孝莊帝永安二年秋七月始行永安五銖錢　大錢一助七十文

癸丑　孝武帝永熙二年郡王肅薨王爲南安王楨之孫起家員外散騎侍郎莊帝初封魯郡王邑千戶除散騎常侍梁宣衛將軍兖州刺史拜侍中太師錄尚書事至是薨以子道與襲封齊受禪例降

甲寅　三年春二月帝親祀孔子勅諸大臣講經

乙卯　東魏孝靜帝天平二年春三月月在婁志云太白在月南一寸許至明漸漸相離

丁巳　四年秋七月兖州獻白雀

己未　興和元年行興光歷　兖州刺史李珽修建孔子及十弟子容像立碑於廟庭見金石志

縣令朱敬遵到官

庚申　二年夏四月金木火相犯於奎

辛酉　三年秋八月月在胃暈婁胃　冬十月頒麟趾格　大稔

癸亥　武定元年春正月兖州獻白雉　夏四月兖州獻蒼烏六月獻白鹿

甲子　二年冬十月括戶均賦

乙丑　三年冬十月兖州獲白雀

庚午　齊文宣帝天保元年齊篡東魏改魯郡爲任城郡縣屬之始立九等戶　行天保曆　夏六月改封崇聖公孔長孫爲恭聖侯遣使來致祭孔子

詔封崇聖侯邑一百戶以奉孔子之祀并下魯郡以時修崇廟宇務盡褒崇之至分遣使人致祭岳瀆堯舜祠廟及孔父老君等載祀典者又新立學定春秋二仲致祭月朔祭酒以下拜孔而揖顏于郡學于坊內立孔顏廟博士

以下每月兩釋孔二仲致祭及朔日而祀之始凡祈禱之禮有九孔顏臨居其一

壬申 三年梁以顏之推為散騎侍郎 之推顏子三十五世孫也

秋七月客星入奎婁

癸酉 四年春行常平五銖錢

乙亥 六年發夫築長城

丙子 七年秋七月赦 冬併省州縣

戊寅 九年夏四月赦 冬十一月赦 減百官祿

庚辰 廢帝殷乾明元年立闕里孔子廟碑 見金石志

辛巳 武成帝湛太寧元年冬十一月赦

壬午　河清元年春正月赦　夏四月降罪人有差

癸未　二年冬大水

甲申　三年春頒律例制田賦

一日死轘梟斬絞二日流投邊裔爲兵三日刑自五歲至歲四日鞭自百至四十五日杖自三十至十凡十五等其流內官及老小閹癡並過失應贖者皆以絹代金爲吏者始守法令又敕仕門子弟常講習之又令民十八受田輸租調二十充兵六十免力役六十六退田免租調一夫受露田八十畝婦人四十畝奴婢依良人牛受六十畝大率一夫一婦調絹一疋綿八兩墾租二石義租五斗奴婢準良人之半牛調二尺墾租一斗義租五斗墾租送臺義租納郡以備水旱

大水

乙酉　後主緯　天統元年夏四月赦

丙戌　二年始用士人爲縣令

丁亥 三年春二月赦　冬十一月赦

戊子 四年冬十二月赦加官級

己丑 五年春二月免䧟官刑者刑爲官戶　秋七月降罪人有差

庚寅 武平元年春二月降死罪以下囚　夏六月赦加官級

辛卯 二年秋九月月在婁食既光不復

壬辰 三年冬十月赦降死罪以下囚

甲午 五年夏五月赦

乙未 六年秋稅關市舟車山澤鹽鐵店肆

丙申 隆化元年以黃門侍郎顏之推爲平原太守

江陵之役之推爲周所執由周奔齊頗見親任至是周師既迫之推勸齊主以數千人奔陳齊主不從用之推守平

丁酉 周武帝建德六年齊亡縣入於周 詔舉明經幹治者又
詔舉有才者縣六人五人四人有差 秋八月定權衡度量
頒刑書要制
羣盜贓一匹及正長隱五戶及十丁若地三頃以上皆死
戊戌 宣帝宣政元年秋宣詔制九條於州郡 遷顏之儀上儀
同大將軍御正中大夫進爵為公增邑一千戶
之儀之推兄也
赦
己亥 靜帝大象元年春正月行永通萬國一當千錢 二月赦
庚子 二年春正月稅入市者人一錢 二月帝幸露門學行釋

奠禮　三月追封孔子爲鄒國公

詔曰盛德之後是稱不絕功施于民義昭祀典孔子德惟藏往道實生知以大聖之才屬千古之運載弘儒業式敘彝倫至如參贊天人之理裁成禮樂之務故以作範百王垂風萬葉朕欽承寶歷服膺教義眷言洙泗懷道滋深且褒成啓號雖彰故實旌崇聖績猶有闕如可追封爲鄒國公邑數準舊并立後承襲别於京師置廟以時祭享遂詔長孫承襲鄒國公

夏五月黜顏之儀爲西疆郡守

辛丑三年春二月隋篡周縣人於隋　徵顏之儀還京師進爵新野郡公

行五銖錢　冬十月初行新律

去梟轘鞭法非謀叛無族罪始制死刑二絞斬流刑二自二千里至三千里徒刑五自一年至三年杖刑五自六十至百笞刑五自十至五十又制議請減贖官當之科以優士大夫除訊囚酷法考掠不得過二百枷杖大小咸有程

式民有枉屈縣不爲理者聽以次經郡州省若仍不爲理聽詣闕伸訴自是法制遂定後世多遵用之

十二月聽民出家賦錢寫書

癸卯隋文帝開皇三年春正月赦　二月減調役弛酒鹽禁求遺書

詔獻書一卷賚絹一疋

制郡縣二仲月以少牢祭社稷百姓置里社旱則以羊豕祈境内山川　秋九月赦　冬十一月罷郡爲州以曾縣屬兖州　更定律置博士

除死罪八十一條流罪一百五十四條徒杖等千餘條定留五百條凡十二卷仍置律博士弟子員

甲辰四年春行甲子元歷　秋九月詔公私文翰并宜實錄

改縣名曰汶陽

乙巳五年春命縣學歲一行鄉飲酒禮初置義倉貌閱戶口作輸籍法度支尚書長孫平奏令民間每秋家出粟麥一石以下貧富爲差儲之當社委社司檢校以備凶年名曰義倉隋主從之時民間多妄稱老小以免賦役乃命大索貌閱大功以下皆令析籍以防容隱又以民間課輸無定簿難以推校乃爲輸籍法自是姦無所容

丙午六年春正月赦　顏之儀代還以顏之儀爲集州刺史

丁未七年春正月令諸州歲貢士三人

己酉九年春二月置鄉正里長　夏四月赦

庚戌十年春正月顏之儀入朝賜錢米　夏五月詔軍人悉屬州縣　六月制民年五十免役收庸　冬顏之儀卒

詳列傳

壬子　十二年八月制死刑長吏不得便決　減田租均田

癸丑　十三年禁藏讖緯

甲寅　十四年冬有星孛於奎婁

乙卯　十五年春正月赦二月收兵器　制州縣佐吏三年一代不得重任　冬詔文武官以四考交代

丙辰　十六年夏六月初制工商不得仕進　秋八月詔死罪三奏然後行刑　初定縣名曰曲阜

丁巳　十七年春三月詔諸司論屬官罪聽律外決杖

帝以所在屬官不敬憚其上事難克舉故有是詔于是上下相驅迭行捶楚以殘暴爲幹能守法爲懦弱又以盜賊繁多命盜一錢以上皆棄市或三人共盜一瓜事發即死於是行李皆宴起早宿天下懍懍

夏四月行新歷

己未　十九年春正月赦

庚申　二十年冬十一月地震

辛酉　仁壽元年春正月赦　制雅樂歌辭其釋奠先聖先師奏誠夏今仔名雅登歌一章辭曰經國立訓學重教先三墳肇冊五典留篇開鑿理著陶鑄功宣東膠西序春誦夏絃芳塵載仰祀典無虧

廢州縣學

甲子　四年春正月赦　夏六月又赦　冬除婦人及奴婢部曲之課令男子二十二成丁

乙丑　煬帝大業元年春正月赦

丙寅　二年夏四月蠲免今年租稅　秋七月制百官不得計考

增設　始建進士科

丁卯　三年春三月長星見西方歷奎婁　夏四月頒新律　赦

改兗州為魯郡隸徐州部縣仍屬之

戊辰　四年冬十月封孔嗣悊為紹聖侯

嗣悊長孫子也詔曰先師尼父聖德在躬誕發天縱之資憲章文武之道命世膺期蘊茲素王而顏山之嘆忽盼於千祀盛德之美不存於百代永惟懿範宜有優崇可立孔子後為紹聖侯有司求其嫡裔錄以申上乃封嗣悊為紹聖侯食邑百戶

己巳　五年春均田禁兵器

鐵叉恭鉤矟刀之類皆禁之

儀

辛未　七年縣令陳叔毅修闕里孔子廟

舊志稿云碑載大業七年曾仲孝發撰文詳見金石志

大水

壬申八年大旱疫

癸酉九年春正月赦

丁丑十三年孔子手植檜復生

舊志稿闕里文獻考皆作恭帝義寧元年考隋紀恭帝即大業十三年十一月即位改十三年爲義寧元年當仍作大業十二年

徐圓朗兵起

圓朗兗州人攻陷東平分兵略地自琅琊以西北至東平盡有之勝兵二萬餘人當是時自大業九年靈武白瑜娑兵起以後群豪並起攻城掠地而竇建德李密劉武周梁師都薛舉蕭銑之徒皆各據一方建號改元屠戮生民天下大亂

冬十一月唐王遣使招慰山東諸郡下之縣歸於唐

曲阜縣志卷之二十一終

曲阜縣志卷之二十二　　知縣楚安鄒潘相修

通編第三之八　　男承煒編

戊寅 唐高祖神堯皇帝武德元年夏五月赦　罷魯郡置兗州以太守爲刺史縣仍舊名屬于州　顏思魯率子孫迎大兵于長春宫

思魯之推長子也爲隋秘書省校書郎率子孫顏師古等迎唐師帝拜思魯儀同秦府記室叅軍事師古朝散大夫燉煌公府文學

置縣學生員　行戊寅歷

己卯 二年春正月詔自今正五九月不行死刑　二月定租庸調法

每丁租二石絹二疋綿三兩自茲以外不横歛

夏六月立周公孔子廟于國子監仍詔有司立周公孔子廟各一所

詔曰盛德必祀義存方冊達人命世慶流後昆爰始姬旦匡翊周邦創設禮經大明典憲啓生民之耳目窮法度之本源粤若宣尼天姿叡哲四科之選歷代不刊三千之徒風流無數惟茲二聖道濟生民尊禮不修孰明褒尚宜命有司立周公孔子廟各一所四時致祭仍博求其後具以名聞詳考所宜當加爵土

徐圓朗以數州降授兗州總管魯郡公

庚辰　三年夏瘟暴骨

辛巳　四年秋七月敕　行開元通寶錢　徐圓朗舉兵反應劉黑闥

黑闥作亂圓朗與通謀唐主使盛彥師安集河南行至任城圓朗執之舉兵反兗鄆陳杞伊洛曹戴等八州皆應之圓朗自稱魯王

籍戶口　秦王世民以顏相時孔穎達等爲文學館學士

相時思魯弟穎達孔子三十二世孫也世民以海內寖平乃開館以延文學之士杜如晦等十八人相時穎達預焉號十八學士時人榮之謂之登瀛洲

癸未　六年春徐圓朗走死

甲申　七年春二月帝親釋奠詔以周公爲先聖孔子配享　置州縣鄉學有明一經以上者咸以名聞　夏四月頒新律令　定均田租庸調法

有田則有租有身則有庸有戶則有調丁中之民給田一頃篤疾減什之六寡妻妾減七皆以什之三爲世業八爲口分每丁歲入租粟二石調隨土地所宜綾絹絁布歲役二旬不役則收其傭日三尺有事而加役者旬有五日免其調三旬租調俱免水旱蟲霜爲災什損四以上免租損六以上免調損七以上課役俱免凡民貲業分九等百戶爲里九里爲鄉四家爲鄰四鄰爲保在城邑者爲坊田野者爲村食祿之家無得與民爭利工商雜類無預士伍[illegible]

女始生爲黃，四歲爲小，十六爲中，二十爲丁，六十爲老，歲造計帳，三年造戶籍。

乙酉　八年秋九月校權量

丙戌　九年春二月有星孛于胃　初令州縣里閭各祀社稷

籩豆皆八，簠簋各二，俎三。以立春後午日祀風師，立夏後申日祀雨師。

立孔德倫爲襃聖侯

詔曰：宣尼以大聖人之德，天縱多能，王道藉以裁成，人倫資其教義，故孟軻稱自生民以來一人而已。自漢氏馭歷，魏室分區，爰及晉朝，暨於隋代，咸相崇尚，用存享祀。朕欽若前王，憲章故實，親師宗聖，是所庶幾，存亡繼絕，抑惟通典。可立孔子後爲襃聖侯，以隋故紹聖侯孔嗣悊嫡子德倫爲嗣。

秋八月赦給復一年，賜老民粟帛　禁淫祀雜占　擢孔穎達國子博士，拜顏師古中書侍郎，封琅琊縣男

丁亥　太宗皇帝貞觀元年春正月更律令

寬裁刑五十條爲斷右趾從改斷右趾爲加役流流三千里居作三年

三月赦閏三月日食在胃　旱　省曲阜縣　封孔穎達曲阜縣男轉給事中

戊子　二年春三月日食在婁　赦　升孔子爲先聖配以顏子左僕射房元齡傅士朱子奢建言周公尼父俱稱聖人庠序釋奠本緣夫子故宋梁陳及隋大業以前皆以孔子爲先聖顏回爲先師歷代所行古今通允伏請停祭周公升孔子爲先聖配以顏回詔從之孔子位于廟室西楹間東向顏子在其東北南向

詔自今奴告主者斬之

己丑　三年夏詔賜孝義之家及老民粟有差

庚寅　四年春二月赦　詔州縣學皆作孔子廟　除鞭背刑

辛卯　五年冬十二月制自今决死刑者皆覆奏

壬辰六年秋七月詔行鄉飲酒禮

癸巳七年秋大水　九月賑貸災民　賜太子庶子孔穎達等金帛

太子好嬉戲數違禮法穎達與于志寧等數直諫上嘉之各賜金一斤帛五百疋

甲午八年復置曲阜縣爲緊缺仍屬兗州魯郡隸河南道　秋大水

乙未九年春正月分民貲爲九等　三月赦　秘書監顏師古議郡國立廟之非禮從之

丁酉十一年春正月定律令

定律五百條立刑名二十等比隋律減大辟九十二條減流八徒者七十一條削煩去蠹變重爲輕者不可勝記又定令一千五百九十餘條又刪武德以來勅格定留七百條又定枷杻鉗鎖杖笞皆有長短廣狹之制

給民百歲以上侍五人　詔行新禮

房元齡魏徵所定凡百三十八篇

夏五月日食在婁　秋七月尊孔子爲宣父詔兖州修闕里孔子廟

給戶二十奉守林廟又命褒聖侯朝會位同三品祭祀冕服亦如之食邑一百戶

孔穎達顏師古等修五禮成皆進爵爲子

戊戌　十二年春閏二月日食在奎　拜孔穎達祭酒仍侍講東宮

庚子　十四年春二月帝行釋奠禮命祭酒孔穎達講孝經穎達上釋奠頌詔褒美之

上又以師說多歧章句繁雜命穎達與顏師古等定五經疏謂之正義令學者習之

冬十一月更定服制

禮官奏請加高祖父母服齊衰五月嫡子婦服期嫂叔弟妻夫兄舅皆服小功從之

詔諸州犯十惡罪者勿劾刺史

恐州縣互相掩蔽縱捨罪人也

壬寅十六年勅孔穎達等覆審五經正義

書成凡七十卷

括浮民附籍

癸卯十七年夏四月赦

乙巳十九年弘文館學士顏師古卒

師古從上征高麗道卒謚曰戴

丙午二十年春閏三月日食在胃

丁未 二十一年初以先儒配享孔子廟

詔以左邱明卜子夏公羊高穀梁赤伏勝高堂生戴聖毛萇孔安國劉向鄭衆賈逵杜子春馬融盧植鄭康成服虔何休王肅王弼杜預范甯二十二人代用其書垂於國胄自今有事於太學可並配饗宣父廟堂此先儒配孔子之始初國學釋奠以儒官爲祭主直書博士姓名至是中書侍郎許敬宗等奏按禮學官釋奠於其先師鄭氏謂詩書禮樂之官也四時之學將習其道故儒官釋奠各于其師既非國家行禮所以不及先聖至於春秋合樂則天子視學命有司興秩節總祭先聖先師焉秦漢釋奠無文魏則使太常行事自晉宋以降時或親行而學官爲主全無故實且名稱國學樂用軒縣樽俎威儀並皆官備在于臣下理不合專況凡在小神猶皆遣使行禮釋奠既準中祀據理必須稟命今請國學釋奠令國子祭酒爲初獻祝詞稱皇帝謹遣仍令司業爲亞獻博士爲終獻其諸州刺史爲初獻上佐爲亞獻博士爲終獻縣學令爲初獻丞爲亞獻博士既無秩請主簿若尉爲終獻州縣釋奠既請遣刺史縣令親爲祭主望請準祭社給明衣國學祭以太牢樂用軒縣六佾之舞並登歌一部與大祭祀通改用中丁州縣常用上丁無樂祭以少牢詔從之此後世國學遣官釋奠之始而直省以長官主祭亦始于此會皇太子釋奠自

爲初獻遂以祭酒司業爲亞終獻。釋奠之樂協律郎張文收以十二和之制未備奏詔與起居郎呂才考正律呂叶其聲音降神奏永和文舞三成送神一成奠幣登歌奏肅和入俎及徹豆奏雍和送文舞出迎武舞入奏舒和獨未詳酌獻樂或亦如凡祭酌獻奏壽和歛迎神送神辭曰聖道日用神機不測金石以陳絃歌載陟爰釋其菜匪馨于稷來顧來享是崇是極奠幣辭曰粵惟上聖有縱自天旁周萬物俯應千年舊章允著嘉贊孔虔王化茲首儒風是宣迎俎辭曰堂獻瑤篚庭敷璆縣禮備其容樂和其變肅肅親享雍雍執奠明德惟馨蘋蘩可薦出入二舞辭曰隼集龜開昭聖烈龍蹲鳳峙肅神威尊儒敬業弘圖闡緯武經文盛德施武舞歌凱安辭曰昔在炎運終中華亂無象酆郊赤烏見邙山黑雲上大賚下周車禁暴開殷網幽明同叶贊鼎祚齊天壤

己酉　二十三年春三月赦　夏六月赦

辛亥　高宗皇帝永徽二年詔復考正孔穎達等所撰五經正義書布之天下　賜顔康成進士第一人及第

壬子　三年秋七月赦

乙卯 六年冬十月赦

丙辰 顯慶元年春正月赦

丁巳 二年始定釋奠先聖先師之禮

永徽中復以周公爲先聖孔子爲先師顏回左邱明以下皆從祀至是太尉長孫無忌等言謹按禮記云凡學春官釋奠於其先師鄭康成注曰官謂詩書禮樂之官先師者若禮有高堂生樂有制氏詩有毛公書有伏生可以爲師者又禮記曰始立學釋奠於先聖鄭康成注曰若周公孔子也據禮爲定昭然自別聖則非周即孔師則偏善一經漢魏以來取捨各異顏回夫子互作先師宣父周公迭爲先聖求其節文遞有得失所以貞觀之末親降綸言依禮記之明文酌康成之奧說正夫子爲先聖加衆儒爲先師永垂制於後昆革往代之紕繆而今新令不詳制旨輒事刋改遂違明詔但成王幼年周公踐極制禮作樂功比帝王所以禹湯文武成王周公爲六君子又說明王孝道乃遷周公廢祀此則姬旦鴻業合同王者祀之儒官就享實貶其功仲尼生衰周之末拯文喪之弊祖述堯舜憲章文武弘聖教於六經闡儒風於千古故孟軻稱生民以來一人而已胡可降茲上哲俯入先師且邱明之徒見行其學

貶爲從祀亦無故事今請改令從祀于義爲允其周公仍依別禮配享武王詔從之

戊午　三年春正月詔行新禮

己未　四年夏六月改氏族志爲姓氏錄　冬十月赦

壬戌　龍朔二年秋七月赦

乙丑　麟德二年春閏三月日食在胃　夏五月行麟德歷

丙寅　乾封元年春正月帝東巡　赦　復兗州二年辛卯帝幸闕里祠孔子贈太師免褒聖侯子孫賦役

詔曰朕聞德契機神盛烈光于後代化成天地元功被于庶物舊大司寇宣尼父孔某資大聖之材屬衰周之末思欲屈已濟俗弘道佐時應聘周流莫能見用想乘桴以泳嘆因獲麟而興感于是垂素王之雅則正魯史之繁文播鴻業于一時昭景化于千祀朕嗣膺寶歷祇服虔圖憲章前王規矩先聖崇至公于海內行大道于天下遂得八表乂安兩儀交泰功成化洽禮盛樂和展采東巡迴輿西土途徑茲境撫事興懷駐蹕荒區顧爲師友瞻望幽墓思承

格言雖燕寢荒蕪餘基尚在靈廟虛毛徽烈猶存孟軻曰自生民以來未有若孔子者也欽再之嘆既深褒崇之道宜峻可追贈太師應年代雖遠式範令圖景業維新儀型茂實其廟宇制度卑陋宜更加修造仍令三品一人以少牢致祭褒聖侯德倫既承蔭緒有異常流其子孫並宜免賦役遣司稼卿扶餘隆以少牢致祭曰惟神玉鉤陳瑞靈闢四門之源金鼎流慶傳三命之範神資延誕拔山嶽以騰英天縱攸高蘊河海而標狀折東六藝宣劍九流濬乃生知靈非外獎于是考三古褒一言刊典謨定風什莊敬之容畢備鐘鼓之音載和父子親君臣以穆蕩乎煥乎粲正雅頌各得其所可不謂至聖矣夫朕以京德嗣膺神器式崇祇配展義云亭感闕禮之尚存悲素王之獨往紓軸洙泗如挹清瀾留連舞雩似聞金奏昌門曳練徒有生芻之疑漢曲發舟非復祥萍之寶慨然不已爰贈太師堂宇卑陋仍令修造褒聖子孫合門勿事庶旌不遺百代助揚益之可知永鑒千年同比肩而為友聿陳菲奠用旌無朽梅曙霞梁松春月歸德音暢而無斁形神忽其將久倘弗殊於生前亦知榮於身後二月己亥日成禮

丁卯　二年春兗州都督霍王元軌承制修闕里孔子廟　夏五月行乾封泉寶錢

錢一當十俟期年盡廢舊錢二年以不便罷之

孔子手植檜復枯

戊辰總章元年春二月皇太子釋奠於學贈顏子爲太子少師曾子太子少保表請建闕里孔子廟碑從之

表曰臣聞周師東邁商閭延降軾之榮漢蹕西旋夷門致抱闕之想況泣麟會蜀歌鳳邁芬被壽靈於昌辰飾蘇榮於窮壤者伏惟皇帝陛下資靈統極稟粹登樞乃聖乃神體陰陽而不宰無爲無事均雨露之莫私六符齊而泰階平百寶臻而天祚永靈臺所以假伯延閣由其增絢尚齒尊賢邁鴻名於萬古興亡繼絕騰峻軌於千齡大矣哉茂實英聲固無德而稱矣日者封金岱畎會玉梁陰路指沂川途經闕里廻鑾駐蹕式崇壽禹之委闕續疊旒載想溫良之德于是特紆宸渙贈以太師爰命重臣申其奠醊廟堂卑陋垂遺修營褒聖侯德倫于孫咸蠲賦役臣思均寵從遊聖階叨舊烈遺塵躬陪睇聽雩壇招罔欣觀前聞又昔歲承恩畝肯廖塗膠歷觀軒序具列門徒想仁孝于顏曾飄深景慕采採風猷于竹帛殺敢窺家所以敢輕陳聞庶彼覆贈天慈下濟無惜與時咸登師保式光泉壤敢以簡牘

重茲干請臣竊謂宣尼之廟重闢規模桂奠蘭羞永傳終古崇班峻禮式貴幽挻而翠琰莫題言猷靡暢訪諸故實有所未周且將聖自天惟幾應物拯人倫于已隆顯禮樂于既傾祖述勳華三千勵其鑽仰憲章文武億兆尊其蘊用豈可使汾川遺碣獨擅于無懸峴岫餘文孤摽于墮淚伏見前件孔廟營構畢功峻業增輝事資刊勒敢希鴻澤令樹一碑但遼海清夷兵無徵發山東豐稔時踰常歲况鄒魯舊邦儒教所起刊勒之費未足爲多許其予來不日便就乞特矜照遂此愚誠臣識昧常規言慙通理塵瀆聽覽追增竦戰勅旨依請遂下詔曰皇太子弘近因釋菜齒胄上庠祗事先師馳心近侍仰崇山而景行眷曩哲以勤懷顯顏曾之特高揚仁義之雙美請申褒贈載顯芳烈朕嘉其進德冀以思齊訓誘之方莫斯爲尚顏回可贈太子少師曾參可贈太子少保並配享

命崔行功撰碑文

文曰臣聞形氣肇分宗匠之途遂廣性情已著名教之理攸興是故雕刻爲妙物之先粉澤成眞宰之用若其聘語棄智則聖非攘臂之端莊寄齊諸則禮必因心之範雖九流爭長百家競逐而宗旨所歸典墳攸係夫軒義已謝子姬迭微步驟殊方質文異轍及流豫起讒箕服傳妖憲章板蕩風雅淪喪然而千齡接聖崇朝可期五百見賢伐柯

未遠粵惟上哲降生坤運理接化先德充造物裁成教義彌綸之跡巳周組織心靈範圍之功且峻利仁以濟幽顯垂訓以霑動植自嘆起臨川道窮反袂西峯焚玉幾燼蒼山東野柔桑多塵碧海屬混元再造休明一期雅頌之音復聞郊禋之禮還緝跨巢胥之逸軌邁龍鳥之遐風贍白雲而升介邱翼蒼螭而過沂上而令千祀之外典冊遂隆九泉之下哀榮方縟斯廼命爲罕説道不預謀豈如箕山之䰟空成寂寞信陵之墓徒復經過將知龍蛇之蟄潛契于天壤聖智所遊高懸于日月言之不可極其惟孔太師乎太師諱某字仲尼魯國鄒人有殷之苗裔也分于宋則孔父嘉爲大司馬弗父何以國讓其弟厲公正考父佐戴武宣而受三命居于魯則有防叔伯夏叔梁紇紇生太師若夫天命元鳥玉筐隆其濬哲瑞起白狼瑤臺繁其錫類武王覆夏仍遷象物之金有客在周復奏桑林之樂滋恭喻尸臣之鼎高讓挹延吳之風令緒昌源煥乎巳遠至如象緯凝質則傳説巫咸嵩華降神而申伯吉甫在於郊臨巨跡鬱符中野之祥水帶邱阿遙均反宇之慶韞乾坤之精粹陶陰陽之淑靈度九圍十河目海口放勳文命有喻於儀刑子産皐陶微詳於具體孟孫言其將聖太宰辨其多能神闕異表性與道合時初撰屨巳訓魯卿年未裘裳先窺周室猶且學期上達業遵下問龍如藏史或訪禮經碧準長弘言詢易象曲臺相圃廣陳揖讓之容師摯師襄

慶排興公之極綱羅六藝經緯十倫加以思入無方情該
至賾陳庭矢集懸驗遠飛季井泉開冥占幽怪新萍泛日
能對于楚賓舊骨淪風旋訓于越使藏往知來之際微妙
元通之旨不可以龜筴求不可以筌蹄得及其譽聞曲阜
南宮展師資之敬應務中都西鄰化諸侯之法冬官效職
五土得其攸宜秋令克宣兩觀展其刑政溝疏墓道且抑
季桓田歸汶陽遂陵齊景尊君卑臣之訓自家刑國之術
每惆悵于興周亦留連于部管然而高旻不惠彼日浸微
起哀怨于王風絕歸飛于鳴鳥是邦可化斯道欲行暖席
興憂問津匪倦俎豆嘗說空及三軍之容季孟有言不接
雙雞之膳晏平推士尚或相排子西讓王終成見拒亦有
宋朝司馬喬木難休衛國匡人逆旅焚穴荷蕢微者翻嗟
擊磬之心儀封細人潛明木鐸之意既而在斯興感用輟
棲遑狂簡斐然彌嗟穿鑿旋騁舊館掃筵闕里杏壇居寂
緇林地幽知十稽敬得二承妙蝌蚪所載方閱舊文雎鳩
在篇徧詳雅什河漢執鼓鏗鏘之響復傳宗廟衣裳升降
之儀還序傳約無倦誘喻多方后稷躬耕近闘廚物伯夷
餧死猶可激貪周公其人則神交于夢想管仲小器嘆微
之于征伐信立德立言太上謂之不朽日仁與義前哲以
之周旋覆簣爲山喻天階而不陟讀易無過假日蝕以鳴
謙茨嶺椈山寄言于獨善岐情風御未涉于通莊妙臻數
極作侔易簡是知纏掖乃兼濟之塗華袞非爲政之要及

其愚智齊泯椿菌如一南楚狂狷舊辨鳳衰東魯陪臣奄成麟斃晨興負杖知命發於話言夕寐奠楹將萎傷其溘慮崇山化谷小天下而無由隕石沉星架大梁而何有門人議服俱纓至極之哀國史制詞永錫愍遺之誄及延深夏屋樹列遠方五勝迭遷六籍無準席間初闕已外徵言入室且分適乖大義泰人蛙沸遺燼翳然漢代龍驤扶書未剪元封有述殘缺載陳甘露嗣蹤搜揚復起春陵受命先訪於膠庠譙郡應符多招於文學逮江馬南度泉鶩北飛鴞入璩林鯨銜聖海有隋交喪中原剪覆東序南雍鞠為茂草六樂五禮皆從燹室欽若皇唐肇膺明命祖武宗文之業天成地平之勳圖書因樂推重干戈由寧亂集刳舟創浮芹藻之詩先遠戎衣初卷羽籥之節旋興皇上以聖敬而撫璇圖文明而膺寶曆夏啓把其光兆姬誦讓其惟清化入龍沙風移鰈海金印展賚瓊田荐琛潛馬飾黃芝之封浮龜吐綠文之籀虞庠殷塾廣賓龐叟蓬嶺石渠朋延敦誨乖衣裳而疑想虛旒纊以永懷至于大道寖微小康遂往嬴議紫色謬踐云阿劉風白金徒遊高里黃初正始將多問然建武永平業非盡善而迺作樂崇德殷荐之禮畢陳有孚載顒觀下之訓齊設肆類羣望孝享之義益隆功歸三后尊祖之誠愈切詔寰中而徵萬玉譯荒外以召百靈一茅分茹雙鵜共羽翠華遠昇秸席虛位上帝儲祉泰乙有睟山祇傳聲海神會氣九皇之況榮可嗣三

代之闕典還屬廼使朱鳥翔日蒼威戒路七翠鷗景八鑾
鏘風過大庭以省方掩沫上而觀藝宴居莫辨祠堂蠡然
見馬鬣于荒墳蕆檼于古燧而歎重泉之可作悶盛德而
必祀言教典訓廣命梓材暗以太師式旌幽壙改製神宇
是光令德于時皇唐之御天下四十有九載郎乾封之元
年也攝提○歲勾芒獻節兖州都督霍王元軌大啓藩維
燕承綸誥庀徒揆日疏閒灕遠接泮林之舊墟創靈光之
前毀徂來新甫伐喬木而韻流嬰岱畝泗濱探怪石而闢喧
浮磬頗紫施絢黝黛飛文杳栱重櫨春窗秋幌陰欄積霧
複閣懷煙几仍筵室席遵函丈壽宮淡然晬容有穆至如
襄城有訪七聖接其騑驂汾水言遊四子宴其衡軛將謂
布衣黃屋名器則殊卷領素王感召宜一顏子侍側似發
農山之談季路承問如輿浮海之說西華束帶尚以要賓
言偃裼裘猶爲得禮避席延其不敏捨瑟聽其幽情共立
升堂齊參覯輿歲時蘋藻復雜萬蒲平日絃歌還聞絲竹
皇儲一德聿隆三善博望邀裾肅成講義發揮鑾造幽贊
事業而以周穆之觴王母尚勤西弇漢帝之展禋邱因書
東嶽遂廼思建隆碣上聞天扆言由國本理會沖情副震
宮之德聲命芸閣以紬頌元堂闕兮神靈優揚教思兮兩
儀配婦皇網兮融帝載堯可履兮舜爲佩晝而明兮夜而
晦吁嗟業兮麗萬代其辭曰赫赫上帝悠悠天造神集鴻
名聖居大寶循性稱教率性爲道政若鎔金化侔偃草爻

晝先起律呂創陳禮節天地樂和人神成期用簡業尚日新粹無聲臭隲有彝倫水火朝變憲章時革周廟傷禾殷墟悲麥褎盬紕雅嬴荷淪隤散亂記言支離方冊自天生德由縱成能賓筵恪嗣銘鼎家承蹲龍運舛振鐸冥膺闕典攸緝斯文載與廣訓三千徧于七十歷階東會藏書西入楚將分社齊聞與邑接輿自狂長沮空執在智伊妙推神乃幾羊因魯觸鳥向陳飛邪傳頌管編照書韋卜商承絢頓子叅微堯則不追昌亦遂往名教潛發心靈泛獎德配乾坤業暉辰象麟悴遄泣山隤貫仰三統昌日干齡聖期禋宗有奭展禮崇基覲宣特邁神緘孝思絳螭承輭翠鳳翻旗上浮鑾蒙遥集鄒魯翹勤貞跡惆悵今古舊壁逃字荒墳翳谷綸責宗師詔緝靈宇虹梁野構翬翼林舒雕欑繡桷圓井方疏沂童浴早泮鳥鳴初俎豆蠲潔丹青藹如墨檢前蹤莊放遺轍於昭遐訓允歸聖烈肅穆仁祠陰沉像設臨四序以濟運懸三光而不跌

三月赦　夏旱

庚午　咸亨元年春三月赦　夏五月詔州縣皆修孔子廟

詔曰諸州縣孔子廟堂有破壞并先來未造者遂使先師缺奠祭之儀久致飄零深非敬本宜令有司速事營造

甲戌　上元元年春三月日食在婁　秋八月赦

丙子　儀鳳元年冬十二月赦

戊寅　三年夏四月赦

己卯　調露元年夏六月赦

庚辰　永隆元年秋八月赦

壬午　永淳元年春二月赦　秋大水飢

癸未　弘道元年冬十二月赦

丁亥　中宗皇帝嗣聖四年饑

己丑　六年始用周正

改十一月爲正月十二月爲臘月夏正月爲一月

擢孔季翊制科授秘書郎

庚寅　七年冬十月封周公爲褒德王孔子爲隆道公賜褒聖侯孔德倫勅書及時服　初策貢士貢士殿試自此始

壬辰　九年夏四月日食在胃　以九月爲社

乙未　十二年孔崇基襲封褒聖侯崇基德倫之子也

庚子　十七年冬十月復以正月爲歲首

壬寅　十九年春正月設武舉　三月日食在婁

癸卯　二十年以六條察州縣

乙巳　神龍元年春正月赦　夏五月授褒聖侯孔崇基朝散大夫陪祭朝會　詔以鄒魯百戶爲隆道公采邑收其租稅供

薦享子孫世襲褒聖侯

丁未 景龍元年秋七月赦 大疫

戊申 二年春二月赦 秋七月有星孛于胃 冬十一月赦

己酉 三年冬十一月赦

庚戌 四年夏六月赦免歲租之半

辛亥 睿宗皇帝景雲二年夏四月赦 秋八月赦

壬子 太極元年春正月赦 二月以兖州隆道公近祠戶三十供灑掃贈顏子曾子官

皇太子釋奠親製孔子贊曰猗歟夫子實有聖德其道可遵其儀不忒删詩定禮百王取則吾豈匏瓜東西南北贈顏回太子太師曾參太子太保皆配享

夏五月赦 秋八月赦

癸丑元宗明皇帝開元元年秋七月赦　冬十二月赦

甲寅二年春正月修常平倉法

乙卯三年大蝗

丙辰四年蝗勅察捕蝗者勤惰以聞　召新除縣令試理人策

丁巳五年春二月赦　孔璲之襲封褒聖侯　冬十二月訪逸書

戊午六年春正月禁惡錢　秋八月令州縣歲十二月行鄉飲酒禮　始加賦以給官俸

唐初州縣官俸皆令富戶掌錢出息以給之多破產者秘書少監崔沔請州縣官俸於百姓常賦之外微有所加以給之從之

兗州牧韋元圭及褒聖侯孔璲之縣令田思昭重修闕里孔

子廟

李邕爲碑記曰嘗觀元化陰騭上帝元造雖遒遠不際而
運行有符楊權大抵宣考神用建人統之可復補天秩之
將頹其援一也昔者蚩尤怙賊驕弟驕兵巨力多徒合緒
連禍則黃帝與聖首出群龍推下濟以君人徹勤畧以戡
亂逮至橫流方割包山其吞轉死爲魚蟲食不粒則堯禹
竝跡扶振隱憂道百川康四國粵若殷禮缺周德微宋公
用鄒楚子問鼎則夫子卓立燦然成章闢邪家之正門播
今昔之彝憲此天所以不言而成化聖所以有開而必先
其若是也故夫子之道消息乎兩儀夫子之德經營乎三
代豈徒小說蓋有異聞夫亭之者莫如天藉之者莫如地
教之者莫如夫子且沭其亭而不識其道則莫如勿生苟
其藉而不由其德則不如勿運故曰消息乎兩儀者也夫
博之者莫如文約之者莫如禮行之者莫若夫子且會其
文而不揚其業則不如勿傳經其禮而不敢其致則不如
勿學上代有以焯序中代有以宗師後代有以丕訓故曰
經營乎三代者也噫虞舜之美不必至是贊而大者進聖
君也夏桀之惡不必至是擠而毀者激肅主也伊尹之忠
不必至是演而數者勉誠節也趙盾之逆不必至是抑而
書者誅賊臣也至若論慈廣孝輔仁寵義藉此之由於是
君臣之位敘父子之道明友朋之事興夫婦之倫得雖明

日開覺膏雨潤黷和風清扇安足物茂借如九皇纖統而
政醇七聖同年而道合雖事業廣運皆理濟一時未有溥
遊大夫僻居下國德敷既往言滿方來廟食列國不假手
於後續君長萬葉必歸心於素王若是之盛是以騰跨百
辟孤絕一人曷成名可稱取與爲大者已我國家儒教浹
寓文思屡天俾吏曹以追尊遠禮官以從祀侯褒聖於人
爵尸奠享於國庠是用大起學流錫類孝行致悅施於方
國光覆彌於蔭宗三十五代孫嗣褒聖侯璲之字藏暉泊
族賢元亨等或專門碩儒闕隧於緒或餘波明準克揚厥
聲乃相與合而謀曰夫墟墓之地禮曰自哀聽訟之樹詩
云勿剪一則過事遺愛一則感物允懷別乎大聖烈風吾
祖鴻美故國封井舊居川嶽歟宜其悚神馳魄勝行膜拜
陳齋祭首嚴祠樹欒垣以設防刊豐石以爲表兖州牧京
兆韋君元珪字□○王國周親人才懿德明敬風績休有
名教長史河南源晉濟字光國賢操孤興清節相遠納人
以禮成俗於師司馬天水狄光昭字子亮相門克開雅道
運武聞義必立從事可行錄事參軍東海徐仲連功曹成
陽蓋寡疑倉曹太源王道淳弘農楊萬石戶曹博陵崔少
連弘農楊履元兵曹太原王光昭范陽張博望法曹安定
皇甫佺東海于光彥主曹榮陽鄭璋參軍事博陵崔調扶
風寶光訓河東裴璿隴西李紹烈雁門田公儀博士南陽
滎利貞曲阜縣令雁門田思昭丞河間劉思廉主簿吳興

施文尉清河晏弘楷等宣序通德儒林秀士升堂覩與遊
聖欽風僉同演成乃共經始其詞曰元天陰騭大名虛鏡
神不利淫物將與正凡曰投觀在此遂聖吞沙荐虐斯皇
底定襄陵兆災夏禹文命周道失序夫子應聘删詩述史
盛禮張樂雅頌穆清訓詞昭灼片言一字勸美懲惡誘進
後人啓明先覺六順勃興四維借作元功濟古至道納來
首出列聖席捲羣才大名震耀廣學天開恭嘗匝寓誦習
窮垓帝念居室以光壽宮建侯於闕環封厥中孫謀不泯
祖德斯宗乃刊
聖烈克廣休風

己未七年冬十一月定齒胄祀先聖儀如釋奠

詔三獻皆用胄子釋奠籩豆十簠二簋二甑三
鉶三俎三若從祀籩豆皆二簠一簋一俎一

庚申八年初定十哲配祀孔子廟

司業李元瓘奏言先聖廟以顏子配則配像當坐今乃立
侍餘弟子列像廟堂不豫享而范甯等皆從祀請釋奠十
哲享于上而圖七十子于壁曾參以孝受經於夫子請享
之如二十二賢乃詔十哲爲坐像悉與祀曾參特爲之像
坐亞之圖七十子及二十一賢於廟壁帝以顏子亞聖親
爲製贊書於石仍令當朝文士分爲之贊題其壁焉此十

哲配祀之始

辛酉 九年春二月免七年以前逋負 冬十一月赦

癸亥 十一年詔州縣春秋釋奠仍用牲牢其屬縣用酒脯 冬十一月赦

乙丑 十三年冬十月帝幸兖州 十一月赦 免兖州二歲租

幸闕里遣禮部尚書蘇頲以太牢祭孔子墓

詔曰孔宣父誕聖自天垂範百代作王者之師表開生民之耳目朕贈封岱岳迴鑾洙泗瞻思闕里之風想雩壇之詠邈矣遺烈慨然永懷式遵祀典用申誠敬宜令禮部尚書蘇頲以太牢致祭仍令州縣以時祀享

免孔子賦役復近墓五戶長供洒掃製祭孔子詩

詩曰夫子何爲者栖栖一代中地猶鄹氏邑宅即魯王宮歎鳳嗟身否傷麟泣道窮今看兩楹奠當與夢時同張說和詩云孔聖家鄒魯儒風藹典墳龍驂過舊宅鳳德詠餘芬入室神如在升堂樂自聞懸知一王法今日待明君張

九齡和詩云孔門泰山下不見登封時徒有先王法今爲
明主思恕加萬乘幸禮致一牢祠舊宅千年外光華空在
茲

丙寅 十四年定鄉飲酒禮 大水

丁卯 十五年秋八月降死罪

戊辰 十六年秋八月行開元大衍歷 制戶籍三歲一定分爲九等 禁私賣銅鉛錫 冬十一月赦

辛未 十九年停釋奠牲牢仍用酒脯

壬申 二十年秋九月開元禮成定州縣釋奠儀 先聖先師籩八豆八簠二簋二俎三祭社稷亦如之 秋九月大水免今歲稅 冬十一月赦

癸酉 二十一年夏六月制選人有才行者委吏部臨時擢用

甲戌二十二年詔撰釋奠樂章樂用姑洗之均三成贈三和爲十五和釋奠用宣和改迎神辭曰通吳表聖問老探眞三千弟子五百賢人億齡規法萬叢祠禋潔誠以祭奏樂迎神送神辭曰醴溢犧象羞陳俎豆魯壁類聞泗川如覩里校覃福胄筵承獻雅樂清音送神具奏

乙亥二十三年春正月赦

丙子二十四年春二月頒令長新戒

丁丑二十五年春二月立明經問義進士試經法明經問大義十條對時務策三首進士試大經十帖

戊寅二十六年春令州縣里皆置學　秋七月赦　勅鄉貢謁先師著爲令

己卯二十七年春正月赦　秋八月追謚孔子爲文宣王贈十哲及曾子六十七人公侯伯爵　晉褒聖侯孔璲之爵爲文宣

兼兖州長史

詔曰昔我王化在乎儒術能發揮此道啓迪含靈則生人以來未有如夫子者也所謂自天攸縱將聖多能德配坤身揭日月故能立天下之大本成天下之大經美政教移風俗君君臣臣父父子子人到於今受其賜不其猗歟於戲楚王莫封魯公不用俾夫大聖才列陪臣棲遲旅人固可知矣年祀寖遠光靈益彰雖代有褒稱而未爲崇峻不副於實人其謂何朕以薄德祇膺寶命思闡文明敬崇夏時則異於古今情每重於師資既行其教合旌厥德申盛禮載表徽猷夫子既稱先聖可追謚爲文宣王宜令三公持節册命王如於方正位書自禮經苟非得所何以示則昔緣周公南面夫子西坐今位既有殊坐豈宜依舊宜補其墜典永作成式自今以後兩京國子監夫子皆南面坐十哲等東西列侍天下諸州亦準此且門人三千見稱十哲包夫衆美實越等夷暢元聖之風規發人倫之耳目並宜褒贈以寵賢明顔子既云亞聖須優其秩可贈兖公閔子騫可贈費侯冉伯牛可贈鄆侯冉仲弓可贈薛侯冉子有可贈徐侯仲子路可贈衛侯宰子我可贈齊侯木子貢可贈黎侯言子游可贈吳侯卜子夏可贈魏侯又孔子格言參也稱魯雖居七十之數不載四科之目頃雖參於十哲終未殊於等倫久稽先旨俾循舊位庶乎禮得

其序人焉式瞻又詔曰道可褒崇豈限今古追贈之典蓋
德存焉夫子十哲之外曾參等六十七人同升孔門博習
儒術子之四教爾實行之親授微言式揚大義是稱達者
不其盛歟欲若古風載崇元聖至於十哲亦被寵章而子
輿之倫未有稱謂宜亞四科之士以疏五等之封俾與先
師咸膺盛禮乃贈曾參成伯顓孫師陳伯澹臺滅明江伯
宓子賤單伯原憲原伯公冶長莒伯南宮适郯伯公晳哀
郳伯曾點宿伯顏路杞伯商瞿蒙伯高柴共伯漆雕開滕
伯公伯寮任伯司馬牛向伯樊遲樊伯有若卞伯公西赤
邵伯巫馬期鄫伯梁鱣梁伯顏柳蕭伯冉儒郜伯曹卹酆
伯伯虔鄒伯公孫龍黃伯冉季產東平伯秦子南少梁伯
漆雕斂武城伯顏子驕琅琊伯漆雕徒父須句伯壤駟赤
北徵伯商澤睢陽伯石作蜀郈邑伯任不齊任城伯公夏
首亢父伯公良孺東牟伯后處營邱伯秦開彭衙伯伯奚
容蒧下邳伯公肩定新田伯顏襄臨沂伯鄡單銅鞮伯句
井疆淇陽伯罕父黑乘邱伯秦商上洛伯申黨召陵伯公
祖子之期思伯榮子旗雩婁伯縣成鉅野伯左人郢臨淄
伯燕伋漁陽伯鄭子徒滎陽伯秦非汧陽伯施常乘氏伯
顏噲朱虛伯步叔乘淳于伯顏之僕東武伯原亢籍萊蕪
伯樂欬昌平伯廉潔莒父伯顏何開陽伯叔仲會瑕邱伯
狄黑臨濟伯邦巽平陸伯孔忠汶陽伯公西輿如重邱伯
公西蒧祝阿伯遣官行冊禮又敕兩京及兗州舊宅並皆

改冕服其諸州縣廟宇既小但移南面不須改衣服兩京牲用太牢樂官縣舞六佾州縣則牲以少牢而無樂又封文宣公制曰朕永惟聖道思闡儒風故尊崇先聖所以弘至教褒奬後嗣所以美前烈文宣王三十五代孫通直郎前守邠王府文學褒聖侯孔璲之纂承睿哲克復中庸三命益恭敦素還於祖業百代必祀光寵被于朝恩積慶之餘既開于土宇盛德不朽宜傳于帶礪可封文宣公兼除兖州長史還都水使者食邑一千戶又詔文宣陵并舊戶宅之廟量加人酒掃遣太子少保崔琳于東都行冊命之禮○按諸賢封爵考新唐書及唐會典要所載除十哲外祇六十七人而杜氏通典則多衞伯蘧瑗淸河伯林放潁伯陳亢魯伯申棖○伯琴牢南陵伯琴張六人附錄於此

庚辰 二十八年詔春秋二仲上丁以三公攝行事 若魯大祀則用中丁州縣之祭上丁

辛巳 二十九年春正月立賑饑法委州縣及採訪使散訖奏聞

壬午 天寶元年春正月赦 二月赦 縣令張之宏立兗公之碑

之宏爲頌文見金石志

甲申　三載春正月改年爲載　初令百姓十八爲中二十三成

丁　冬十二月赦

丁亥　六載春正月赦　除絞斬條令應絞斬者皆重杖流嶺南其實有司率杖殺之

令民爲嫁母服三載令士通一藝以上皆詣京師

戊子　七載夏五月赦免來載租庸

己丑　八載閏月赦

辛卯　十載春正月赦

甲午　十三載春二月赦

乙未　十四載秋八月免今載租庸　冬十二月平原太守顔眞

卿起兵討安祿山

眞卿顔子四十世孫也先因霖雨完城浚濠料丁壯實倉廩至是召募勇士旬日至萬餘涕泣舉兵士皆感奮腰斬祿山使者取李憕盧奕蔣清首續以蒲身棺斂葬之祭哭受弔各郡守推眞卿爲盟主軍事皆禀焉

常山太守顔杲卿起兵討賊

杲卿眞卿之從兄也祿山至藁城杲卿與長史袁履卿僞迎之陰謀起兵討祿山斬賊將李欽湊擒高邈何千年與眞卿相犄角河北諸郡皆應之

丙申 十五載春賊將史思明陷常山顔杲卿死之

杲卿起兵纔八月守備未完賊將攻之杲卿晝夜拒戰糧盡矢竭城遂陷賊執杲卿等送洛陽罵賊不屈賊並縛而咼之比死罵不絕口顔氏死者三十餘人

二月加顔眞卿河北採訪使眞卿討魏郡拔之　夏四月顔眞卿遣其幼子頗質於平盧劉正臣　六月顔眞卿討賊將

于堂邑敗之　秋七月以顏眞卿爲工部尚書　八月赦

賊兵陷縣縣令周待遥戰死

待遥平州盧龍人祿山兵寇縣待遥率衆拒戰遂被害

文宣公孔璲之適寧陵

璲之避亂居寧陵卒遂葬其地子孫家焉

曲阜縣志卷之二十二終

　知縣楚安鄉潘相修

通編第三之九　[illegible]

丁酉 肅宗皇帝至德二載冬十二月赦　蠲來載租庸三分之一

戊戌 乾元元年春二月赦免今載租庸復以載為年　夏四月赦　五月贈顏杲卿太子太保謚曰忠節 杲卿之死也楊國忠用張通幽譖竟無褒贈眞卿為御史大夫泣訴于上上杖殺通幽而贈杲卿詳列傳 行新歷　秋八月行一當十大錢曰乾元重寶　冬十月赦

己亥 二年行一當五十大錢

庚子 上元元年夏彗星出于婁胃　閏月赦行小錢一當十其重輪者當三十　以歲旱罷中小祀惟孔子廟不廢

辛丑二年秋九月赦以建子月爲歲首　命文宣公位二品文官下

壬寅寶應元年建卯月赦　建辰月赦　建巳月赦　復以建寅月爲正月　勅大小錢皆當一

癸卯代宗皇帝廣德元年秋七月赦　議舉孝廉

楊綰請罷孝廉科令縣令遴行著鄉閭學知經術者荐之于州刺史考試升之於省任占一經問經義二十條對策三道上第注官中第出身下第罷歸其道舉亦非理國所資望與明經進士並停仍請保桑梓者鄉里舉焉在流寓者庠序推焉國子監舉人博士荐于祭酒祭酒試通者升之於省如鄉貢法明法委刑部考試或以爲明經進士行之已久不可遽改事雖不行識者是之

甲辰二年春二月赦　遣刑部尚書顏真卿宣慰朔方行營　夏五月行五紀歷　罷孝弟力田及童子科　秋七月稅青

苗錢

乙巳 永泰元年春正月赦

丙午 大歷元年春二月始釋奠設宮縣

修國學祠堂成奏宮縣于論堂而雜以教坊工伎

貶顏眞卿爲峽州別駕

元載專權恐奏事者攻訐其私乃請百官論事皆先白宰相然後奏聞眞卿上疏諫載以爲誹謗貶之

冬十一月赦 停什一稅法

戊申 三年春三月日食在婁

己酉 四年秋七月降死罪流以下原之

是後常行之

壬子 七年夏五月赦

癸丑八年春正月令內外官歲舉刺史縣令一人　冬十二月

朔刺史孟休鑒縣令裴有象新闕里孔子廟門

裴孝智爲記　見金石志

甲寅九年夏四月赦

丁巳十二年秋七月以顏眞卿爲刑部尚書

己未十四年夏六月赦詔冤滯聽詣三司使撾登聞鼓　吏部

尚書顏眞卿請省祖宗謚不報

庚申德宗皇帝建中元年春正月赦　始作兩稅法

先計州縣歲用及上供之數而賦于人戶無主客以見居爲簿人無丁中以貧富爲差爲行商者在所州縣稅三十之一居人之稅秋夏兩徵之其租庸調雜徭悉省皆總于度支仍照兩稅外輒率一錢者以枉法論

徵孔述睿爲諫議大夫

適孫孔子三十八世孫也

辛酉二年夏五月增商稅爲什一

壬戌三年孔齊卿襲封文宣公

自文宣公孔璲之奔江陵其子萱襲封文宣公生子齊卿至是襲封

夏五月增稅錢

每千錢增二百文每鹽斗價增百錢

癸亥四年春正月遣顏眞卿宣慰李希烈　初稅間架除陌錢法

間架錢者每屋兩架爲間上屋稅錢二千中稅千下稅五百敢匿一間杖六十賞告者錢五十緡除陌錢者公私給與及賣買每緡官留五十錢給他物及相貿易者約錢爲率敢隱錢百者杖六十罰錢二千賞告者錢十緡賞錢皆出坐者于是愁怨之聲盈于遠近

甲子　興元元年春正月敕　三月以給事中孔巢父爲魏博宣慰使

巢父孔子三十七世孫也至魏州爲陳逆順禍福命田緒攝知軍府

秋七月敕　遣給事中孔巢父宣慰河中李懷光殺之

巢父至河中懷光素服待罪巢父不之止又問軍中誰可代太尉者懷光左右殺巢父復治兵拒守詳列傳

八月顏眞卿爲李希烈所殺

詳列傳唐書繫于貞元元年今從綱目

乙丑　貞元元年春正月敕　錢　贈顏眞卿司徒謚文忠　覽

冬十一月敕

丁卯　三年春詔刋省州縣官收其祿以給戰士夏六月復之

戊辰　四年春正月敕遣史館修撰孔述睿祭平凉陣歿將士

庚午六年春三月熒惑犯塡星于奎

癸酉九年冬十一月赦　太子賓客孔述睿謝病歸

戊寅十四年秋九月太學生季償與諸生伏闕請留司業陽城不報

季償邑人學于國子監會陽城出爲道州刺史償同何蕃王魯卿李讜等二百人頓首闕下請留城數日爲吏遮抑不得上城既行皆涕泣共立石紀德

庚辰十六年秋九月太子賓客賜紫金魚袋致仕孔述睿卒

贈工部尚書詳列傳

乙酉二十一年順宗皇帝永貞元年春二月赦　秋八月降死罪以下

丙戌憲宗皇帝元和元年春正月赦　賜孔敏行進士第一人及第

敏行述睿子也

丁亥 二年春正月赦賜文宣公等一子官高年米帛羊酒

戊子 三年春正月赦　夏大旱

己丑 四年昭義節度使盧從史誣奏其佐孔戡詔除戡衛尉丞分司東都

戡潁達六世孫也

庚寅 五年春正月朝散大夫孔戡卒

詳列傳

辛卯 六年春三月戊戌流星隕

日晡天忽陰寒有流星大如斛器隕于兖鄆間聲震數百里野雉皆雊所墜之土有赤氣如立蛇長丈餘至夕乃滅占者以爲日在戌魯分也不及十年主殺而地分

丁酉 十二年秋七月以孔戣爲嶺南節度使 戣孔子三十八世孫也

戊戌 十三年春正月赦 免元和二年以前逋賦賜高年米帛羊酒 孔惟晊襲封文宣公 惟晊齊卿長子也初居寧陵後兵解歸留幼弟惟時居寧陵守先人墓惟晊至是襲封

復置孔子廟灑掃五十戶

己亥 十四年秋七月赦

庚子 十五年春二月赦子文宣公一子官 三月鎮星太白合于奎 秋七月有流星入于婁 冬十二月熒惑鎮星合于奎

辛丑 穆宗皇帝長慶元年春正月赦 秋七月赦 詔兩稅皆

輸布絲纊自定兩稅以來錢日重物日輕民所輸三倍其初因改用布帛廣鑄錢禁滯積及出塞者

賜孔溫業進士第二人及第溫業戡長子也

壬寅　二年夏四月日食在胃　蝗

癸卯　三年秋八月有流星經于奎婁大如斗起西斗經奎婁東南去月甚近迸光散落墜地有聲

甲辰　四年春三月赦

乙巳　敬宗皇帝寶曆元年春三月赦　夏四月赦

丁未　文宗皇帝太和元年春二月赦

戊申　二年大水

己酉 三年冬十一月赦

庚戌 四年諫議大夫孔敏行上書論興元監軍楊叔元罪 興元軍殺節度使李絳其事由監軍楊叔元時無敢言敏行上書極論之叔元乃得罪

大水害稼

壬子 六年春正月降死罪以下

甲寅 八年春二月日食在奎 夏四月詔笞罪毋鞭背

丙辰 開成元年春正月赦 免太和五年以前逋賦

丁巳 二年冬十月孔温業等校刊石經成

庚申 五年春二月赦 夏螴蝗害稼

辛酉 武宗皇帝會昌元年春正月赦 遷孔策尚書博士 策惟歷子也

壬戌　二年夏四月赦　孔策襲封文宣公

甲子　四年夏六月減州縣冗員　秋八月有大星自奎婁掃北方七宿而隕星如炬火光燭天地

乙丑　五年春正月赦賜文宣公等一子出身

丙寅　六年春二月降死罪以下免今歲夏稅　夏五月赦

丁卯　宣宗皇帝大中元年春正月赦賜文宣公等一子官命歲給文宣公封戶絹百疋充春秋享祀

戊辰　二年春正月赦

庚午　四年春正月赦　秋九月貶補闕孔溫裕爲郴州司馬溫裕毅之子也以諫討党項無功上怒貶之

癸酉七年春正月赦　夏四月定杖笞法

敕用常行杖杖脊一折法杖十杖臀一折笞五

乙亥九年夏閏四月詔州縣作差科簿

以州縣差役不均令每縣據人貧富及役輕重作簿送刺史檢署訖鏁于令廳每有役事委令據簿輪差

戊寅十二年賜孔緯進士第一人及第

緯孔戣孫也

己卯十三年春正月赦　冬十月赦　賜耆老粟帛大水

庚辰懿宗皇帝咸通元年夏五月禁州縣稅外科率　冬十一月赦

壬午三年春正月赦

癸未 四年春正月赦 賜孔振進士第一人及第 振文宣公策之長子也後襲封文宣公

詔給林廟灑掃戶五十

甲申 五年夏五月彗星出于奎 司天監奏按星經是名含譽瑞星也上大喜宣示中外付史館

丙戌 七年冬十一月赦 免咸通三年以前逋賦 初以孔續爲本縣令 續孔子四十世孫也舊志稿云咸通七年任曲阜令此孔氏爲本縣令之始

丁亥 八年以孔温裕爲天平節度使鄆曹濮觀察使

戊子 九年春正月彗星見于婁胃

己丑 十年孔温裕奏請重修闕里孔子廟

温裕奏言伏以禮樂儒學教化根本百王取則千古傳風國朝弘闡文明尊尚祀典不違古制大振皇猷今曲阜縣乃魯國故都文宣廟即素王舊宅與儒之地孕聖之邦所宜廟宇精嚴禮物俱舉近者以兗州頻年災歉都廢修營徒贍數仞之牆纔識兩楹之位雖春秋無缺于釋奠而揖讓頗紊于彝章遂使金石之音靡聞于盼鑾俎豆之設常列于荒蕪聖域儒門豈宜埋墜臣忝爲遠裔叨領重藩思尺家鄉拘限戎鎮望闕里而無由展敬瞻廟貌而有願興功臣今差人齎持料錢就兗州據廟宇傾毀處悉會修葺皆自支費不擾州縣所需獲遂幽懇克申私誠伏緣兗州非臣本界須有申奏伏乞天恩允臣所請廟既成貢防爲記之云皇帝御寓之十年歲在己丑夫子三十九代孫魯國公節鎮汶陽之三載秋霜共凛冬日均和里間無桴鼓之聲耆艾有袴襦之詠道已清矣政已成矣于是瞻故鄉以徘徊想廟貌而惆悵乃謂僚佐曰伊予聖祖實號儒宗英靈始謝于衰周德教方隆于大漢爰因舊宅是構靈祠粤自國朝屢加崇飾文榱繡角雖留藻繪之功日往月來頗有傾摧之勢故老動凄凉之思諸生興嗟嘆之音今參鎮東平幸邇鄉里雖無由展敬而敢忘修營既而飛章土陳請以私俸葺飾由是命工庀事飾舊加新浹旬之間其功乃就門連歸德先分數仞之形殿接靈光重見獨存之狀粹容穆若更表温恭列侍儼然如將請益丹楹對聳遺

疑蔓莫之時素壁高標宛是藏書之後槐影疏而市晩杏枝暗而壇寬孤不假大夫幽蘭自滿無煩大守剩草全除秋門之舊業俄興闕里之清風再起既可以傳芳萬古亦可以作範一時且開闢以來霸王之道言其德也莫踰于湯武語其功也無尙于桓文墳土未乾而邱隴已平子孫纔存而蒸嘗恐絶夫子無尺土之地徹一旅之衆修仁義者取爲規矩肆强梁者莫不欽崇生有阨于棲遲沒居尊于南面而樵蘇莫採廟貌長存道德相承簪裾不絶則夫子之道既可彰于積善魯公之德實無愧于聿修防目覩靈蹤躬尋盛績仰聖姿而如在歎休烈而難名承命紀功讓不遑已刻諸貞石

深愧菲才謹記

庚寅 十一年春正月赦

癸巳 十四年春正月赦　冬十二月赦

乙未 僖宗皇帝乾符二年春正月赦賜孔子後一子官

丙申 三年春二月令州縣鄉村各置弓刀鼓板以備羣盜　升兗州爲泰寧軍縣仍屬之

己亥 六年夏四月日食在胃

庚子 廣明元年夏五月劉漢宏寇兗州 冬十月黃巢寇掠兗州境 十二月太常卿孔緯扈從車駕西行改刑部尚書判戶部事

辛丑 中和元年秋七月赦

甲辰 四年夏五月黃巢奔兗州六月尚讓敗黃巢于瑕邱賊党斬巢以降

乙巳 光啓元年春三月太子少保孔緯從駕還京 赦

丙午 二年春正月以孔緯爲御史大夫 帝幸寶鷄從者纔數百人明日孔緯等數人始至上以緯爲御史大夫使還召百官赴行在皆不往緯拂衣起遂復走行在

三月以孔緯同平章事　天平牙將朱瑾襲兗州逐泰寧節度使齊克讓而代之

戊申　文德元年春二月赦　三月日食在胃　進孔緯左僕射賜號持危啓運保乂功臣　三月進孔緯司空兼領國子監祭酒

己酉　昭宗皇帝龍紀元年春正月赦　三月以孔緯爲司徒封魯國公　冬十一月赦　以孔緯爲太保

庚戌　大順元年春正月赦

辛亥　二年春正月孔緯罷再貶遂州刺史　上以李克用表再貶孔緯張濬官爵復恭遣人劫緯于長樂坡貲裝俱盡

夏四月赦

壬子　景福元年春正月赦　冬十二月行景福崇元歷

癸丑　二年秋八月朱全忠遣兵攻兖州

甲寅　乾寧元年春正月赦　二月朱全忠大破兖鄆兵于魚山

乙卯　二年夏六月以孔緯同平章事

上以大臣朋黨思得骨鯁之士乃復用孔緯爲相

秋九月孔緯卒

緯自華州至京從上如石門有疾不治曰天下方亂何用生爲卒贈太尉詳列傳

冬十一月朱全忠圍兖州

全忠遣葛從周擊兖州自以大軍繼之圍其城朱瑄遣其將賀瓌柳存何懷寶將兵萬餘人襲曹州以解兖州之圍全忠自中都引兵夜追之比明至鉅野南及之屠殺殆盡擒三將俘三千人會大風晦冥全忠曰此殺人未足耳命所得俘皆殺之縛三將徇于兖州城下謂朱瑾曰卿兄已敗何不早降既而殺存及懷寶聞瓌名禮而用之瑄瑾告

急于河東李克用遣大將
史儼將數千騎以救之

丙辰 三年夏六月朱全忠擊破兖鄆兵

丁巳 四年春二月朱全忠克兖州以葛從周守之 赦

戊午 光化元年夏五月赦 秋八月赦

辛酉 天復元年夏四月赦

癸亥 三年春正月平盧行軍司馬劉鄩取兖州

平盧節度使王師範發兵討全忠司馬劉
鄩取兖州拜葛從周之母待其妻子以禮

赦 冬十月朱全忠將葛從周取兖州

從周急攻兖州鄩使從周母登城謂從周曰劉將事我不
異于汝從周攻城爲之少緩鄩簡婦人及民之老疾者出
之獨與少壯者堅守以捍敵及聞王師
範降始出降全忠表鄩爲保大留後

甲子 天祐元年閏四月赦

乙丑　昭宣帝天祐二年授齊郎孔光嗣泗水縣主簿遂失封爵

光嗣昭儉子振孫也

丙寅　三年夏四月日食在胃

丁卯　四年春三月梁篡唐縣入于梁仍屬兖州

庚午　梁開平四年冬十有二月定律令格式行之

癸酉　乾化三年廟户孔末弑其主孔光嗣

光嗣子仁玉生甫九月母張氏抱走母家其外祖張温匿藏之

己卯　貞明五年遣劉鄩攻兖州殺張萬進

先時泰寧節度使張萬進據兖州遣使附於晉且求援梁遣劉鄩攻之遂屠兖州族張萬進

癸未　龍德三年唐滅梁縣入于唐

甲申　唐莊宗同光二年春二月赦　貸民錢

孔議貸民錢使以錢估償絲

丙戌　四年夏蝝境內

丁亥　明宗天成二年春正月初令長吏每旬慮囚　免逋負

戊子　三年秋收麴稅

庚寅　長興元年誅孔末以孔仁玉主孔子祀授本縣主簿

辛卯　二年罷麴稅　修復孔子廟祀

壬辰　三年春二月初刻九經板印賣之　遷孔仁玉龔邱令詔

文宣公　初定七十二賢爲饗各陳酒脯

初釋奠文宣以兖公顔子鄒公配坐以閔子騫等爲十哲排祭奠其七十二賢圖形于四壁面前皆無酒脯令學官定每座各籩二實以栗黃牛脯豆二實以葵菹鹿醢簠簋各一實以黍稷飯酒爵一

甲午　應順元年秋八月蠲逋租

乙未　清泰二年令竊盜不計贓並縱火强盜行極法

丙申　三年晉滅唐縣入于晉　以顏衍爲鄒官員外郎

衍顏子四十六世孫也

戊戌　晉天福三年春三月禁民作銅器　聽公私自鑄錢

禁不得雜以鉛鐵每十錢重一兩以天福元寶爲文

己亥　四年禁私鑄錢

庚子　五年令倉吏貸死抵罪

時倉廩計賬之外所餘頗多晉主以法外稅民罪同枉法時貸倉吏之死各痛懲之

縣令孔仁玉到官

壬寅　七年復行官賣鹽法

先是河南北諸州官自賣海鹽歲收緡錢十七萬又散蠶鹽斂民錢言事者稱民坐私販鹽抵罪者衆不若聽民自

販而歲以官所貢錢直歛於民謂之食鹽錢晉主從之俄而蓋價頓賤每觔至十錢至是三司使董遇欲增求美利而難於驟變前法乃重征鹽商過者七錢留賣者十錢由是鹽商殆絕而官復自賣其食鹽錢至今歛之如故

癸卯　八年秋七月括民穀　大饑

甲辰　開運元年籍鄉兵

每七戶共出兵械資一卒號武定軍時兵荒之餘復有此擾民不聊生

括民財

封劍授使者多從吏卒攜鎖械刀杖入民家吏復因緣爲奸大小驚懼求死無地

丙午　三年授顏衎左諫議大夫權判河南府御史中丞旋以求終養其母歸

丁未　漢稱晉天福十二年夏六月改國號曰漢縣入于漢　制盜賊毋問贓多少皆死

戊申 乾祐元年改雅樂 改唐十二和爲十二成廢後增三和而易宣和爲師雅以祀孔子

辛亥 周太祖廣順元年春正月漢泰寧軍節度使慕容彥超遣使入貢縣入于周　起顏衎爲尚書右丞充端明殿學士

壬子 二年夏六月克兗州 慕容彥超反周主發兵討之久無功下詔親征至兗州使人招諭之不從乃命進攻先是術者紿彥超云鎮星行至角亢兗州之分其下有福乃立祠而禱之彥超貪吝人無鬬志將卒多出降官軍克城彥超禱鎮星祠力戰不勝乃焚寺赴井死官軍大掠城中死者近萬人周主欲悉誅其將吏翰林學士竇儀見馮道范質與共白曰彼皆脅從耳乃赦之

以顏衎權知兗州罷泰寧軍爲防禦州縣屬之　車駕詣闕里祀孔子拜其墓

帝謂孔子祠將拜左右曰孔子陪臣也不當以天子拜之
周主曰孔子百世帝王之師敢不敬乎遂拜又拜孔子墓
留所奠金花銀鑪十數事於廟勅兗州葺墓所祠宇禁樵
採訪孔子顏淵之後以爲曲阜令及主簿又復廟側十戶
共灑掃
掃

召見縣令孔仁玉命兼監察御史賜五品服及銀器雜綵

制犯鹽麴者以斛兩定刑有差　立訴訟法

勅民有訴訟必先歷縣州及觀察使處決不直乃聽詣臺
省或自不能書牒倩人書者必書所倩姓名居處若無可
倩聽執素紙所訴必須
已事毋得挾私妄訴

制稅牛皮法

勅約每歲民間所輸牛皮三分減二計田十頃稅取一皮
餘聽自賣惟禁賣於敵國自兵興以來禁民私賣買牛皮
悉令輸官受直唐明宗之世有司止償以鹽晉天福中並
鹽不給漢法犯私牛皮一寸抵死然民間日用實不可無
至是李穀建議均
於田畝公私便之

癸丑　三年九經板成

初唐明宗之世令國子監校正九經刻板印賣至是板成獻之由是雖亂世九經傳布甚廣是時蜀毋昭裔亦出財百萬營學館且請刻板印九經蜀主從之由是蜀中學亦盛

甲寅　世宗顯德元年罷巡檢使臣專委任于州縣　顏衎罷歸

乙卯　二年制給漕運斗耗

自晉漢以來漕運不給斗耗綱吏多以虧欠抵死至是詔每斛給耗一斗

制舉令録連坐舉者法　廢無額寺院禁私度僧尼　始鑄錢

詔官久不鑄錢民間多鑄錢爲器皿及佛象錢益少勅立監采銅鑄錢惟法物軍器及寺觀鐘磬鈸鐸之類聽如用民間銅器佛象五十日內輸官受直過期匿五斤以上罪死不及者論刑有差謂侍臣曰佛以善道化人苟志于善斯奉佛矣彼銅像豈所謂佛耶且吾聞佛志在利人雖頭目猶捨以布施若朕身可以濟民亦非所惜也

丙辰 三年行欽天歷 冬十二月立二稅起徵限

戊午 五年遣使均田抑孔氏爲編戶 鄉村以百戶爲圖圖置耆長三人又詔凡諸色課戶及僚戶並勒歸州縣其幕職州縣官自今並支俸錢及米麥

己未 六年春正月作律準定大樂 歌十二成爲十二順去師瑕而奏禮順以釋奠孔子其樂章今缺佚

曲阜縣志卷之二十三終

[illegible]

通編第三之十

庚申宋太祖皇帝建隆元年春正月赦　復兗州爲節度縣仍隸之　太白犯熒惑於婁　帝謁孔子廟詔增修祠宇繪先聖先賢先儒像釋奠用永安之樂

帝自爲孔子顏子贊贊孔子曰王澤下衰文武將墜尼父挺生河海標異祖述堯舜有德無位哲人其萎鳳鳥不至贊顏子曰生值衰周道不及魯一簞蔡藿陋巷環堵德冠四科名垂千古沒表萬邦遂封東土命文臣分撰餘贊又用兼判太常寺翰林學士竇儼言取治世之音安以樂之義改十二順爲十二安祭孔子用永安然惟觀祀用宮懸有司攝事止登歌而已

蝝生　文宣公兼本縣令孔仁玉卒

仁玉年四十五囊贈兵部尚書孔氏稱爲中興祖詳世家

辛酉二年春正月度民田事詔長吏課民種植以春秋巡視著爲令又置義倉官所收二稅每一石別輸一斗貯之以備凶歉又遣使監輸民租民始不困

詔貢舉人就國子監謁先師著爲令

壬戌三年春詔舉堪爲令錄者　令大辟諸州不得專決錄案聞奏付刑部詳覆之　禁民火葬　詔祭孔子廟用一品禮立十六戟於廟門　秋七月蝝生　冬十月詔縣令以戶口增減爲黜陟　十二月詔縣置尉一員理詞訟置弓手以縣戶爲差

癸亥乾德元年冬十月詔州縣徵科置簿籍　十一月赦　以常參官知縣事著爲令　行應天歷　定州縣雜職等名數

甲子 二年春二月詔縣令簿尉非公事毋至村落諸職有老疾者劾之 秋七月頒刑統

乙丑 三年夏五月赦減死罪一等

丙寅 四年夏五月詔羨餘賞格 閏月求遺書 孔宜詣闕書

宜仁玉子也上書述其家世詔以爲曲阜主簿

丁卯 五年春三月五星聚于奎婁

周顯德中竇儼嘗告人曰丁卯歲五星聚奎自此天下太平果如其言

禁小惡等錢

戊辰 開寶元年春正月壬寅歲星塡星太白合于婁 三月頒縣令尉捕盜令 詔自今舉人凡關食祿之家悉委中書覆

試　冬十一月赦惟十惡殺人官吏受贓者不原是役每逢郊必赦

庚午三年春正月詔舉民孝弟彰聞德行純茂者　增州縣官俸

壬申五年冬十二月詔令入令錄者引見後方注

癸酉六年初殿試貢士

甲戌七年春二月詔詩書易三經學究依經傳資敘入官

乙亥八年詔令佐舉孝弟力田奇材異行文武可用者

丙子九年春正月赦減死罪一等　夏四月赦　冬十月赦十二月又赦　詔糾察州縣官吏第爲三等歲終以聞　召見孔宜遷司農寺丞掌星子鎮市征

丁丑　太宗皇帝太平興國二年冬十月禁私習天文卜相等書

者

戊寅　三年孔宜入覲擢太子右贊善大夫襲封文宣公

宜入覲獻所著文賦數十篇帝覽而嘉之召見問孔氏世數具以對帝謂左右曰家世之遠有如此者乎乃下詔曰素王之道百代所宗傳祚襲封抑存典制文宣王四十四代孫孔宜服勤素業祇礪廉隅承歷官聯紛聞政績遷汎之後世德不衰傳登朝命以光儒胄可擢太子右贊善大夫襲封文宣公

冬十月復文宣公家

初歷代以孔氏聖人之後不預庸調後周顯德中遣使均田遂抑為編戶至是宜以為言詔特命復其家尋通判簡州

賜孔世基同本科出身

庚辰　五年春二月定差役法

太祖因前代之制以衙前主官物以里正戶長鄉書手課督賦稅以耆長弓手壯丁逐捕盜賊以承符人力手力散從官給使令役有貧富隨時升降至是定請州戶為九等上四等充役下五等免之

辛巳　六年冬十一月赦

壬午　七年春正月定婚娶喪葬儀制

癸未　八年春正月詔州縣存問高年耆德　三月定進士分三甲之制　夏六月兗州父老請封禪　修闕里孔子廟

呂蒙正為之記曰聖人之興也能成天下之務能通天下之志然亦不能免窮通否泰之數也是故有其位則聖人之道泰無其位則聖人之道否大哉夫堯舜禹湯其有位之聖人乎我先師夫子其無位之聖人與昔者大道既隱與風漸漓有為之跡雖彰禪代之風未替由是堯舜禹湯苞至聖之德有其位故德澤及於兆民逮乎周室衰微諸侯爭歷干戈靡戢黔首靡依由是仲尼有聖之德無其位所以道屈於季孟嗚乎夫子以天生之德行足以周乎萬當道是以濟乎天下而栖皇列國卒不見用得非其道至大而天下莫能容乎衰乃登將之生民不幸乎向使有

其位用其道又何止夾谷之會沮彼齊侯兩觀之下誅其正卯獲羊辨土木之妖楛矢驗蠻夷之貢必將假聖人之道功濟乎宇宙澤及於黎庶矣奚一中都宰大司寇可伸其聖道哉嗟夫文王沒而斯文未喪時命屯而吾道不行可爲長太息矣洎乎河圖不出鳳德已衰爰因蔡以厄陳遂自衛以反魯於是刪詩書贊易象因史記作春秋大昔尊王者而黜霸道威亂臣而懼賊子然後損益三代之禮樂褒貶百王之善惡蕪而穢者芟而夷之紊而亂者綱而紀之建末佾之郛郭垂萬祀之楷則遂使君臣父子咸知揖讓之儀貴賤親疎皆識等夷之數功均造物德被生人昭昭焉蕩蕩焉與日月高懸天壤不朽者夫子之道乎故日自生民以來未有如夫子者也其夫道尊德貴惟幾不測孰能與於此乎故天下奉其教尊其象祠廟相望者豈徒然哉自唐季而下晉漢以還中原擾攘宇縣分裂四郊多壘鞠爲茂草闕之場五嶽飛塵黃以干戈爲務周雖慕營四方日不暇給故我素王之道將墜於地光闡儒風屬在昌運我應運統天睿文英武大聖至明廣孝皇帝之積實位也以徇齊之德兼睿哲之明總覽英雄之心包括夷夏之地聖明有赫聖政日新爵綱並奉示至仁於天下侮亡取亂清大惑於域中復浙右之土歸眞王傳射而聽命伐并汾之堅壘兇豎倒戈而繫頸戎車一駕掃千里之妖氛泰壇再陟辰三代之繼禮拯亂則禹伐非所以佳兵兇器

惡則止殺蓋所以尊法也然後修德以植民務播樂以和民心禮修樂舉刑清俗阜尚猶日慎一日躬決萬幾近旬絕貪荒之娛後庭無遊宴之溺遂得鞏生壺齊但樂於天時萬彙熙熙不知乎帝力信可以高觀于古鬴糓百王謂皇道既以平華我又以亨爾乃發神太素藏拱穆清闔希袞之風詮真如之理閒則披皇墳而稽帝典奮膺藻以行宸章哲王之能事備矣太平之鴻業成矣居一日乃御便殿謂侍臣曰朕嗣位以來咸秩無文遍修羣祀金田之列剎崇矣神仙之靈宇修矣惟魯之夫子廟堂未加營葺闢號甚焉況像設庠而不虔堂廡隳而毀頹屬目荒涼荊榛易蠹階序有妨於函丈屏壁不可以蒙書既非大壯之規但有聳然之勢傾圯寖久民何所觀上乃鼎新規革舊制遣使星而巖事寡梓匠以儀功縹之營之厥功告就觀夫綠垣雲矗飛簷翼張重門呀其洞開臂闕鬱其特起綺蘸蹠野朱檻凌虛耽耽之遂宇來風鬱鬱之雕蔓拂漢廻廊複殿一變維新升其堂則蕆火藏藏聊其皮也蓉其筵則豆籩簋簠潔其器也春秋二仲上于佳辰年隱在庭金不在列侁侁象賢以配以依寡然生氣贍之如在騎或龜山雨霽岱嶽雲斂則重檐象拱丹者晃日月之光蘢裀雲楣金碧焜烟霞之色輪奐之制振古莫儔禁綠之功於今寫盡由是公卿廣尹鴻儒碩生相與而言曰凡明君之俾事施不爲無益害有益必乃除千古之患興萬世之利然後

綱華夷於統物教戰首於仁壽夫子無位立教化人以文
行忠信敦倫以冠婚喪祭為民立防與世垂範是以上達
君下至民用之則日不用則亡我后膺千年而出震亀六
合以為家一之月二之日訪桑麥之疾苦三之日四之日
辨官材之徹慝爾乃修武備崇文教輕徭薄賦興廢繼絕
於是聽我先師嚴其廟像葺宇宏壯近翠倫比遂使槐市
杏壇之子皷鼓篋以知歸褒衣博帶之儀纔橫經之有所
矧乃不養民財不耗民力時以農隙人以悅使向諸與萬
世之利者斯之謂歟與夫秦修阿房窮於土木之麗楚築
章華但營耳目之玩可同年而語邪將勤貞珉合資鴻筆
臣詞慙體要學謝大成彤庭禮廟於英魏丙署謬司於綸
誥頌聖君之德業雖效游揚仰夫子之文章識慚狂簡
承睿旨盡抒銘曰周室衰微兮諸侯擅權魯道有蕩兮禮
樂缺然神降尼邱兮德鍾於天挺生夫子兮衰亂之年秀
帝堯之姿兮類子產之肩苞聖人之德兮稟生知之賢刪
詩定禮兮料繆繩愆知冥造化兮功被陶甄下學上達兮
仁命罕言將聖多能兮名事正焉道比四瀆兮日月高懸
仰之彌高兮鑽之彌堅歷聘諸國兮陳蔡之間時不用兮
吾道迍邅麟見非應兮反袂漣漣梁木其壞兮歎彼逝川
王爵疏封兮袞冕聯翩百世嗣襲兮慶及賞延明明我后
兮化浹無邊崇彼廟貌兮其功曲全高門有閌兮虛堂一凡
選吉日擇采兮陳彼豆籩雕甍畫栱兮旦暮含煙海日一

照兮金輦相鮮帝將東封兮求福上元千乘萬騎兮轟轟闐闐謁我新廟兮周覽遺肆觀翬后兮岱宗之前爵孔宜貢方物寫謝批答曰素王之教歷代所宗當予治定之初特展修崇之典汝襲封闕里就列周行處備賓輸虔滋輪奐省聞嘉獎不忘於懷遷殿中丞

甲申　雍熙元年春正月求遺書募以書來上及三百卷當議甄錄酬獎餘第卷帙之數等級優賜不願送官者借其本寫之由是四方之書間出矣

冬十一月赦

乙酉　二年春二月禁增置寺觀　賜孔勖進士及第

丙戌　三年文宣公孔宜卒時征契丹宜受詔督餉溺拒馬河卒詳世家

戊子　端拱元年春正月赦　夏閏五月有星出于奎如半月北行而沒六月有赤氣出于婁貫天庾　秋八月帝釋奠孔子

廟

己丑 二年秋八月赦

庚寅 淳化元年帝謁孔子廟

辛卯 二年春三月太白犯歲星於婁 塡星歲星合於婁 夏旱

壬辰 三年秋七月蝗 塡星熒惑合于婁歲星在胃

癸巳 四年春正月赦

甲午 五年秋八月有星出於奎婁 九月赦 冬十一月帝謁孔子廟

乙未 至道元年夏五月熒惑犯塡星於奎 六月求圖書 許士庶工商服紫 秋八月赦

丙申二年春正月赦

丁酉三年夏四月赦　秋七月詔訪孔子嫡孫　九月授長葛令孔延世爲本縣令襲封文宣公賜太宗御書併九經及銀帛

延世孔宜長子也詔曰叔敖陰德尚繼絶于楚邦臧孫立言猶有後于魯國矧宣聖人之後可獨遠于林廟乎許州長葛令孔延世鍾裔孫之慶仕文理之朝能敦素風甚有政術宜任桑梓之地以奉蒸嘗之儀可特授曲阜令襲爵文宣公復勉之曰宜精心奠祖廟祀毋荊儺也

戊戌眞宗皇帝咸平元年夏四月除吏民逋負

己亥二年夏詔有司祠雷師雨師行李邕祈雨法　秋七月帝謁孔子廟　冬十一月赦　以張進權殿前都虞侯

進邑人累遷侍衛步軍都虞侯鎮州副部署并代副都部署

庚子三年夏五月減天下死罪一等流以下釋　詔本道轉運使及州長吏待孔延世以賓禮見勿庭趨

辛丑四年夏六月汰冗吏　頒九經於學宮

壬寅五年冬詔令長與佐職同錄大辟

癸卯六年冬十二月赦

甲辰景德元年春正月赦　禁民匿天象器物讖候禁書　并代副都部署張進卒遣中使護喪還京官給葬事詳列傳

乙巳二年春正月赦　秋七月增置制舉六科　冬十一月赦

丙午三年置常平倉　夏六月有星出于胃　京東轉運使王欽若奏請修諸道孔子廟從之

欽若奏言伏以化俗之方儒術爲本訓民之道庠序居先況儒出生人垂範經籍百王取法歷代攸宗苟廟貌之不嚴即典章而何貴恭惟唐明繼統禮樂方興咸秩無文徧走群望豈可汴宮遺烈先聖靈祠頹闕修崇久曆盛彙仍令諸誦之地或爲置對之司混擾擾於絃歌亂桎梏於籩豆殊非尚德有類蔑儒方大振素風望俯頒於明制乞特降勅命文宣王廟摧毀處量破倉庫頭子錢修葺仍禁占射充磨勘司推勘院及使臣官員等居于廟內庶斯文載耀學校彌光克彰鼓篋之風用洽舞雩之理勅如所奏施行

頒畫龍祈雨法

命有司耆老咸齋潔先以酒脯告社爲壇而祈之

丁未四年夏五月詔兗州增孔子守塋二十戶　秋八月賜孔

聖佑同學究出身

聖佑延世子也

冬十二月廢鐵冶　頒釋奠儀

太常禮院奏諸州釋奠不執行禮非
導師重教意乃須釋奠儀于天下

戊申 大中祥符元年春正月赦 三月兗州父老詣闕請封禪許之

父老呂良等凡一千二百人又兗州并諸路進士等八百四十人文武官校蠻夷耆壽僧道二萬四千三百七十餘人表共五上不允夏四月甲戌始許之五月詔除乘輿供帳存于禮文者如舊八月庚寅詔東封道路軍馬毋犯民稼毋治道役民冬十月辛卯車駕發京師詔扈從人毋壞民舍什器樹木庚戌封禪癸丑大赦天下官皆進秩人斯過州軍令考送服勤詞學經明行修衆人之沉淪下位及有德而年老不仕者舉以聞賞賜官民各有差

夏五月經度制置使兼判兗州王欽若獲芝之於孔林

欽若上言得芝五株色黃紫如雲氣及人叢冠幘之狀

六月曲赦兗州流罪以下 冬十月赦 孔聖佑朝行在

丙辰帝幸兗州以州為大都督府十一月戊午幸闕里謁孔

子廟加謚元聖文宣王拜其墓賜祭田百頃及孔氏錢帛

聖佑年十一歲甚泰山迎駕賜衣綵陪位鑾京官班後參
封禪畢詔曰朕以紀號岱宗觀風廣魯載懷先聖實主斯
文矧尼邱毓粹之區光靈可挹而曲阜奉祠之地廟貌猶
存將伸款謁之義用表欽崇之志宜取十一月一日幸曲
阜縣備禮躬謁庶將朕意仍付所司十一月朔戊午帝幸
曲阜謁孔子廟內外設黃旗仗文宣公宗屬陪位帝鞾
袍再拜行酌獻禮命翰林學士右諫議大夫晁迥奠孔子
父母刑部尚書溫仲舒寇準分奠十哲翰林學士左司諫
楊億尚書戶部侍郎趙昌言給事中張秉右正言周起王
和尚書司封郎中錢惟演分奠七十二弟子及從饗先儒
初有司定議肅揖帝特展拜幸叔梁紇堂又幸孔林以樹
礙道有司將翦伐帝不許降輦乘馬至墓設奠再拜憩息
墓左者久之越三日辛酉追謚孔子詔曰王者順考古道
懋建大猷崇四術以化民昭宣教本總百王而致治丕變
人文方啟迪于素風思丕揚於鴻烈先聖文宣王道膺上
聖體自生知以天縱之多能賓人倫之先覺元功作于簡
易景鑠起于貞明惟列辟以尊崇寫億載之師表肆朕以
寡昧欽承命歷爰敢不尊守彝訓保乂中區屬以祇若元
符告成喬嶽觀風廣魯之地飭駕數仞之墻躬謁遠祠緬
懷遐躅仰明靈之如在肅奠獻以推寅是用稽簡冊之文

昭聰睿之德聿舉追崇之禮慮中鼎來之心備物典章垂
之不朽誕告多士昭示朕意可追謚曰元聖文宣王又追
封聖父聖母詔曰朕以祗陟岱宗親巡魯甸永懷宣聖之
德躬造闕里之庭奠獻則旋欽崇備至惟降靈之所自亦
錫羡之有初像設具存名稱斯闕宜加追命以與典章叔
梁紇宜追封齊國公顏氏宜追封齊國公太夫人遣都官
員外郎王顧精虔祭告又封亓官氏詔曰朕時巡魯郡躬
謁孔堂顧風教之所尊稽典章而既渥眷惟令淑作合聖
靈載稽簡冊之文尚闕封崇之數屬茲咸秩特示追崇垂
厥方來式昭遺範亓官氏可追封鄆國夫人仍令兗州遣
官詣曲阜廟告祭有司以時修葺祠宇給近便十戶奉塋
廟又命以御香一盒并銀鑪及親奠祭器八百兩皆留于
廟授孔聖佑太常寺奉禮郎聖佑及近屬賜出身者六人
仍賜孔氏家錢三十萬帛三百疋賜祭田百頃復遣行禮
部尚書張齊賢致祭曰朕以有事岱宗畢告成之盛禮繼
儀闕里欽設教之素風躬謁奠于嚴祠特褒崇于懿號仍
令魯相載達精誠聊薦吉蠲用遵典禮以兗國公顏子等
配尚饗又以王欽若言祭文宣王諸墳致奠得芝五本詔
遣楊億
玉祭謝

追謚周公爲文憲王

詔曰勅中書門下方嶽盛儀克修于封祀古先茂烈允當
於追顯周公昔在宗周爵爲上聖營洛邑之宅王制建中
秘金縢之書忠規蓋世誥東征而法正輔南面而凡道遵創
禮樂之懿文配日月之久照姬籙所倚宜尼式遵與乎舊
章垂之千載今以詳求古典兵昭報元休陟降告成橅巡問
俗再節岱宗之域鳴鑾少昊之墟遂覽遺風緬懷前哲始
公胙土賁惟此邦故其嗣君得用王祭而嗣字未㩦闕孰
甚焉特議褒崇以伸旌顯盛德不泯載欽可久之賢列爵
有加爰晉通王之號式宣殊禮永耀芳徽可追封爲文憲
王於曲阜縣建廟春秋委本州正官致祭祝文特進署仍
令有司擇日備禮冊命
故茲詔示想宜知悉

賜孔子廟經史又賜太宗御製御書一百五十卷藏於廟中
書樓

勅曰國家尊崇師道務廸化源眷惟鄒魯之邦是曰詩書
之國尼山在望靈宇增嚴朕以登岱告成思過闕里欽謁期清
風之益振舉彝禮以有加式資薦誘之方恩洽書闡揚之旨
宜以太宗皇帝御製御書與九經書並正義釋文及器用
等並置於廟中書樓上收掌委本州長吏與職官與本縣令
佐等同共檢校在廟如有講說弦誦並請以時出納毋令

損汧又給廟守兵四十人。一本賜書有三史

召孔勖以太常博士知本縣事

帝問宰相孔氏今孰爲名者王欽若言勖有治行故召用爲曲阜縣令

詔褒東野宜孝義

判兖州王欽若言曲阜東野宜合居五六世有義行詔褒之優賜粟帛

立風伯雨師壇

道風伯壇于社壇之東雨師壇于西稍卑下祠以羊一籩豆各八簠簋各二政和中又定制風伯壇廣二十三步兩壝壇廣十五步皆高三尺四陛風壇并壝二十五步兩壝壝同壝祠用樂薦以熟社[illegible]以石爲主尺度半於太社春秋二祭縣令初獻丞亞獻尉終獻牲用少牢齋三日其禮器正配坐尊各二籩豆各八簠簋各二俎三從祀籩豆各二簠簋俎各一風伯雨師亦令長主之

己酉二年春二月詔立孔子廟學舍　三月頒孔子廟桓圭一

加冕九旒服九章從上公制　夏五月詔追封孔子弟子秋

七月加左邱明等十九人封爵

顏子兗國公閔損瑯邪公冉耕東平公冉雍下邳公宰予臨淄公端木賜黎陽公冉求彭城公仲由河內公言偃丹陽公卜商河東公曾參瑕邱侯顓孫師宛邱侯澹臺滅明金鄉侯宓不齊單父侯原憲任城侯公冶長高密侯南宮适龔邱侯公晳哀北海侯曾點萊蕪侯顏無繇曲阜侯商瞿須昌侯高柴共城侯漆雕開平輿侯公伯寮壽張侯司馬耕楚邱侯樊須益都侯公西赤鉅野侯有若平陰侯巫馬施東阿侯陳亢南頓侯梁鱣千乘侯顏辛陽穀侯冉孺臨沂侯冉季諸城侯伯虔沭陽侯公孫龍枝江侯秦冉新息侯秦祖鄄城侯漆雕哆濮陽侯顏高雷澤侯漆雕徒父高苑侯壤駟赤上邽侯林放長山侯商澤鄒平侯石作蜀成紀侯任不齊當陽侯申棖汶陽侯公良孺牟平侯曹卹上蔡侯奚容蒧濟陽侯句井疆滏陽侯申黨淄川侯公祖句茲即墨侯榮旂厭次侯縣成武城侯左人郢南華侯燕伋沂源侯鄭國朐山侯秦非華亭侯施之常臨濮侯顏噲濟陰侯步叔乘博昌侯顏之僕宛句侯樂欬內黃侯叔仲會博平侯顏何堂邑侯狄黑林慮侯邦巽高堂侯孔忠鄆城侯公西輿如臨朐侯公西點徐城侯琴張頓邱侯戍寅叉

詔封左邱明瑕邱伯公羊高臨淄伯穀梁赤龔邱伯伏勝
乘氏伯高堂生萊蕪伯戴聖楚邱伯毛萇樂壽伯孔安國
曲阜伯劉向彭城伯鄭衆中牟伯杜子春緱氏伯馬融扶
風伯盧植良鄉伯鄭康成高密伯服虔榮陽伯賈逵岐陽
伯何休任城伯王弼偃師伯范甯新野伯至王肅生前已
封蘭陵亭侯加贈爲司空杜預生前已封當陽侯加贈爲
司徒又詔曰朕乃者封繼禪社昭列聖之鴻勳崇德報功
廣百王之彝制洎言旋於闕里遂躬謁於魯堂瞻河海之
姿睟容穆若出洙泗之上高風凜然舉盛典之有加期斯
文之益振由是推恩世胄併錫其寵章祗事祠庭廣增其
奉邑復念性與天道德冠生民議茲元聖之名冀廣嚴師
之道兼朕親爲製贊以表崇儒至于四科鉅賢並超五等
七十達者俱贈列侯伊彼先儒皆傳聖道咸加贈典俾耀
素風仍命寮宷分紀遺烈式晉褒揚之旨庶資善誘之方
中書樞密三司兩制丞郎待制館閣直館校理等分撰贊
成命刻石國學及曲阜廟中帝贊宣聖有序曰若夫檢玉
介邱迴輿闕里緬懷於先聖躬謁於嚴祠以爲易俗化民
既仰師於彝訓崇儒尊道宜益峻於徽章增薦崇名聿陳
明祀思形容於盛德爰刻鏤于斯文贊曰立言不朽垂教
無疆昭然令德偉哉素王人倫之表帝道之綱厥功茂實
其用允臧升中既畢盛典載揚洪名有赫懿範彌彰中書
侍郎兼刑部尚書同中書門下平章事集賢殿大學士兼

修國史王旦撰顔回贊曰賢哉子淵惟仁是好如愚屢空臨幾睹奥用行舍藏與聖同道封岱丁辰益滋榮號閔損贊曰子騫逺者闇闇成性德貫四科孝先百行人無間言道亦希聖公衮增封均乃天慶禮部尚書知樞密院事修國史王欽若撰冉耕贊曰聖門達者德行爲先洙泗來學顔閔差肩天封展禮公衮褒賢生則命寡没而道宣冉雍贊曰不佞之仁具體之賢登彼堂奥用之山川代逢偃革禮畢升禋錫以三壤賁兹九泉尚書左丞參知政事馮拯撰宰予贊曰偉彼宰予服膺宣父學洞堂奥名揚鄒魯再期設問五常垂矩遇我慶成增封茅土端木賜贊曰賜之望回獨云知二器稱瑚璉在禮斯貴服道稱師名垂萬世公爵追崇時惟肆類行尚書左丞知樞密院事修國史陳堯叟撰冉求贊曰謙謙令德少著嘉聞敏于從政洽以斯文垂鴻報本適遇明君永錫徽稱載揚清芬仲由贊曰猗歟魯哲義勇無儔獨立不懼從政惟優欽屬仁聖勤封介邱褒賢進號載顯英猷守尚書工部侍郎參知政事修國史趙安仁撰言偃贊曰魯堂登科睹奥將聖武成之小可以觀政澹臺之舉行不由徑追建上公素風逾盛卜商贊曰詩動天地起予者商温柔立教文學升堂雅頌得所治亂攸彰慶成嘉贈其道彌芳尚書右僕射張齊賢撰曾參贊曰孝乎惟孝曾子稱焉唐虞比德洙泗推賢服膺授旨終身拳拳封戀飾贈承耀青編顓孫師贊曰堂堂張也商

德與鄰尊賢容衆崇德依仁入趙函丈退而書紳升中優
贈道與名新行戶部尚書溫仲舒撰澹臺滅明贊曰不由
徑行其直可貴不私見人其公可畏擊蛟既勇毀璧且義
紀號益封旌厥賢士宓不齊贊曰天生良材爲魯君子堂
上琴作邑中民治伍人致逸受教成美展禮崇賢疏爵有
煒行戶部尚書宼準撰南宮縚贊曰南容君子尚德聖門
有道不廢危行遜言白圭三復執愼思存慶成旌善胙壤
佳藩公晳哀贊曰賢哉季次履潔居貞卷懷不仕家臣是
輕素王攸歎式昭令名封壤均慶侯社疏榮給事中三司
使丁謂撰曾點贊曰侍坐曾堂各言其志舍瑟而對超乎
舟季浴沂舞雩詠歌道義遇我慶成錫壤進位顏無繇贊
曰素王將聖實爲我師顏子殆庶趨庭學詩請車無愧陋
巷安卑追榮侯服逢此上儀守給事中知制誥同修國史
晁迥撰商瞿贊曰易之爲書窮理盡性瞿也親受抗心希
聖韋編屢釋素風允競展禮封侯千載彈映高柴贊曰猗
歟子羔孝心篤矣愼終銜恤未嘗見齒難能而能君子知
已考古褒崇於斯爲美行尚書工部郎中知制誥李宗諤
撰漆雕開贊曰闕里之堂邈矣難造猗歟子若實賭其奧
學優當仕非乃攸好明祀益封式稽古道公伯寮贊曰孔
門達者服膺聖域函丈摳衣其儀不忒學允君子有典有
則禮洽慶成爵封侯國行尚書兵部員外郎知制誥同修
國史判史館事楊億撰司馬耕贊曰仁遠乎哉其言也訒

虛往實歸耽思旁訊違難迷邦奚虞悔吝疏爵丁辰寵名以峻獎須贊曰學優乃仕齒於家陪式車爲右誓衆庠同質疑辨問仁智既該建侯追榮垂裕方來行御史中丞兼尚書工部侍郎王嗣宗撰公西赤贊曰翊聖賢者徂徠之英謙言小相終成大名立朝儒雅出使光榮佐佑禮法諸侯作程有若贊曰魯國高士克念烝民○○○○殊類聖人○○○○信義是陳○○○○龜鑑羣臣行尚書右丞向敎中撰原憲贊曰賢哉子思介然淸淨貧惟固學道乃非病衣冠忘敝草澤遂性升中進秩垂芳尤盛公冶長贊曰德行貞純公冶就倫本非其罪枉拘厥身魯堂推善孔門配姻偉侯之貴久而彌新行尚書吏部侍郎趙昌言撰巫馬施贊曰冀冀子施受天和氣名登魯堂位沉周季猶勤藏星庭民爲治讓德進封垂芳永世陳亢贊曰於美子禽服膺尼父問一得三垂訓千古名由實賓德以位序運屬封爵崇分上行尚書金部員外郎知制誥判集賢院事周起撰梁鱣贊曰元聖舊邦森然精爽於惟子魚式瞻遺像紀號停鑾侯封錫壤儒道有光百王所仰顏辛贊曰增封雲嶺詔蹕魯堂顯允君子令儀有章英髮如把德音不忘橫亘千古淳風載揚尚書戸部郎中知制誥李維撰冉孺贊曰聖人之道一以貫之允矣子魯堂與斯窺惟帝登岱克陳上儀追封侯社沂水之湄冉季贊曰冉子挺生鍾是純粹游聖之門切摩道義時邁升中禮成肆類錫壤

諸儀式昭遺懿行尚書比部員外郎知制誥同知通進銀臺司兼門下封駁事王曾撰伯虔贊曰肅肅魯堂侁侁闕里伯氏達者克肖夫子運偶虔成禮崇追美後學式瞻高山仰止公孫龍贊曰子石鉅賢探微博古稟粹荆衡從師鄒魯令聞不已儀型斯覩展義疏封遂荒故土行右諫議大夫知制誥錢惟演撰秦冉贊曰惟聖享天陟於神房惟帝遵道升茲魯堂允矣君子宛兮清揚式賁先烈錫諸袞章秦祖贊曰○○○○○穆章南○○○○○○之輔○○○○○○○○○○○○○○○○尚書戶部郎中龍圖閣待制集賢殿修撰戚綸撰漆雕哆贊曰闕里稱賢哆也其一學以適道名參入室昔為達者今逢盛日俾侯濮陽膺茲寵秩顏高贊曰魯國諸生顏氏為盛達者升堂是亦希聖龍章載加侯服煇映名著遺編人師往行尚書工部郎中龍圖閣待制集賢殿修撰同修起居注陳彭年撰壤駟赤贊曰猗歟壤駟信而好古驅駕咸秦摳衣鄒魯言必成文動不踰矩成禮介邱追榮社土漆雕徒父贊曰受教聖人服勤墳籍如彼時術故能日益元封慶成介圭追錫圖形繪素鏤美金石尚書工部郎中直昭文館陳充撰石作蜀贊曰宣尼日月無得而踰粤有哲士嘗為學徒登封偶聖至德崇儒以地進爵斯文乃殊任不齊贊曰荆衡誕粹賢生其中服膺數仞誠明感通地通長坂爵加素風虔遵祀典列在儒宮尚書主客郎中直祕閣刁衎撰林放

贊曰子泝明哲道洽素風問禮之本爲儒所宗東嶽稱美
長山表封云亭告畢慶澤蕩隆商澤贊曰子季從師服膺
儒雅闕里垂名同於達者昔寵雎陽今旌鄒野運偶登封
薦璘純嘏行右司諫直史館張知白撰申棖贊曰洙泗之
秀橫經魯堂名亞十哲道尊五常時巡駐蹕闕里增光封
侯錫命永代流芳公良孺贊曰子幼眞賢從師宣父服膺
大猷配享終古運屬聖神時巡鄒魯五等疏封三綱式敍
尚書兵部員外郎直史館楊紳撰曹卹贊曰三千孔徒七
十賢者子循服道聖門之下筵簧經籍輔翼儒雅爵爲蔡
侯名器匪假奚容藏贊曰雍容子晳服勤儒墨闕里橫經
魯堂師德昔從游聘今逢檢勒皇錫信圭洙泗改色行尚
書刑部員外郎直史館查道撰句井疆贊曰衛之君子達
者比肩服勤鼓篋學慕韋編升中畢慶儒術攸先徽侯疏
爵闕里之賢申黨贊曰猗歟子周龜蒙垂裕昔參八九今
逢三暮淄川錫壤儒風載路檢玉旌賢昭我王度行尚書
祠部員外郎直集賢院石中立撰縣成贊曰異能之士孔
徒賓繁悅服至德祖述微言富稟天爵游乎聖門追崇之
典胙以侯藩左人郢贊曰循循善誘從師奉聖○○○義
○○○○修道隆終古斯盛與儒建侯○○休命行尚
書祠部員外郎直集賢院梅詢撰公祖句茲贊曰子之生
魯從師尼父恂恂闕里峩峩章甫非聖勿言惟道是與千
古而下俾侯齊土榮旌贊曰聖人之門學者侁侁彼美子

祺行修志淳異端茲害微言服勤格於我宋侯封是新行
太常博士直史館同修起居注崔遵度撰顏之僕贊曰洙
水悠悠子叔優優及肩等賜升堂并由元后時適禮成介
邪旌此達者爵爲列侯蘧瑗贊曰達哉君子外寬內正好
禮直躬衛風斯競瑞命昭錫元符報慶俾執信圭千齡遇
聖太常博士充集賢校理張象中撰顏噲贊曰回也庶幾
諸顏近之洙泗受業汶上從師輔翊儒道經營德基俾侯
於齊君子攸宜步叔乘贊曰聖人之門子車服勤學以時
習道益日新數仞爰處函丈是親追封遺烈旌美儒臣行
太常博士直史館劉鍇撰叔仲會贊曰斯文有宗吾道不
窮執筆造侍惟賢比崇少成習貫函丈順風東巡駐蹕霈
澤儒宮顏何贊曰木鐸興教英賢輔翼猗歟子冉恢章文
德孝悌承風詩禮是則千歲丁辰始開侯國行太常博士
直史館姜嶼撰狄黑贊曰矯矯子晳來學有方依仁游藝
攝齊升堂羽儀先聖物色上庠林慮錫壤百世之光行太
常博士直史館陳知微撰燕伋贊曰八九之徒俱傳大義
賢哉子思道本無愧鍾靈咸鎬浴德洙泗增封沂源皇澤
斯祓鄭國贊曰懿彼子徒挺生闕里日游聖門躬授徽吉
德音孔昭令聞不已疏爵朐山式旌遺美行太常博士直
史館王隨撰秦非贊曰七十之賢皆傳聖道彼美之子學
臻堂奧珍席珪璋儒宮藹藻列爵華亭令名長保施之常
贊曰懿彼施常學深儒雅魯國上賢孔堂達者躋嚋名彰

德高言寡侯封是邦昭錫純嘏守太常丞直集賢院。。撰孔忠贊曰賢哉先生接踪夫子道貴希聖勤斯行已闕里服膺圖庠從祀載享侯封式昭德美守太常丞直史館陳越撰邽巽贊曰展矣子歛孔門高弟模範將聖博約六藝斯謂達者顯於當世追封列侯流芳永裔守。。。直集賢院范　撰公西輿如贊曰鍾美齊疆從師魯國展矣斯人道臻聖域禮墨金繩慶敷文德薦享侯封永光廟食大理寺丞祕閣校理劉錡撰公西蒧贊曰魯多學者服勤游聖祝亹雅肖蕆也成性綽有餘裕是以爲政追侯於徐用均天慶大理寺丞集賢校理宋綬撰琴張贊曰反魯之始從師去里不試故藝善信攸紀非義罷予崇仁爲美銘鼎益封用旌君子丁謂又撰左邱明贊曰猗歟左氏闡道素王依經作傳微旨用彰詞有餘韻人希末光慶封錫壤廣魯之疆晁迥又撰公羊高贊曰高也解經辨裁咸服學官所傳齊名左穀追樊肇封宸心允屬闕典彌逢時文載郁李宗諤又撰穀梁赤贊曰仲尼修經感麟絕筆赤也發揮輿義斯出立學名家道隆盛日列爵疏封式崇儒術揚億又撰伏勝贊曰伏生明經爲秦博士祖習微言流離耄齒壁藏其文口授厥旨建號旌儒錫封仁里周起又撰高堂生贊曰秦歷告窮炎靈啓祚篤生令人允貞王度名激斯宗禮文有素勒封告成式昭餘裕李維又撰戴聖贊曰安上治民惟禮爲急頡君大儒發揮講習傳授實繁其學

遂立均慶疏封寵章斯及王會又撰毛萇贊曰孔徒授業
商也言詩研精詁訓誰其嗣之毛公興學永代師資疏封
錫命禮洽禋期錢維演又撰孔安國贊曰顯顯臨淮聖人
之系訓傳遺文克示永世繪像廟廷聿彰善繼東巡受封
是爲褒異咸給又撰劉向贊曰漢宣之世穀梁興學子政
大儒煥乎先覺道業光顯風流遐邈展釆逢辰寵章優渥
陳彭年又撰鄭衆贊曰經禮三百垂世作程仲師爲訓其
儀昭明周官先覺漢室名卿元封班慶茂爵追榮查道又
撰杜子春贊曰三川二室英靈所鍾學窮周制譽藹儒宗
杏壇闕里差有比蹤一命作伯慶我天封崔遵度又撰馬
融贊曰季長博洽爲世通儒名立訓傳善誘生徒東觀文
炳南國化孚躬圭之贍明我升符行太常博士直史館路
振撰盧植贊曰堂堂子幹學洞今古業紹師聞聘交四府
登朝抗議排戈赴主吉禮告成遂聯圭組鄭康成贊曰漢
德云季藝文乖舛實生純儒克明大典學徒既盛師道益
顯疏爵昌辰允彰積善服虔贊曰子慎清介文釆詳練博
通經史爰作訓傳百世之下皇明乃睠登岱錫封永昭廟
奠行太常博士王曙撰賈逵贊曰猗歟景伯爲世通儒發
明左氏富而不誣禮成大報澤浹中區躬圭褒異垂勸生
徒何休贊曰何侯博達含章履温作爲墨守是爲專門仙
間接統驚晁推恩思樂膠庠儒風益尊王肅贊曰子雍秉
彝凛然正色達學多聞能窮先識益厚增高崇儒尚德介

圭追榮丹青載飾守大常丞直史館陳○撰王禹贊曰易之爲教絜靜精微卓哉輔嗣極慮研幾天才逸辯元理發揮慶成疏爵用峻等威大理寺丞充祕閣校理○○撰杜預贊曰博學多聞昔稱傳癖釋例旣詳異論斯斥逮我慶成布昭純錫追寵公台增封疏秩宋綬又撰范甯贊曰豫章篤學通覽墳籍研講凊旋沉精善釋準裁羣疑敷陳至

賾運偶慶成

疏封霈澤

霖雨害稼 蠲逋賦 冬十月賑災民

詔太常禮院定州縣釋奠器數

先聖先師每坐酒尊一籩豆八簋二簠二俎二罍一洗一篚一尊皆加勺冪各置于坫巾共二燭二爵共四坫有從祀之處諸坐各籩二豆二簠一俎一燭一爵一

罷制舉諸科

庚戌 三年頒釋奠儀注及祭器圖 建廟學

孔勖奏請於家學舊址重建講堂延師教授帝曰講學道義貴近廟廷當許於齋廳內説書廟學之名始起

辛亥四年春二月赦　夏五月詔諸州置孔子廟　蚜蝗生不爲災

壬子五年冬十月赦　閏十月改縣名曰仙源徙治于壽邱

帝言軒轅黃帝降於延恩殿諭羣臣曰朕夢天尊命之曰吾人皇九人中一人也是趙之始祖再降乃軒轅黃帝黃帝生壽邱壽邱在曲阜乃改曲阜爲仙源徙治壽邱

作景靈宮太極觀於壽邱

元周伯琦重修景靈宮碑文云帝建宮祠軒轅曰聖祖又建太極宮祠其配曰聖祖母越四年而宮成總千三百二十楹其崇閎壯麗無比琢玉石爲像龕於中殿以表尊嚴歲時朝獻如太廟儀命學老氏者侍祠而以大臣領之

十二月改孔子謚曰至聖文宣王

以同國諱也

賜孔道輔進士及第

道輔勖之子也

癸丑六年夏五月壽邱獻紫莖金芝　秋七月除農器稅　轉孔勖屯田員外郎仍知縣事　得芝於壽邱

甲寅七年春二月赦　夏五月景靈宮朝修使王旦來　內臣周懷政偕行或乘間請見旦必俟從者盡至冠帶出見於堂皇白事而退後懷政以事敗方知旦遠慮

六月飭州縣官吏決罪適法　王旦請以先天禮再謁孔子廟行禮從之　冬減天下流罪一等

乙卯八年春正月赦

丙辰九年夏五月減天下死罪流以下釋　罷請營建　遷孔道輔大理寺丞知本縣主孔子祠事　以文宣公年幼故命道輔知縣事

丁巳天禧元年春正月赦　三月景靈宮太極觀奉上册寶使王旦趙安仁來

帝遣官攝中書侍郎殿中監押當册寶仙衣二月丁亥帝齋於長春殿翼有司設聖母板位文德殿行酌獻禮拜授册寶於王旦仙衣於安仁以升金輅具鹵簿儀衛所過禁屠宰三月乙巳旦等詣觀奉册上懿號曰聖祖母元天大聖后其日帝不視朝旦等復命羣臣皆賀賜飲崇德殿

戊午二年夏四月赦　秋七月赦　八月又赦　命孔道輔修闕里孔子廟

孔道輔奏言祖廟卑陋不稱請加修崇詔轉運使以官錢葺之卽命道輔監督工役道輔請得封禪行殿餘材乃大擴聖廟舊制建廟門三重次書樓次唐宋碑亭各一次儀門次御贊殿次杏壇壇後正殿又後爲鄆國夫人殿殿東廡爲泗水侯殿西廡爲沂水侯殿正殿西廡門外爲齊國公殿其後爲魯國太夫人殿正殿東廡門外曰燕申門其內曰齋廳廳後曰金絲堂堂後則家廟左則神厨由齋廳而東南爲客館直北曰襲封視事廳廳後爲恩慶堂其東

北隅曰雙桂堂凡增廣殿庭廊廡三百十六間

賜文宣公家祭冕服

己未 三年秋七月赦

庚申 四年秋九月赦

辛酉 五年春二月孔聖佑襲封文宣公兼知縣事

壬戌 乾興元年春二月庚子赦　己未又赦　知兖州孫奭修葺廟學以楊光輔爲講書奉禮郎召孔道輔爲左正言始給

學田

判國子監孫奭上言知兖州日建立學舍以延諸生至數百人臣雖以俸贍之然常不給也乞給田十頃爲學糧從之諸州給學田始此

冬十一月有星出于奎

曲阜縣志卷之二十四終

知縣楚安鄉潘相纂

通編第三之十一

男承焯編

癸亥 仁宗皇帝天聖元年秋七月蠲逋負

甲子 二年秋八月己卯帝謁孔子廟

有司言舊儀止肅揖帝特再拜退閱七十二賢贊觀禮器

丙寅 四年春二月詔文犯贓至流按察官失舉者并劾之 秋

九月詔薦擢通三經者

丁卯 五年冬十一月赦

己巳 七年設制舉諸科

詔復賢良方正等六科增置書判拔萃科又增高蹈丘園沉淪草澤茂材異等三科又置武舉

夏四月赦

庚午八年春詔孔道輔直史館判三司理欠憑由司　冬十一月赦

辛未九年秋七月遣龍圖閣待制孔道輔使契丹

契丹燕之優人以文宣王爲戲道輔艴然徑出虜使主客邀還坐且令謝道輔正色曰中國與北朝通好以禮文相接今俳優之徒侮慢先聖而不之禁北朝之過也何謝爲

壬申明道元年秋八月赦　有星出于胃　九月有星出于婁又有星出于奎　冬十月赦　詔左邱明以下二十一人悉以本品衣冠圖之

癸酉二年春二月赦三月又赦　冬十一月謫御史中丞孔道輔知泰州

以伏閤請對極諫不宜廢郭皇后忤旨故也

甲戌景祐元年春三月行景祐元寶錢　詔釋奠用登歌　秋

七月赦　九月有星出奎婁

乙亥二年詔釋奠孔子廟用凝安九成之樂

帝親饗郊廟樂章財成頌體告於神明詔宰臣分造羣祀樂章文宣王廟迎神奏凝安辭曰大哉至聖文教之宗紀綱王化丕變民風常祀有秩備物有容神其格思是仰是崇升殿降階並奏同安辭曰右文興化憲古師今明祀有典吉日惟丁豐犧在俎雅奏來庭周旋陟降福祉是膺奠幣奏明安辭曰一王垂法千古作程有儀可仰無德而名齋以滌志幣以達誠禮容合度黍稷非馨酌獻奏成安辭曰自天生聖垂範百王恪恭明祀陟降上庠酌彼醇旨薦此令芳三獻成禮率由舊章飲福奏綏安辭曰犧象在前豆籩在列以享以薦既芬既潔禮成樂備人和神悅祭則受福率遵無越送神奏凝安辭曰肅肅庠序祀事惟明大哉宣父將聖多能歆馨肸蠁回馭凌競祭容斯畢百福是膺

冬十一月赦　詔長吏修水利闢荒田

丁丑 四年徙孔道輔知兗州

道輔建五賢堂於齊國公廟前祀孟子及荀卿楊雄王通韓愈五子自爲之記時近臣有獻詩百篇者執政請除龍圖閣直學士帝曰是詩雖多不如孔道輔一言乃進道輔龍圖閣直學士遷給事中

重立講學堂碑　夏六月有流星至婁而沒

戊寅 寶元元年冬十一月赦

己卯 二年春正月黑氣歷婁胃　三月行皇宋通寶錢復召孔道輔爲御史中丞以孔宗愿襲封文宣公兼知縣事

宗愿聖佑從弟爲北海尉

庚辰 康定元年出孔道輔知鄆州道卒

道輔爲讒士遷所責出知鄆州憤懣發病卒

孔子手植檜復榮

辛巳 慶歷元年秋九月有星出于奎 冬十一月赦

壬午 二年秋九月有星出于婁 閏九月有星出于婁

癸未 三年春文宣公立尼山廟學學舍置祭田

周顯德中兗守趙某以尼山爲孔子發祥之地始新廟祀至是始即廟爲學

夏六月有星出于奎

甲申 四年春勑以本縣中戶五十人充孔子廟灑掃

時梁適知兗州乞以廟兵代廟戶並請裁減人數宰相章得象欲如其請參知政事范仲淹不可曰此事與尋常利害不同自是朝廷崇奉先師美事仁義可息則此人數可減苦黃難行他人必復之乃已

始立縣學行科舉新法

本道使者選部總官爲教授員不足取鄉里宿學有道業者士須在學三百日乃聽預秋賦試於州者令相保任有匿服犯刑虧行冒名等禁三場先策次論次詩賦通考爲去取而罷帖經墨義士通經術願對大義者試十道

夏五月帝謁孔子廟仍再拜賜直講孫復五品服

六月有星出于奎

乙酉五年冬十月赦　知縣孔宗亮到官宗亮進士延之子

丁亥七年夏六月詔知縣非鞫獄毋得差遣

戊子八年春二月頒慶歷善救方　詔齊國公像易以九章之服於聖殿後立廟以祀　夏四月有星出于奎　知縣孔彥輔到官　頒全鑑書從孔彥輔之請也

秋九月有星流於胃而沒

己丑皇祐元年春二月彗星歷婁　詔市藥以療民疾　詔民有冤貧不能詣闕者許訴於監司以聞　秋九月有星流於婁而沒

庚寅二年秋九月赦　封尼山神爲毓聖侯

勑曰元聖肇興挺自東魯惟天之生德蓋云默定而嶽之降神實應精禱兖州泗水縣尼丘山崇岡秀阜雲雨所出儲丕祉于商後孕全氣于孔族挺毓大哲爲萬代師當崇五等之封俾均四瀆之秩列於祀典以表神休欲司春書往申昭告宜特封毓聖侯

辛卯三年秋七月赦詔以孔氏子孫復知本縣事

詔曰兖州仙源縣自國朝以來世以孔氏子孫知縣事使奉承廟祀近歲廢而不行非所以尊先聖也自今宜復以孔氏子孫充選

八月有星出于奎

壬辰　四年夏五月儂智高陷邕州司戸叅軍孔宗旦死之

宗旦孔子四十五世孫詳列傳

秋九月有星出于婁

癸巳　五年秋七月有星出于奎

乙未　至和二年春二月改封文宣公孔宗愿爲衍聖公

直集賢院祖無擇言臣竊觀前史孔氏之襲封者漢魏曰褒成褒聖宗聖晉宋曰奉聖後魏曰崇聖北齊曰恭聖後周及隋封以鄒國唐初亦曰褒聖或爲君或爲侯或爲公爲大夫至開元二十七年始追謚孔子爲文宣王又以其後爲爲文宣公以祖之美謚而加後嗣不經甚矣乞取尊儒褒聖之義別定美號帝下兩制議集賢殿學士劉敞言漢元帝初元元年以師孔霸爲關內侯號褒成君平帝元始元年始封均爲褒成侯追謚孔子曰褒成宣尼公蓋推宣尼以爲褒成祖非用褒成以爲宣尼謚也唐世乃以褒成爲夫子之謚因疑霸等號封褒成皆襲其祖之嘗遂封夫子文宣王而爵其後文宣公考裁本末甚失事理先帝加文宣以至聖之號尤非其子孫所宜襲稱無擇議是詔曰孔

子之後以爵號褒嗣世世不絕其來遠矣自漢元帝封霸
褒成君以奉其祀至平帝時必爲褒成侯始追謚孔子爲
褒成宣尼公褒成其國也宣尼其謚也公侯其爵也後之
子孫雖更改不一而不失其基至唐開元中始追謚孔子
爲文宣而尊以王爵封其嗣褒聖侯爲文宣公孔氏子孫
去國名而襲謚號禮之失也若由此始朕稽考前訓博採
群議皆謂宜法漢之舊革唐之失稽古正名於義爲當朕
念先帝崇尚儒術親祠闕里而始加至聖之號務極尊顯
之意肆朕纂臨繼奉先志尊儒重道不敢失墜而正其後
裔嗣爵之號不其重歟宜改至聖文宣王四十六代孫宗
愿爲衍
聖公

夏四月定差衙前法

視貲產多寡差耕鄉戶衙前置籍分爲五
則定役輕重而罷里正衙前民稍休息

丙申 嘉祐元年秋九月赦　知縣孔宗翰到官

丁酉 二年秋八月置廣惠倉

募人耕絕戶田收其租別爲倉
貯之以給老幼貧疾曰廣惠倉

冬十二月定間歲一舉士之制置明經科

戊戌三年夏四月勅舉劾守令之有罪者　秋九月有星出于婁

己亥四年夏六月有星出于胃　冬十月赦

庚子五年夏六月有星出于婁　知縣孔舜亮復任即宗亮也

辛丑六年春三月頒御書宣聖廟額及大成殿榜于闕里孔子廟遣兖州通判田洵祭告孔子文曰惟王灝聖離名藏明具宗教徽雅道大闡斯文生民以來至德莫二教行萬世信比三王闕里之府祠宇惟煥邇歳將修遊廻門廡爰於飛楽之題新茲顯榜之制命工庇事推象涓辰敢議形容盍申崇奉仰惟降格遙冀鑒觀○額三字以泥金篆之榜三字爲飛白書

秋七月有星出于婁八月又出于婁

壬寅 七年秋九月赦 冬十月領內庫緡錢糴常平倉

癸卯 八年夏四月赦 太白犯歲星于胃

甲辰 英宗皇帝治平元年秋八月有星出于奎 九月復武舉

詔勿以孔氏知本縣

京東提刑王綱乞選長民之官詔勿以孔氏知仙源縣又令襲封人如無親屬在鄉里令常任近便官不得遠去家

廟

冬十一月赦

乙巳 二年春三月行明天曆

丙午 三年詔禮部三歲一貢舉 冬十二月赦

丁未 四年春正月赦

戊申神宗皇帝熙寧元年春二月孔若蒙襲封衍聖公若蒙宗愿長子時爲仙源縣主簿封城隍山川諸神之祈禱感應者　秋八月有星至于奎而沒　冬十月有星出于婁　十一月赦

己酉二年夏省廟林戶以行新法廟戶存三十人林戶存三人

定謀殺傷首原法凡謀殺已傷按問自首者減罪二等著爲令

秋九月有星出于婁　行青苗法先貸民以錢願者與之令出息二分隨夏秋稅輸納名青苗錢

冬十月有星出于胃又有星出于婁

庚戌三年春三月始以策試士　道刑法科　冬十月有星出于奎　行保甲法
十家為保有保長五十家為大保有大保長十大保為都保有都保正副主客戶兩丁以上選一人為保丁附保兩丁以上有餘丁而壯勇者亦附之授之弓弩教之戰陣每一大保夜輪五人警盜凡強盜殺人姦殺略賣邪教蠱毒知而不告者罪

行募役法
使民出錢募人充役許民之貧富分五等輸錢名免役錢若官戶女戶寺觀单丁未成丁者亦等第輸錢名助役錢

辛亥四年春二月更定科舉法
罷詩賦帖經墨義士各占治易書詩周禮禮記一經兼論語孟子每試四場初本經次兼經大義凡十道次論一首次策三道禮部試即增二道中書撰大義式頒行試義者須通經有文采乃為中格不但如明經墨義麤解章句而已其殿試則專以策限千字以上分五等第一等第二等賜進士及第第三等賜進士出身第四等賜同進士出身第

五等賜同學究出身舊制進士入進謝恩銀百兩至是亦罷之仍賜錢二千爲期集費

壬子五年夏五月行保馬法

保甲願養馬者戶一匹物力高願養二匹者聽皆以監牧見馬給之或官與其直令自市歲一閱其肥瘠死病者補償三等以上十戶爲一保四等以下十戶爲一社以待病斃逋償者保戶馬死保戶獨償社戶馬死社戶半償之

秋八月行方田均稅法

方田之法以東西南北各千步當四十一頃六十六畝一百六十步爲一方歲以九月縣委令佐分地計量隨陂原平澤而定其地因赤淤黑壚而辨其色方量畢以地及色參定肥瘠而分五等以定其稅則至明年三月畢揭以示民一季無訟即書戶帖連莊帳付之以爲地符均稅之法縣各以其租額稅數爲限舊嘗收蹙奇零如米不及十合而收爲升絹不滿十分而收爲寸之類今不得用其數均攤增展致溢舊額凡越額增數皆禁若瘠鹵不毛及衆所食利山林陂塘溝路墳墓皆不立稅凡田方之角立土爲峯植以野之所宜木以封表之有方帳有莊帳有甲帖有戶帖其分煙析產典賣割移官給契縣置簿皆以今所方之田爲正

冬十月有星出于婁　能貢舉人釋奠孔子廟

癸丑六年春令士入律學習律令　以鄉地隸于縣

甲寅七年夏四月蒼白雲貫于奎六月又貫于奎婁　秋七月

立手實法

官爲定立物價使民各以田畝屋宅資貨畜產隨價自占凡居錢五當蓄息之錢一非用器食粟而輒隱落者許告有實以三分之一充賞預具式示民令依式爲狀縣受而籍之以其價定高下分爲五等既該具一縣之民物產錢數乃參會通縣役錢本額而定所當輸錢於是民家尺椽寸土撿括無遺至於雞豚亦徧抄之

定學校釋奠十哲從祀制

判國子監常秩等請立孟軻揚雄像於廟廷兼賜爵號又請追尊孔子以帝號下兩制禮官詳定以爲非是而止京兆府學教授蔣夔請以顏回爲兗國公毋稱先師而祭不讀祝儀物一切降殺而進閔子騫九人亦載祀典禮官以孔子顏子稱號歷代各有據依難輒更改儀物獻祝亦難降殺所請九人已在祀典熙寧祀儀十哲皆爲從祀惟州

縣釋奠未葺請自今二京及諸州春秋釋奠
並準熙寧祀儀又詔塑兗國鄒國二公像
冬十一月赦
乙卯八年夏六月頒王安石三經新義於學官
訓詩書周禮義以王安石提舉呂惠卿王雱同修撰頒之
學校熙寧春秋之書不列學官至詆之爲斷爛朝報安石又
以字學久不講後罷居金陵作字說二十
四卷以進多穿鑿附會其流入於佛老云
秋七月有星出於奎　定先賢先儒冠服制度
國子監新廟成常秩等又曰宣聖神像舊用冕服九旒七
十二賢二十一先儒並用朝服檢會典禮開元中尊孔子
爲文宣王內出王者袞冕之服以衣之詳此則孔子之冕
宜用天子之制十二旒孔子既用冕旒則七十二賢二十
一先儒當各依本爵用冕服欲乞改正下太常禮院詳定
禮院檢會文宣王廟自建隆三年詔廟門準儀制令立戟
十六枝用正一品之禮大中祥符二年賜曲阜文宣王廟
桓圭一從上公之制春秋釋奠則用中祠皆今郡之制也
其兗國公顏子等皆以不制郡國縣封爵緣古今禮制不
一難以追周之冕服宜如舊制依官品衣服今文宣王冕

用九旒顏子以下各依郡國縣侯伯正
品至正四品冠服制度應合禮令從之

丙辰 九年冬十二月有星出于婁

丁巳 十年冬十一月赦

戊午 元豐元年詔兗州以省錢修葺闕里孔子廟

辛酉 四年秋八月有星出于婁　詔定選格

凡文武銓注之法悉歸
選部分左右曹掌之

壬戌 五年冬十一月令孔若升監修孔子廟

賜度牒三十本差本路兵士工匠令新泰
令孔若升監修若升孔子四十七世孫也

癸亥 六年冬十月封孟子爲鄒國公

吏部尚書曾孝寬言孟軻祠廟在鄒未加爵命詔曰自孔
子沒先王之道不明發揮微言以紹巨聖功歸孟氏萬世
所宗厥惟舊邦實有祠宇追加
爵號以示褒崇可封鄒國公

甲子　七年夏五月增孟子配享

晋州教授陸長愈奏言朝廷封孟軻爲鄒國公爵位既加則禮宜從祀乞今後春秋釋奠並以兗鄒二公配享時太常寺詳議以孟子興代非及門弟子不允所請而禮部侍郎林希言唐貞觀二十一年以伏勝高堂生之徒與顔子俱配享至今從祀豈必同時孟子於孔門當在顔子之列又荀況楊雄韓愈發明先聖之道有益學者久未配食議爲缺典請自今春秋釋奠以鄒國公配享設位於兗國公之次荀況楊雄韓愈並加封爵以世次先後從祀於左邱明等二十一賢之間自國子監及天下文廟皆塑鄒國公像其冠服同兗國公畫荀況等像於從祀之列冠服各從封爵詔從之以鄒國公孟子配享封荀況蘭陵伯楊雄成都伯韓愈昌黎伯並從祀廟庭令學士院撰贊文又部修四孟釋菜儀

秋七月有星出于胃

乙丑　八年春二月有星出于婁　三月赦　冬十月有星出于奎　罷新法

丙寅 哲宗皇帝元祐元年夏六月置春秋博士　立十科舉士法

設行義純固可為師表節操方正可備獻納剛勇過人可備將帥公正聰明可備監司經術精通可備講讀學問該博可備顧問文章典麗可備著述善聽獄訟盡公得實善治財賦公私俱便練習法令能斷請讞凡十科

冬十月改衍聖公為奉聖公

鴻臚卿孔宗翰言孔子後世襲公爵本為侍祠今乃兼領他官不在故郡於名為不正乞自今襲封之人使終身在鄉里詔改衍聖公為奉聖公不預他職添給田百頃供祭祀外許均贍族人賜國子監書立學官以誨其子弟宗翰道輔子也

改建三氏學於廟之東南隅初置廟學教授一員

令于舉到文官內差或委本路監司舉有義行者為之令教本家子弟其鄉鄰願入學者聽尋添入顏孟二氏子孫又撥近尼山田二十頃充廟學生員供膳賜經史書各一部

增賜孔子祭田一百大頃

丁卯　二年春正月禁科舉用王氏經義字說　禁主司不得以老莊書命題舉子不得以申韓佛書爲學經義參用古今諸儒說毋得專取王氏尋又禁毋得引用王氏字說

戊辰　三年春正月復廣惠倉

己巳　四年秋八月赦　增置三氏學學正學録各一員教奉聖公冑子

庚午　五年鴻臚卿孔宗翰請復林廟户舊制從之　熙寧中行新法所裁減也至是復給廟户五十人林户五人

辛未　六年秋七月有星如太白出于奎　冬十月有星出于婁

壬申　二月客星入于奎　庚午帝謁孔子廟

行釋奠禮一獻再拜將又增亞獻二公陳位酌獻樂奏成安
辭曰無二禮之說亂循何宗事樂與舞與尊其從蕭栗畜藹
登薦惟恭兪降此
遐福令儀肅雍

壬申　七年秋八月有星出于奎　瑞穀生

宋史云仙源縣
穀異壠合穎

冬十一月赦

癸酉　八年春三月新賜孔氏祭田一百大頃

勑將舊賜田一百頃均給族人新賜田一百頃以二十頃
贍廟學生員二十頃充歲時祭祀十頃置殿庭簾幕五十
頃歲收出租修葺祠宇是年又賜田一百大頃令以供祭
之餘均諸族屬依鄉例自招佃種而罷剝耕之法有佃戶
自此
始

秋八月赦

甲戌　紹聖元年復行新法　縣令孔宗壽判官　秋八月有星

出于奎

乙亥　二年秋九月赦　冬十月有星出于婁流至胃而没

丙子　三年春三月詔鞫獄非本章所指而蔓求他罪者論如律

勅轉運使修葺闕里孔子廟

丁丑　四年秋九月赦

戊寅　元符元年奉聖公孔若蒙廢以弟若虛襲爵　冬十一月

有星出于胃歷于婁　赦

庚辰　三年春正月戊寅赦蠲民租庚辰又赦夏閏月又赦

壬午　徽宗皇帝崇寧元年春二月追封孔鯉爲泗水侯孔伋爲

沂水侯　先是奉聖公若蒙請加孔子之子及孫封爵諫議大夫宋光庭議云孔鯉雖孔子之子德未著而早世惟子思學於

孚甍卑痛一書垂之萬世孟子繹之然後得其傳周非悔賜誨之可及謂宜獨加子思封爵議久未定至是詔曰孔子之道萬世所尊鯉實嗣之親聞詩禮繇聖從祀厥有舊祠茲以爵封以示褒崇可特封泗水侯又詔曰孔伋聖人之後孟氏之師作為中庸萬世宗仰眷惟魯鄒賢行舊祠追加爵封以示褒典可特封沂水侯

冬十二月有星出于婁　詔興學貢士縣升諸州州三年貢太學考分三等

癸未二年夏四月敕　詔孔氏選親族一人判司簿尉事子世襲此家長授官之始

甲申三年春頒顏子孟子配享位次圖太常寺言國朝祀儀諸壇祠祭正位居中南面配位在正位之東南西向若兩位亦為一列以北為上其從祀之位又在其後今顏子孟子配享之位即與閔子騫等從祀之位同作一列雖坐次少上而在文宣王帳座之後

於配食之禮未正請改正
位次爲圖頒示天下從之

夏六月詔易七十二子以周之冕服

時以王安石配享孔子廟位鄒國公之次國子監丞趙子
櫟言唐封孔子爲文宣王其廟像內出王者衮冕衣之今
乃循五代故制服上公之服七十二子皆周人而衣冠
率用漢制非是詔孔子仍舊七十二子易以周之冕服

詔名文宣王殿曰大成　冬十一月帝謁孔子廟遣官分奠
兗國公以下　詔郡縣謹祀社稷　十二月孔端友襲封衍
聖公

端友若蒙子也制曰惟爾文宣王之後次當
襲宣錫文階並示寵渥往加恪慎務保嚴恭

乙酉四年秋八月增孔子冕服制頒祭器制度於州縣

國子監司業蔣靜言先聖與門人通被冕服無別配享從
祀之人當從所封爵服周之服公之衮冕九章侯伯之鷩
冕七章衮公服也達于上鄭氏謂公衮無升龍誤矣考之
周官司服所掌則公之冕與王同弁司所掌則公之冕與

王異今既考正配享從祀之服亦宜考正先聖之冕服其執圭立戟乞並從王者制度詔從之於是增文宣王冕爲十二旒服十二章執鎮圭廟門立二十四戟並如王者之制又頒祭服制度於州縣皆以法服行禮

九月赦

丙戌 五年春正月赦　彗星出西方長六丈斜指東北自奎貫婁　夏五月行紀元歷　冬十二月有星出于奎聲散如裂帛

丁亥 大觀元年春正月赦　定貢士入學釋菜之儀詔孔子墓立賞錢十貫禁樵採林木許人告捉　秋九月赦　立八行取士科孝友睦婣任恤中和

戊子 二年春正月赦　詔繪子思子像從祀於左邱明二十四

賢之間　冬十二月有星出于奎

己丑　三年敕文宣王之後常聽一人注本縣官令丞簿尉無定職　釋奠樂成

迎神奏凝安詞曰仰之彌高鑽之彌堅於昭斯文被於萬年峩峩膠庠神其來止思報無窮敢忘於始升降奏同安辭曰生民以來道莫與京溫良恭儉惟神惟明我潔尊罍陳茲芹藻言升言旋式崇斯教奠幣奏明安辭曰於論鼓鐘於茲西雍粢盛肥碩有顯其容其容洋洋咸瞻像設幣以達誠歆我明潔酌獻奏成安正位辭曰道德淵源斯文之宗功名糠粃素王之風碩兮斯牲芬兮斯酒綏我無疆與天爲久兗國公辭曰仁由三月名高四科容莊而坐時颺以歌旅陳惟嘉祇薦無斁宣尼之侍爾其謙過鄒國公辭曰踐踐周道狂瀾倒流躬承辭闢高侔禹功世與隆文盛典惟崇清酒嘉栗式承儀容亞終獻亦奏成安辭曰罍設於東黃流其中觴盡三抱歌還一終彼屯而窮今泰而通于興斯文同堯之風送神奏凝安辭曰肅莊紳緌吉蠲牲犧於皇明祀薦登惟時神之來兮肸蠁之隨神之去兮休嘉之貽

四年夏五月彗星出奎婁　赦　詔封公夏首十人侯爵

議禮局言史記弟子傳曰受業身通六藝者七十有七人家語曰七十二弟子皆升堂入室按唐會要七十七人而弱元禮止七十二人又微去取不一本朝議臣斷以七十二子之說取琴張等五人而去公夏首等十人今以家語史記參定公夏首后處公肩定顏祖鄡單罕父黑秦商原亢樂欬廉潔唐會要開元禮亦互見之皆有伯爵載於祀典請追贈侯爵使與祭享詔封公夏首鉅平侯后處膠東侯公肩定梁父侯顏祖富陽侯鄡單聊城侯罕父黑祈鄉侯秦商馮翊侯原亢樂平侯樂欬建成侯廉潔胙城侯

辛卯　政和元年夏六月詔更定孔門弟子封爵

太常寺言孔子高弟子所封侯爵與宣聖名同失弟子尊師之禮乃詔改封曾參武城侯顏孫師潁川侯南宮适汝陽侯司馬耕睢陽侯琴張陽平侯左邱明中都伯穀梁赤睢陵伯戴聖考城伯又詔郡縣名犯先聖諱者悉改之

壬辰　二年夏四月詔縣令以十二事勸農於境內

癸巳　三年春正月詔以王安石配享孔子廟王雱從祀

甲午四年頒大成殿額於孔子廟

乙未五年詔以樂正子配享孟子廟

公孫丑以下從祀封樂正子克利國侯公孫丑壽光伯萬章博興伯浩生不害東阿伯孟仲子新泰伯陳臻蓬萊伯充虞昌樂伯屋廬連奉符伯徐辟仙源伯陳代沂水伯彭更雷澤伯公都子平陰伯咸丘蒙須城伯高子泗水伯桃應膠水伯盆成括萊陽伯季孫豐城伯子叔疑承陽伯

大晟樂成選諸生肄習之

丙申六年春二月增廣天下學舍　夏五月賜孔子廟正聲大晟樂器一副禮器一副

闕里始備太常制度共陳設之位堂上編鐘一虡在東編磬一虡在西俱北向柷一在編鐘北稍西敔一在編磬北稍東搏拊二又在柷敔北俱相向一絃三絃五絃七絃九絃琴各一瑟一在編鐘之南西上編磬之南亦如之東上堂下午階之東設笙竽箎塤各一爲一列西上和笙一在篴南巢笙一在箎南簫一在塤南午階之西亦如之東上鐘

磬柷敔搏拊琴瑟工各坐於堂上壎篪笙笛簫工並立於
午階東西歌工四人在柷敔東西俱相向執麾挾仗色掌
事一人在樂虡之西東向又禮器一副罍一洗一有勺帨
巾二有筍壺尊二有勺冪毛血盤一象尊一犧尊一簋二
簠二有蓋簋簋各一登毛并蓋各一鉶鼎三有蓋柶籩十
有冪豆十有蓋胙案八爵三有坫三獻祭服一副又詔
曲阜四時仲月祭文宣王禮畢家長以下易常服詣齊國公
魯國太夫人鄆國夫人泗水侯沂水侯殿各具蔬果嘗羞
酌獻三奠訖
而後徹樂

須釋奠樂章於闕里

闕里新誌載宋時樂曲內於升降奠幣各多一章不知何
時所更易亦未識須於何年附録於此升降辭曰賢於唐
虞飛騰粹英玩成羲易刋定麟經宗周尊王炎劉推明時
予命祀登降惟誠奠幣辭曰晨幾飛霜聲初諾商事先陳
幣恭宜承箱由階載升於位
肅將周旋無譁如在洋洋

丁酉　七年冬十二月有星出于胃

戊戌　重和元年秋七月升兖州爲襲慶府縣屬之　冬十一月

赦

己亥　宣和元年立孔林石儀

庚子　二年冬十二月有星出于奎

辛丑　三年春二月赦　除衍聖公孔端友直祕閣仍許就任闕陛

詔曰爾宣聖之系玆官東魯積有年矣今命爾通籍金奎陛華殿閣以示崇獎汝尚勉哉

壬寅　四年春三月辛酉帝謁孔子廟御製孔子像贊

詞曰厥初生民自天有造百世之師立人之道有彝有倫垂世立教爰集大成千古允蹈乃立斯所乃瞻斯宮聽彼德容云孰不崇

甲辰　六年赦

乙巳　七年冬十二月赦

丙午欽宗皇帝靖康元年春正月爇　夏五月罷王安石配享

孔子猶從祀廟庭

曲阜縣志卷之二十五終

曲阜縣志卷二十五

曲阜縣志卷之二十六　　知縣楚安鄉潘相修

通編第三之十二　　[illegible]編

戊申　宋高宗皇帝建炎二年冬十二月金將粘没喝陷襲慶府縣入於金

軍士有欲發孔子墓者粘没喝問其通士高慶裔曰孔子何人曰古之大聖人粘没喝曰大聖人墓安可發遂殺軍士

衍聖公孔端友赴揚州陪位不克歸

己酉　金太宗皇帝天會七年改仙源縣復爲曲阜　領軍帥王訛魯朶來

登杏壇奠拜復請觀林

庚戌　八年免衍聖公賜田稅課

從主簿孔若蒙之詩也見闕里志

辛亥 九年冬十一月有星出于婁

壬子 十年秋八月彗星見于胃

癸丑 十一年夏四月太白歲星合于奎

甲寅 十二年春二月歲星填星合于婁　僞齊劉豫封孔璠爲

衍聖公璠端友之侄也

丁巳 熙宗皇帝仍稱天會十五年春正月行大明曆　立孔子

廟於上京

戊午 天眷元年夏五月客星守婁金將悟室問之太史曰無傷及七月金殺魯亮勝真一十二王

以經義詞賦兩科取士

庚申 三年冬十一月封孔璠爲衍聖公 金主興禮樂求孔子後時劉豫廢璠前封已絕詔以璠爲承奉郎襲爵

辛酉 皇統元年春正月敕 二月帝謁孔子廟 奠祭北面再拜顧侍臣曰爲善不可不勉孔子雖無位以其道可尊使萬世高仰如此

壬戌 二年春正月衍聖公孔璠卒子拯襲封 時年八歲

修闕里孔子廟 勅行臺撥錢四萬千貫委曲阜主簿孔瓌修葺並嚴禁宮私侵占聖廟地者免孔氏賦役

甲子 四年撥行省錢助修廟之役 令於行省再撥錢萬四千五百貫發南京八作見材助工役

己巳 九年修正殿

庚午 廢帝天德二年冬十二月定衍聖公俸格加於常品晉承直郎

丁丑 正隆二年春三月太白熒惑歲星合于奎 令有司以羨錢修孔子廟兩廊及齊國公殿

戊寅 三年春二月太白歲星合于胃

庚辰 五年冬十一月甲午夜白氣照奎婁

辛巳 世宗皇帝大定元年衍聖公孔拯卒 冬十二月辛丑夜白氣貫婁

癸未 三年秋七月孔摠襲封衍聖公

摠拯事迹

乙酉五年春正月庚午夜白氣出婁經婁胃　冬十一月丙寅夜白氣歷奎婁胃

丁亥七年秋九月有星出于婁　冬十一月命吏部察縣令善惡明加黜陟　十二月壬午夜白氣歷奎婁胃

戊子八年春二月辰星太白合于胃

壬辰十二年夏四月熒惑塡星合于奎

癸巳十三年春三月太白塡星合于奎

甲午十四年春正月太白塡星合于奎　定釋奠樂章

國子監奏請文宣王像冕十二旒服十二章又言歲春秋仲月上丁釋奠於文宣王用本監房錢六十貫造茶食等物以大小樣陳設用留守司樂以樂工爲禮生率倉場官陪祭於禮制未合也伏睹國家承平日久典章文物當粲然明備以光萬世遂詔定釋奠儀初孟子以燕服在宣聖後至是遷宣聖右與顏子對改塑冠冕裝飾法服文宣王

先國公鄒國公每位籩豆各十犧尊一象尊一簠簋各二
祖一祝版各一告設案七十二賢二十一儒先每位籩豆
爵各一兩廡各設象尊二總用籩豆一百二十三簠簋俎
各六犧尊三象尊七爵九十四尊皆有坫羃二洗二篚勺
各二羃六正位從祀籍尊罍俎豆席三十幅牲用羊豕各
三酒二十瓶禮行三獻迎神奏姑洗宮來寧之曲曰上都
降化廟堂作新神之來格咸儀具陳穆穆凝薦肅然聖真
斯文伊始羣方所祝初獻奏姑洗宮靜寧之曲曰偉矣素
王風猷至粹垂二千年斯文不墜涓辰惟良爰修祀事沃
盥於庭嚴禋備禮升階奏南呂宮肅寧之曲曰巍乎聖師
道全德隆修明五常垂教無窮增崇儒宮適追遺風嚴祀
申虔登降有容奠幣奏姑洗宮和寧之曲曰天生聖人賢
於堯舜仰之彌高磨而不磷新廟告成宮牆數仞遺便陳
辭斯文復振降階奏姑洗宮安寧之曲曰奠粢允邱垂芳
闕里生民以來孰如夫子新剏巋然四方所觀爵觴告成
祇循典禮沂國公酌獻奏姑洗宮緝寧之曲曰聖師之門
顏惟居上其始庶幾是宜配饗祖主袞衣有嚴儀象藏之
神祠增光吾黨鄒國公酌獻奏姑洗宮泰寧之曲曰有周
之衰王綱既墜是生眞儒宏才命世言而爲經辭乎仁義
力扶聖功同垂萬祀歆終獻奏姑洗宮咸寧之曲曰於昭
聖能與天立極有孚其流皇帝仁德豈伊立言訓經在圖
煥我文明典祀千秋送神奏姑洗宮來寧之曲曰吉蠲爲

饎孔惠孔時正辭嘉言神之格思是饗是宜神保聿歸惟時肇祀太平極致

丙申 十六年春二月太白塡星合于胃

己亥 十九年改襲慶府爲兗州泰定軍節度使隸山東西路縣屬之 冬鄆國夫人寢殿成

党懷英撰記云先聖之夫人曰亓官氏子孫祠於寢宫舊矣宋祥符初既封鄆國始增大其殿像宋末燬焉國家皇統九年始以公錢修復正殿後八年又營西廡而積羨錢二百萬將以爲鄆國殿之用而未給也大定問天子留意儒術建學養士以風四方舉遺禮與廢墜曠然欲以文治太平襲封公總羅然喜曰祖廷之復此其時乎乃以殿之規模白有司而有司吝於出納乃更破廣爲狹剗崇爲卑由是別得故時羨錢爲殿費襲封公蹴然曰是規模者豈能稱前殿爲王寢乎吾獨以奉祀事守林廟爲職顧不得以專達雖然我豈敢不力與乃與族長端修親率廟丁載斤斧走東蒙深入數百里歷巇險冒風雨與役者同其勞得其松中椽橑者以千數又與族兄播市材於費凡棼櫨栱桷之屬皆取足焉會祖林大槐數十一旦皆槁死適可爲楹棟之材而二百萬者止足以充瓦甓至甃與夫梓匠

備直而已時劉公璋爲節度副使實董其役趙公天倪爲判官二公廉直而幹吏不敢擾以私而封公得以盡其力越十九年冬殿成奉安之日士庶咸會顒首聚觀邦人族戚更贊迭助父老嗟歎至或感泣以爲復見太平之舉也於是襄封公以書走京師屬懷英爲之記懷英懶惰多故未暇作也居逾年襄封公被召至闕下未幾得以舊爵宰鄉邑將歸固索鄙文則序其修廟本末而爲說曰嗚呼聖人之道極中和而與天地並有天地爾夫婦之道立道立而父子君臣之教達於天下古先哲王所以御家邦風動教化皆由此始吾夫子出著述六經實綱而紀之以垂憲百代故後世推尊以爲人倫之首而闕里舊宅四方於是觀禮然則所謂作合聖靈者其奉事之禮安可以不稱今夫浮屠無夫婦絕父子廢人倫其空言幻惑且不足以爲教然貪得而畏死者奔走敬事至傾其家貲非有命令以賦之也而其雄樓傑閣窮極侈靡僭越制度耗蠹齊民有司不急者不以禁而吾夫子之宮化教所從出有司乃以爲不急一殿之建至於身履勤苦然猶積年而僅成何其難也嗟乎夫子萬世之師也今休明之代不患其不崇吾獨惡夫悖人倫者方起而害名教故因是殿之役有以發是言也君歸其並刻之庶幾貪畏而惑於異端者知所復焉

庚子

二十年冬十月更定銓注縣令格　十二月孔摠入朝特

授本縣令封爵如故

辛丑二十一年夏六月客星出奎宿

壬寅二十二年春二月熒惑歲星合于胃

庚戌章宗皇帝明昌元年春三月詔修闕里孔子廟

帝曰昔夫子設教洙泗有天下者所當取法今遺祠久不加葺且隘陋不足以稱聖師居乃降錢七萬六千四百緡以修之又合以提塑易兩廡畫像

詔修廟學

勅孔氏子孫已習詞賦經義准備應試人依兗州府養士例每人月支宮錢二萬貫米三斗小生減半支給如兗州管下進士願從學者聽曾得府薦者試補終場舉人免試入學仍限二十八爲額其教授勅於四舉五舉終場進士出身人內選博學經史衆所推服者充秩正八品

撥補祭田

以兵革後舊賜田二百大頃內失地四十八頃八十六畝戶部劄於徐州豐縣地六所撥補曰匠村曰張村曰新村曰齊村曰李村曰慕義村共官畝一百二十三頃有奇

以耆德孔端修爲進義校尉

辛亥二年春興廟工　夏四月孔元措襲封衍聖公元措孔摠子也制曰聖誠之大儀範百王德業所傳垂光千祀崧直道以經世宜承家之有人文宣王五十一代孫孔元措秀阜衍祥清洙流潤芝蘭異稟蒹葭爲宗黨之英詩禮舊聞早服父兄之訓語年雖妙論德已成肆疏世爵之封乃與章身之數非獨增華於西旅固將振耀乎斯文勉副前修用光新命又詔衍聖公視四品階止八品不稱超授中議大夫著爲令

五月詔諸郡邑孔子廟壞廢者復之　有芝生於林域及尼山孔氏家園凡九本

冬十月勅党懷英撰修孔子廟碑文

有司奏增修曲阜宣聖廟畢帝勅黨懷英撰碑
文朕將親行釋奠之禮其檢討典故以聞

十一月黨懷英舉孔端甫

尚書省奏翰林侍講學士黨懷英薦孔子四十八
代孫端甫年德俱高該通古學敕以賓客禮召之

詔臣庶迴避周公孔子之名

名犯古帝王而姓
復同者並禁之

癸丑四年春三月賜孔端甫及第授小學教授尋以年老命食
主簿半俸致仕　秋八月敕　帝釋奠孔子廟

北面再拜是年冬帝又問輔臣孔子廟諸處何如平章政
事完顏守貞以見議建立對帝因曰僧徒修飾宇像甚嚴
道流亦之惟儒者於孔子廟最爲滅裂守貞曰儒者不能
長居學校非若僧道以處寺觀帝曰僧道以佛老營利故
務在尊嚴閎侈
以爲觀美也

以孔璪權管勾祀事

甲寅五年增孔子廟祭田六十五頃屋四百間　命有司攝祀
風雨雷師
尚書省奏天地日月或親祠或命攝事若中祀宜令
有司攝之制可又定州郡社稷祭享一如唐宋之舊
定長吏勸課能否賞罰格
乙卯六年夏四月闕里孔子廟成增塑賢儒像賜閣名曰奎文
賜衍聖公以下三獻法服及登歌樂一部
禮官言曲阜夫子廟修蓋已畢自來祭享衍聖公止用公
服陪位學官用儒服今衍聖公爵視四品更新廟貌所貴
肇禋謂宜加衍聖公初獻法服用四品四梁冠亞終獻用
七品三梁冠可仍加賜登歌樂一部使太常舊工往教
孔氏子孫以備祭祀其迎神來享之曲曰有功者祀德厚
流光猗歟將聖三綱五常百代之師久而愈芳靈宮對越
神其鑒饗盥洗奏靜寧之曲曰楚楚祀儀斯徽奠醴爰清
其挹其斟元拔悅匪挹之清精誠是況神之來思是欽嘉降
升降奏肅寧之曲曰衣冠襲封元王之宗春秋陳祀元王之
宮清洙或瀾東山或巖此封此祀承承無窮奠獻奏鴻寧

曲日仰惟聖猷丕賜尊顯宿燎設縣展誠致奠旅幣巾巾
於粲洗腆崇報孔明不墜薇典酌獻奏德享正位辭曰巍
巍堂堂道德孰儷屈於一時伸於萬世王號尊榮公封相
繼消辰之頁嚴潔以祭配位兗國公辭曰好學潛心篤顥
樂內具體而微我進人退洙泗之鄉神之所在其從聖師
廟亨作配鄒國公辭曰醇乎其醇優入聖域祖述堯舜力
排楊墨思濟斯民果行其德祀爲上公宜茲配食登獻終
獻辭曰法施於人修經式誨如明開盲如聾破聵棲遲衰
周光華昭代儼然南面門人列配送神奏歸寧辭曰籩豆
有嘉威儀孔惠三獻備舉四方所視神保是饗永光闕里
神之聿歸
穀貽孫子

秋八月命兗州節度使孫康以修廟成祭告孔子立廟碑

祭文曰國家禮崇儒術道尊聖師闕里廟貌于以新之雅
樂具舉法服彰之庶幾鑒格永集繁禧党懷英撰碑文曰
皇朝誕受天命累聖相繼平遼舉宋合天下爲一家深仁
厚澤以福斯民粤自太祖暨于世宗撫養生息八十有餘
年庶且富矣又將教化而粹美之主上紹休祖宗以潤色
洪業爲務即位以來留神政機革其所當革興其所得興
飭官厲俗建學養士詳刑法議禮樂舉遺修舊新美百爲
期與萬方同歸文明之治以爲興化致理必本於尊師重

道於是莫謁先師以身先之嘗謂侍臣曰昔者夫子立教於洙泗之上有天下者所當取法乃今遺祠久不加葺且甚隘陋不足以稱聖師之居其有以大作新之有司承詔庀材庀工計所當費爲錢七萬四百六十餘千詔并賜之仍命選擇幹臣典領其役役取於軍匠備於民不責亟成而責以可久不期示侈而期於有制凡爲殿堂廊廡門亭齋廚黌舍合三百六十餘楹位序有次像設有儀表以傑閣周以崇垣至於幄座欄楯簾櫳罘罳之屬隨所宜設莫不嚴具三分其役因舊以完葺者才居其一而增創者倍之蓋經始於明昌二年之春踰年而土木基構成越明年而髹漆彩繪成先是羣弟子及先儒像畫於兩廡既又以捏塑易之又明年而衆功皆畢罔有遺制焉上旣加恩闕里則又擇及嗣人以其蹤襲公爵而官職未稱與夫祭祀之儀不備特命自五十一代孫元措首階中議大夫職祀四品兼世宰曲阜六年又以祭服祭樂爲賜遣使策祀並以崇盛之意告之方役之興也有芝生於林域及尼山廟與孔氏家園凡九本典役者采圖以聞且言瑞芝之生所以表聖德之致廟成之日宜有刊紀以昭請并書於石又廟有層閣以備度書願得賜名揭諸其上以觀示四方詔以奎文名之而命臣懷英記其事臣魯人也杏壇舊宅猶能想見其處今幸以諸生備職藝苑其可飾固陋之辭潔楹計工謹誌歲月而已乎敢竊敘上之所以褒崇之實備論

而書之而後係之以銘臣嘗謂唐虞三代致治之君皆相授以道至周末世不得其傳而夫子載諸六經以俟後聖降周迄漢異端並起儒墨道德名法陰陽分而名家而以六藝為經傳章句之學歸之儒流不知六藝者夫子所以傳唐虞三代之道衆流之所從出而儒為之源也後世偏向曲聽沿其流而莫達其本用其偏而不得其醇自是歷代治蹟常與時政高下洪惟聖上以天縱之能典學稽古游心於唐虞三代之隆故凡立功建事必本六經為正而取信於夫子之言夫惟信之者篤則其尊奉之禮宜其厚與臣觀漢魏以來雖奉祠有封灑掃有戶給賜有田禮則修矣未有如今日之備也初廟傍得魯廢池發取石甃以為柱礎卸砌之用浚井得銅以為鋪首浮漚諸飾由是省所費錢以千計者萬四千有奇方復規畫為他日繕治無窮之利然則非獨今日之新葢將愈久而無弊也銘曰惟古治時以道相繼不得其傳粵自周季天生將聖遭時不綱垂統六經以俟後王六經維何為世立道有王者興是惟治要於鑠我皇聖性自天玩意稽古傳所不傳建學宏文崇明儒雅躬禮聖師率先天下乃眷闕里祠宇弗治剏其舊制既監且卑乃詔有司乃疏泉府採材庀工衆役具舉梓人獻技役夫效功監者以閎卑者以崇崇焉有制閎焉惟法即舊以新皆其十八殖殖其正翼翼其嚴魯人來思歎息仰瞻魯人有言惟今非昔豈伊魯人四方是式瞻

彼尼山及其林園有芝煌煌表我聖恩聖恩之隆施於世嗣顯秩峻階視舊加異廟樂以雅祭服有章錫爾奉祠名教是光有貞斯石有銘斯勒揚厲鴻休以詔無極

九月有星出於奎

丙辰承安元年春三月初行區種法民十五以上六十以下有土田者丁種一畝　冬十一月赦　詔衍聖公孔元措赴闕侍祠

帝行郊祀禮孔元措應召入京陪祀位在終獻之次

丁巳二年春升先賢先儒封爵

帝親釋奠以親王攝亞終獻皇族陪祀文武羣臣助奠上親爲贊文舊封公者升爲國公侯者爲國侯郕伯以下皆封侯

二月命衍聖公孔元措兼縣令仍世襲

辛酉 泰和元年秋七月更定右選注縣令丞簿格及贍學養士法　詔撥給地助釋奠費

在廟東南泮宮地六十四畝有奇

頒新定勑條格式

癸亥 三年夏頒祈雨土龍法　五月赦

甲子 四年春二月詔州郡無孔子廟學者增修之　夏五月熒惑塡星合於胃

乙丑 五年春三月諭進士名有犯孔子諱者避之著爲令　秋八月帝釋奠孔子廟

戊辰 八年歲星太白會於婁

己巳 大安元年春正月赦　三月赦

壬申 崇慶元年春正月赦

癸酉 宣宗皇帝貞祐元年秋九月赦

甲戌 二年春正月寇犯闕里孔子廟燬手植檜

孔庭纂要云殿堂廊廡灰燼什伍手植檜三株亦被燬無孑遺

三月赦　孔元措赴汴以孔元用代攝祀事

帝徙都汴元措赴行在丁母憂遙授東平府通判詔以來春赴任元用衍聖公宗愿之五世孫也

夏四月赦　冬十一月赦

乙亥 三年夏四月赦　以中奉大夫衍聖公孔元措爲太常博士

帝初用元措於朝或言宣聖廟在曲阜宜遣之奉祀既而帝念元措聖人之後山東寇盜縱橫恐罹其害是使之奉祀而反絕之也故有是命

丙子四年夏四月太白晝見於參六月水星晝見於奎百有一日乃伏 秋七月侯摯討紅襖賊郝定誅之 冬十一月木星在奎

丁丑興定元年春二月尚書省請罷學生廩給帝不許 夏四月侯摯討平滕兖等州盜賊 秋九月赦 冬十一月月暈於胃

庚辰四年夏五月蒙古兵入兖州泰定軍節度使完顏可畏死之 改孔元措行太常丞

壬午元光元年授孔元措同知集賢院兼太常丞 宋收復京東西路縣復歸於宋

甲申宋寧宗皇帝嘉定十七年授孔元用通直郎

乙酉 理宗皇帝寶慶元年孔元用權襲封衍聖公兼縣令　蒙古取京東西路縣入於蒙古

丙戌 蒙古太祖皇帝二十一年郡王帶孫攻益都使孔元用隨征以其子之全權主祀事兼縣尹

元用以舊令起授職帶孫以元用有將畧授以兵從征益都

丁亥 二十二年衍聖公孔元用卒於軍

己丑 太宗皇帝元年歲星熒惑太白合于婁　初定算賦

中原以戶西域以丁蒙古以牛馬羊

庚寅 二年立十路課稅所

從耶律楚材之請也楚材因間進說周孔之教且謂天下雖得之馬上不可以馬上治蒙古主深然之由是文臣漸進用

壬辰四年夏六月熒惑填星合于婁

癸巳五年夏六月克金汴都孔元措仍襲封衍聖公主祀事命孔之全尋尹縣 冬十二月敕修孔子廟

甲午六年徙金知禮樂者於東平令衍聖公孔元措領之 夏六月熒惑填星合于胃

乙未七年春二月太白填星合于胃

丙申八年春三月復修孔子廟 初行交鈔括民戶定賦稅

從耶律楚材言括民戶以大臣忽都虎留 民始隸縣定賦稅每二戶出絲一斤供官用五戶出絲 斤以與受賜貴戚功臣之家上田畝稅三升半中田三升下田二升半水田畝五升商稅三十分之一鹽銀一兩四十斤以上為永額

丁酉九年詔衍聖公孔元措修闕里孔子廟給復守廟一百戶

復三氏子孫世世無所與　初給官府符印定驛令選

儒士

命稅課使劉中楊奐隨郡考試以經義詞賦論分爲

三科儒人被俘爲奴者亦令就試其主匿弗遣者死

一衡量立鈔法定均輸

戊戌　十年秋免田租

己亥　十一年秋免稅糧

庚子　十二年春衍聖公孔元措朝燕京夏四月歸肄樂子廟

五月歲星太白合于婁

辛丑　十三年春二月赦囚徒

丙午　定宗皇帝元年始復鄆國後寢以奉孔子顔孟十哲像

庚戌　五年春二月孔之全復修景靈宮

辛亥 憲宗皇帝元年孔湞襲封衍聖公

湞孔之固之庶子孔元措弟元紘之孫也嫡母任嫁湞產母于鄆曰李氏今湞隨之遂姓李元措育為嗣至是襲封

壬子 二年冬十二月赦 孔治充管民長官誣訐衍聖公孔湞

詔奪湞爵

治率族人訟湞為驅口李氏子非聖裔遂奪爵其嫡母任氏為上疏辨雪不報世爵之在北者遂中絶

庚申 世祖皇帝中統元年夏五月赦 孔治襲縣尹

辛酉 二年秋九月以進士楊庸為三氏學教授

從大司農姚樞之請也詔曰孔氏顔孟之家皆聖賢之裔也自兵亂以來往往失學甘為庸鄙朕甚憫焉今以進士楊庸教長孔氏顔孟子孫務嚴加訓誨精通經術以繼聖賢之業

詔闕里孔子廟及書院有司歲時致祭月朔釋奠禁軍馬侵擾

壬戌三年春正月孔子廟成　冬十一月熒惑塡星合于婁

甲子至元元年夏四月太白歲星合于婁　詔州縣均賦役招流移不得停泊詞訟　秋九月赦　大水

乙丑三年罷林廟灑掃戶尚書省以括戶之故盡罷爲民太常少卿王磐言林廟戶百家歲賦稅不過六百貫僅比一六品官終年俸耳聖朝疆域萬里財賦歲億萬計豈愛一六品官俸不以待孔子後且於府庫所省無多其損國體甚太以格於時議遂止

丙寅三年給州縣官吏俸

丁卯四年春正月勅修闕里孔子廟　定首領官朔望謁孔子之禮劉畢同學官至講堂爲諸生講經史

修杏壇奎文閣　令鄉市學訓導

擇其德望可為師長者于農隙如法訓導使老幼皆聞孝弟忠信之言

夏五月敕上都重建孔子廟

戊辰五年冬十月敕從臣錄毛詩孟子論語　大水免今年田租

己巳六年春二月頒新製蒙古字　給鰥寡廢疾月米

辛未八年定國號曰大元　蠲絲料

癸酉十年定釋奠官服制執事官各公服如其品陪位諸生則以襴帶唐巾

甲戌十一年秋八月頒社稷壇壝式

丙子十三年夏六月授孔治承事郎　秋九月敕　大水免田租

己卯　十六年改泰定軍爲兖州隸山東東西道濟寧路總管府縣屬之

庚辰　十七年冬十一月行授時歷

壬午　十九年始歲貢儒吏各一人

儒必通吏事吏必知經史

冬十月以宋衍聖公孔洙爲國子祭酒承務郎兼提舉浙東學校事

初衍聖公端友隨宋南遷寓於三衢終郴州知州卒傳弟端操之幼子玠玠傳子搢搢傳子文遠文遠傳子萬春萬春傳子洙洙字景清宋理宗紹定四年襲封衍聖公通判吉州宋亡歸元帝訪問孔氏子孫當立者或言洙爲宗子帝召洙至闕勞問洙遜於居曲阜者帝嘉之曰寧違榮而不違親真聖人後也遂有是命並與護持林廟璽書勅給俸祿秩滿再授奉訓大夫儒學提舉年六十一卒無嗣自端友至洙襲封子衢者葢六世云

修孔子廟垣

楊桓記曰闕里廟制周三里而弱崇垣四護皆甃以粉塗庇以瓦木與夫殿閣門廊等餘五百架皆金明昌役也厲經喪亂表裏渕敝中更邏掃百戶暫停主祀財單力薄扶傾綴朽聯缺續至所成者不償其所壞朝廷頻年議加修復屢符本路撥度工費以軍國庶務方殷而事未及措也最者山東東西道憲司諸公自陳節齊以下近及僉司粤屯公皆嘗督論本部爲救廢之舉迨夫奉議大夫同知濟寧路總管府事劉侯用至元壬午秋七月繼謁祠下莫拜旣畢周覽嗟惜而言曰夫州縣長佐之吏考績於三載必曰文廟有無增葺況予爲方而之倅廟庭在境而曾未過省何以處承流宣化之任乎今朝廷方當布文教善風俗以爲致治之本而於吾聖人祠宇切於垂意輦石伐木築基定礎期在旦夕矣今廟貌雖殘所餘者往往猶不宇傑觀而周垣圯剝外連於荒莽脫有野燒緣逸於其中夏亦愈重朝廷之經費乎此事吾儕不得不任其責以今竊計莫若覘撫舊跡先起垣於四周庶或可以扞蔽他虞凡茲所舉有涉公帑之費者予固不得以擅爲以吾聖人之故妨其農事重其民役而俾之嗟怨予尤不敢爲也秋冬之交農事畢入蠲減他調而爲之不亦美乎及歸更與同僚謀之府總府判官李侯書生也聞之樂與協其謀劉侯之

志得以不沮遂命孔氏五十三代孫權主祀事曲阜縣尹親莅其役仍以兗州檢校之乃於戶大丁衆之家從民意而借其力民皆曰此非公役惟吾鄉中之盛事復何辭焉於是相與執版榦捄削之具而至者幾千人於是惟均之以廣袤而不限其程勉之以堅整而不責其縷繹繹繩繩陾陾登登不亟不遲百堵皆興縮基於季秋之將杪斬木於陽月之旣盈宰牲釃酒勞其衆而歸之仍期於來春之首變高埋深夷蕪易壤益植松檜一千本於時衣冠行路莫不稱歎以爲殿閣崇嚴倍增於他日巖巖乎可謂夫子之牆也孔氏合辭爲予言曰自東平嚴公致政之後而能加顧於祖庭者蓋鮮矣今侯體朝廷之意以繼是美是不可以不錄抑時親睹其事義不當讓乃摭其本初而題之於壁閒

癸未 二十年停租賦

以旱災權令有司勿徵又定郡縣長吏滿替以戶口增耗爲黜陟

甲申 二十一年中書平章政事察罕帖木兒遣官來祭孔子廟

蘭陽孫耆翁有記見闕里志

乙酉 二十二年臨孔治單州防禦使授其子思誠襲縣尹

治將行戒思誠曰毋妄怒毋輕笞人邑長者見如父兄幼者遇若子弟毋負乃父訓

丙戌 二十三年春二月禁持兵器　召廟學教授陳儼赴京師

三月太陰犯婁

丁亥 二十四年設儒學提舉司　行至元鈔

自一貫至五十文凡十有一等每一貫文視中統五貫文贓罪滿至元二貫者死

戊子 二十五年冬十月免儒戶雜徭

己丑 二十六年夏六月大雨害稼　冬十月禁百官受饋酒食者籍其家貲之半

庚寅 二十七年夏蝗

辛卯 二十八年春正月太白熒惑填星聚于奎　頒至元新格

冬釋罪犯非殺人四

壬辰二十九年遷孔治知密州

癸巳三十年春三月以張頏爲三氏學教授　赦

甲午三十一年夏四月赦　孔子手植檜復生　撥縣及泗縣地作生徒學田

曲阜地九大頃五十畝泗縣地五十大頃

江南行臺照磨孔淑造祭器

淑以曲阜祖廟祭器未備請於臺往句吳製造中丞趙之同僚助成其事江東廉訪副使康希貢撤以漢釜一凡四閱月而祭器成得太尊二山尊四著尊四壺尊六犧尊面者八罍者五象尊面者二十二簋者十尊皆有冪龍勺三十爵一百三十五坫五十篚十罍二洗三鉶四豆二百三十五簠一百五十三簋一百六十四籩二百五十籩皆有巾案燎一百二十御史完顏貞跋並以俎一百七十四

乙未 成宗皇帝元貞元年春詔聖闕里林廟 鄒縣尹司居敬

新建中庸精舍

張頺爲記曰鄒人相傳孟子故宅在縣東隅其一前臨因利澤南挹文賢岡泗川抱池好事者築縣譽臺其間則昔曰固有廬舍又縣治東隙地今爲淫祠者舊名子思講堂謂孟子傳道於此按孟母三徙自墓而市自市而學宮旁此地母所徙耶孟子他日歸耶受學固當在魯豈子思子時至鄒耶歷世滋久文字不完傳信傳疑人心所鄉何如耳今千六百餘年矣邑人猶曰此故宅也此講堂也洞洞屬屬如將見之可不因人心所鄉以存其迹乎東陽司居敬來尹茲邑暨達魯花赤木忽難主簿兼尉趙國祥元貞元年復故宅遺址闢門修垣以表之爰葺講堂于堧書臺旁曰中庸精舍子思子南面孟子西鄉侍皆章甫元端危坐儼然昔日授受之容請頺曰思孟往矣相傳之言具在方册子盍揭以示人副鄒人嚮慕之志頺謝曰何足以知之然嘗聞之先哲曾子事孔子於洙泗之間問答纖悉若禮記曾子問者多矣其爲學篤實切矣惜乎嘉言善行不盡傳也孔子曰吾道一以貫之乃聖人傳心之要曾子一唯授之子思子思述之作中庸一篇首曰天命謂性郎曾子所聞一貫者其書舉孔子誠者天之道之言以指全體

自謂君子之道費而隱之言兼指體用子思親切爲人之意獨孟子得之其曰性善子思天命之謂其曰思誠子思誠之之謂其曰萬物皆備於我反身而誠强恕而行則體用兼該至誠不貳之效與無息致曲者無以異授受之旨若合符契至於人心人路安宅正路四端四體乃其神會心得而知言養氣又身親實用其力者於是盡心知性以造其理存心養性以履其事知天而不以殀壽貳其心事天而能修身以俟死造詣於知之盡仁之至其用極於過化存神之妙故辨禹稷顏子曾子子思迹異而道同承禹抑洪水周公兼夷狄驅猛獸孔子成春秋繼名世者平治天下而不得辭也學者沉潛反覆於焉有得子思孟子言論常體諸身聖門之學未墜於地不能無望於今之升斯堂者或曰聖人之道乃夫人日用所當行如君臣父子夫婦長幼朋友是已今而高談性命毋乃淪於空虛而無實用邪是不然性者天賦於人物之理而誠則天理在我之實然者自得於天者言之則渾然一理及其散於萬事則物物一理人能窮是理知其皆本於天則知物物各有其則不容一毫之私間乎其間是則子思之誠之孟子之思誠三綱五常之道胥此焉出豈釋老空談比邪周元公接孟子之傳通書四十章始之以誠繼而曰誠神幾自發微不可見以至於充周不可窮皆寂然不動者基之其旨微矣易曰窮理盡性以至於命斯道也伏羲以來聖聖相傳

其在八心固無古今之殊也然夫子思孟子不可作惟其
宅講堂遺跡僅存並學就建又立精舍以明斯道之所寄
有德於鄒人甚厚亦非私於鄒也千載之下必有來哲覩
風與起如孟子稱百世之師而企慕乎觀象之者故因其
迹而敘傳心之要云司居敬文爲孔子像刻于尼山記之
曰設像事神非古也其尸禮既廢之後乎漢文翁立學宮
成都蜀有文翁石室設孔子坐像其坐斂跪向後足跗當
前上古以來君臣及七十二弟子繪事兩旁晉王右軍嘗
簡蜀守寫做之有宋嘉祐中王公素摹爲禮殿圖此像之
最古者然皆漢衣冠也居敬學製鄒邑遷學舍於城西建
孔子廟時孔顏孟三氏子孫教授張鎡習於禮者也因問
立像之制曰古人席地而坐高臺既已失之冕服之
度傳訛甚矣闕里行教像顏子從後者蓋據之筆杏壇小
影像吳道子筆及近司寇像皆漢晉衣冠其禮記儒行篇
孔子自言少居魯衣逢掖之衣長居宋冠章甫之冠此孔
子衣冠也逢掖深衣是已章甫元冠是已深衣以布身二
幅各四尺四寸袂二幅亦四尺四寸袪其袂而圜至袪爲
尺有二寸不殊裳其裳十二幅兩旁殺之領袪皆緣束以
革帶左右佩有殺無韓加以大帶緇約用紙黑履於是做
文翁石室作石像章甫逢掖危坐諸孔子貌秀尼山峯而
居之坤靈洞乃問冕之制則曰散在禮經注疏雖互有得
失象而求之可以考見顧讀者不之究耳古者冕服有等

大要冕弁冠三者而已曰冕者太古謂之緇布冠加紘綖繅斿則後王之彌飾也其冠古以布而緇之周以純其下爲武謂圍首者武上有冠以繪爲之屈加於武前卑有曡積向左或十二或九或七或五或三武貫以衡衡之兩旁有纓纓繫以瑱懸以紘冠之上加覆謂之綖綖旁有紐貫之於衡前後乘繅斿如冠曡積之數斿以玉十二者五玉元黃朱白蒼黃以五采繅如玉之色九斿七斿三玉朱白蒼三采五斿三斿二玉朱綠二采繅加玉之色固以紘紘繫於衡之左端加之綖上復繚於衡之右端繞於頸下再纓而結之結者謂之纓垂者謂之緌紘天子朱卿大夫青士緇而加以采次者弁以皮韋皆有會會謂縫飾會以玉如冕旒之數會之內以象爲之邸無綦積貫武以笄綴以纓與纓皆冕之制次者冠元冠是也委貌章甫其名雖殊其制相類如緇布綏等衰如弁之制也其首服也古人衣身皆四尺四寸天子長袂袂八尺八寸公侯伯袂袂六尺六寸服冕者衣以絲其色元冕十二旒者衣十二章日月星辰山龍華蟲作繪宗彝藻火粉米黼黻絺繡華蟲以上在衣宗彝以下在裳日在左月在右星辰宜畫北極在北山之性止而靜龍能升降華蟲雉也宗彝二其一畫虎其一畫蜼蜼如獼形以尾卷物內鼻中火之性圓而不發白與黑謂之黼如斧形黑與青謂之黻如兩己相背九章去日月星辰而登龍於山龍有降無升登火於衣七章自華蟲

以下登火山章藻火粉米在衣裳黼黻三章衣唯粉米而
裳黼黻七幅前三後四兩旁無殺縫其色纁來以革帶帶
之前並韠韠如裳之色紕以爵韋紕爲兩邊純以素純爲
下緣十二章飾以龍九章火七章山五章三章無飾左右
佩玉有珩璜琚瑀衝牙貫以蠙珠藉以綬綬有等上加大
帶帶以素十二章朱裏終辟九章素帶終辟七章五章素
帶辟垂三章率下辟并紐約用組赤舄服弁者祭服以緇
謂之紂衣裳帶韠佩綬如冕之制朝服以布天子則素積
祭服朝服長袂侈袂如冕而服弁者通服元端端身四
尺四寸袂亦四尺四寸故有端之名冠服則元端上士元
裳中士黃裳下士雜裳前元後黃曰雜有韠如裳之色帶
佩有等黑屨元冠深衣可也圭薦之而已既薦則拱首非
若後世執笏然笏則搢於帶間亦不執也執笏自後周始
非古也既又作子思像於中庸精舍孟子像於孟子墓廬
以鄒魯聖人之居四方於此觀禮故刻之尼山以俟好禮
者有取焉。時張頵又龔石爲顏子像祀於顏樂亭中

夏釐正選法　封孔治衍聖公

大臣言治孔子裔孫其祖元用有軍功沒於王事治權奉
祀事三十餘年襲封爵莫治宜部從之自孔湞奪爵後世
爵之在北者中絕已四
十三年矣至是始復封

以楊演爲三氏學教授孔思逮爲學正

張頙廟學記云孔子舊宅因廟建學昉于魏之黄初其間興廢不常有宋大中祥符三年殿中丞公自牧奏就廟側祠學帝曰講學道義肖近廟庭當許于齋廳內説書乾興元年孫宣公奭守兖州于廟建學請以楊光輔爲講書奉禮郎始賜學田元祐四年尹復臻以文潞公薦爲教授給田二十頃以贍生員選任教導其重如此要必以講六經之道傳聖人心法爲職而小學之教節目纖悉宜有分任其事者考之碑刻則學正學録許孔氏子孫爲之叅當時乃教授自署毋亦選擇而使以寓激勸與抑因其親愛俾幼仲幼而入學者與金氏因之廩恩教育有加無替兵革以來他務未遑汲汲爲孔顔孟二氏擇師可謂知所本者而庶事將創規模未立暨予承乏謹復齋廳説書之舊夙興講經不敢一日廢而小學之教未有所託正録既非所署懐機來者率皆授徒自養於分其任同不暇予幸逃擦聽去任城楊君繼之而衍聖公始嗣世職司業楊君首以爲言五十四世思逮適得以孔氏子孫爲學正衍聖公遂付以入學之教設几席具器用廩食蔬鹽無不畢給專一入黌之於是八歲以上者皆有教養得肄其業屬予在屬思逮會來請紀其事且問所以教之之方古人有言在曰[illegible]又曰少成若天性習慣如自然是故能言能食[illegible]

以禮蓋幼穉之時其心未放則教易入筋骸易束德性易養也柰何爲人父者慮不及此慈以蓄之不知養桐梓於拱把及其既長習與性成間有能禀志自立亦復扞格不勝勤苦難成論者常有今日乏材之歎豈天之降材爾殊也耶弟子職一篇猶存古者小學之意顧貴介子弟豈無僕役而必俾親其事非給事事而已持敬之方固從此入是以子夏以爲先傳程子亦曰灑掃應對是其然必有所以然又曰灑掃應對便是形而上者一本故也夫子教伯魚以學詩學禮欲其事理通達而心氣平和品節詳明而德性堅定抑子夏所謂孰後倦焉者是謂學之有成然行遠自邇登高自卑子夏所以分本末爲兩事蓋望學者合始卒而一致聖人之教不外乎此子思既沒二千年間能言能立世不乏人求其造詣蓋未見之入斯學者誠能從事於子夏之教伯魚之學以達乎子思廣大高明之極致庶有以慰衍聖公之望二君之所期亦予之喜談而樂道者也教授名演司業名桓衍聖公名治是爲五十三世孫也

命郡縣祀三皇如孔子禮

丙申 二年詔有司官吏非奉旨諸王公主駙馬毋輙加罪 設

衍聖公知印官　夏六月蝗頒官吏受賕格
除枉法外其不枉法者自二十兩以下罪與受一分者同科
秋七月立捕蝗賞格　置社稷壇於城西南方
廣殺太社太稷之半每祭壹尊二籩豆各八牲以羊豕而無樂三獻以尹及貳充之
丁酉大德元年秋八月䄏星出奎　九月䄏星復出奎　定各官涖任謁廟制
先謁聖廟以次謁諸神廟著爲令
戊戌二年春太中大夫濟寧路總管按檀不花重修闕里孔子廟　减田租
庚子四年秋七月始給衍聖公隨朝四品官俸　旱蝗
辛丑五年秋立重修孔子廟碑

閻復撰碑文云聖上嗣服之初祗述祖考之成訓典學養
士嚴祀先聖自曲阜始制詔若曰孔子之道垂憲萬世有
國家者所當崇奉中外聞之咸曰大哉王言狀目太平文
明之治粵明年元貞改元先聖五十三代孫密州尹治入
朝璽書錫命中議大夫襲封衍聖公月俸百千秩視四品
孔氏世爵弗傳者久至是乃復申命有司制考辟雍作廟
於京由是四方嚮風崇建廟學惟恐居後闕里祠宇毀於
金季之亂闕號奎文若大中門闕存者無幾有若嚴公忠
濟保魯嘗假清臺頒歷錢佐營繕之費歲戊申始復鄆國
後寢以寓先聖顏孟十哲像至元丁卯衍聖公治尹曲阜
主祀事將圖起廢奎文杏壇齋廳黌舍即其舊而新之禮
殿則未遑也國初封建宗室畫濟兗單三州爲魯國大長
公主駙馬濟寧王分地置濟寧總管府屬縣十六曲阜其
一也濟寧守臣按櫃不花恭承詔旨會府尹僚佐鄉長者
謀曰方今聖天子守成尚文此鄉風化之源禮義之所從
出爲守臣者敢不對揚休命以廟役爲任首出泉幣萬緡
衆翕然助之傭工僱力市木於河輦石於山掄材於野采
棟櫨桷楹礎之屬悉具又得泗水渠堰積石數百石至構
是露階卸砌咸足用焉郡政之暇躬爲督視甄陶鍛冶丹
雘髹漆以至工師廩積各有司存經始於大德二年之春
屬歲祲中止蔵事於五年之秋不期月而告成殿矗重簷
亢以層基繚以修廊大成有門配侑諸賢有所泗沂二公

有位黼座既遷更塑鄆國像於後寢締構堅貞規模壯麗大小以楹計者百二十有六費用以緡計者十萬有奇落成之旦遠近助祭者衣冠輻輳衆庶聽睹千禩祖庭頓還舊觀於是衍聖公治遣其子曲阜令思誠奉表以聞且以廟碑爲請會博選胄子入學擢思誠國子監丞特勅中書賜田五千畝以供粢盛復戶二千八戶以應灑掃仍下翰林書其事於石臣復承命踧踖既述興造始末竊惟聖人之道與天地並聖人之祀與天地無極堯舜湯文之君不作而道在洙泗立言垂教推明堯舜湯文致治之由模範百王仁及天下後世願治之主莫不宗之廟貌相望達於四海聖人之道固無係於祀禮之隆殺夫尊其道而崇其祀蓋治古人之恒規王政之所先也洪惟聖元神武造邦天兵備亦我事方殷不忘存恤先聖之祀乃詔求五十一代衍聖公元措歸魯裒集奉常禮樂於兵燼之餘燕翼之謀肇於此也世祖聖德神功文武皇帝仁霑義洽九域混同文物煥然可觀內立國學外置郡邑學宮而於先聖之後尤所注意遴選師儒訓迪作成需賢以嗣封爵茲志未究皇上纘而成之故自紹膺景命以敦化厲俗爲先務至於博施濟衆數文來遠哀矜庶獄惠鮮鰥寡出天縱之聖見於設施皆堯舜湯文之舉揆諸聖經之言若合符契用能張皇教本光昭先業以致魯國臣民思樂泮水如附靈臺子來之衆至矣哉觀文化下必世後仁之效豈特震耀一

時資宗社無疆之福也銘曰道之大原實出於天天何言哉乃以聖傳傳道維何唐虞三代儀範百王萬世永賴聖人之功與天比隆聖人之祀垂之無窮皇元肇基撥亂右武天兵趨汴周禮在魯烝哉世皇載整乾綱始定終綏遂臣萬方肅肅魯庭嗣封有典德音孔昭聖謨丕顯王者之作必世後仁繼序不忘成於孝孫適觀厥成是訓是則思樂泮水作廟翼翼如矢斯棘如翬斯飛籩豆靜嘉陟降有儀祀事孔嚴世爵以延灑掃有戶粢盛有田聖政肆新希蹤治古僉曰皇明登三咸五泰山巖巖聖祀綿綿與國無疆於斯萬年李謙闕里宅廟落成後碑云元聖之德大如天地昭如日月蕩蕩乎無能名嶠嶠乎不可尚已歷代有國之君崇尚其教廟而祀之幾徧天下闕里聖人鄉邑自漢祖過魯祀以太牢由是以降其廟制因仍損益見於圖志可考者在宋金爲最盛貞祐一燬久而未復我元列聖尊道勸學之心未嘗不切特以志在混一征於金革有所未暇逮大德守成始克成二祖三宗之盛意殿而廡之位而像之沉沉奕奕有儼有嚴數百年闕規偉觀一旦而復覩舊蓋加隆焉而又紹衍聖世享之封主四仲家庭之祀無以共粢盛也則胙之土無以給消灑也則復其戶塋林則樵採有禁子孫則教道有師詔旨諄復訓諭切至且命翰林書之石猗歟偉哉初太中大夫監蒞濟寧路總管府事按稽不花以魯居治境乃懿戚封邑祗承朝廷德意開

諭寮屬勉勵士庶先已而爲之倡前役而爲之備國無費財民不知勞卒成一代之盛事總管馬嘉議晌實左右之既卒役狀其本末遣經歷張格知兗州馬奉訓禧請記其成竊嘗一拜林林廟伏讀漢隸數碑見其請立百石卒史典領禮器及用辟雍禮出王家錢給犬酒直則乙瑛也選試孔龢補卒史則後相平也韓勑則修飾宅廟造立禮器史晨則乞依社稷出王家穀以供春秋禋祀是數人者皆東都前後魯相以所請上之三公府公府以聞乃可其請事皆魯相發之數人者名不著見於史徒以上章爲聖廟有所陳請勒名貞石閱世千數百年至於今不朽矧太中生當盛代遵奉明詔振舉墜典潤色太平茲特登化美俗勇於爲善之一端爾若其表率一道廉勤奉公恤隱除害善政及民者尚多自當載名信史傳休無窮豈東都魯相所可並日而談哉

復給灑掃林廟二十八戶　擢孔思誠國子監丞　濟寧路達路花赤按檀不花以修孔子廟餘貲置祭田二十頃田在任城縣

大水

壬寅 六年夏六月詔建孔子廟於京師

京師舊無孔子廟國學寓於他署左丞相哈剌哈孫始奏建之

癸卯 七年夏 閏五月詔禁犯林廟者 冬十月給大都孔子廟灑掃戶五 世襲縣尹孔澄到官

澄孔治弟也

甲辰 八年秋八月給林廟灑掃戶以尙珍署田五十頃供歲祀

丙午 十年秋八月新撰釋奠樂章

京師文宣王廟成行釋奠禮牲用太牢樂用登歌製法服三襲命翰林院定樂名樂章翰林乃全取宋大晟樂府擬撰初禾用之詞錄而奏之惟增撰郕國公沂國公酌獻樂二章而已餘雖撰擬而未經施用其迎神奏凝安辭曰大哉宣聖道德尊崇維持王化斯文是宗典祀有常精純並隆神其來格於昭盛容又曰生而知之有教無私成均之祀威儀孔時惟茲初丁潔我盛粢永言其道萬世之師又曰巍巍堂堂其道如天清明之象應物而然時維上丁備物

薦誠維新禮典樂諧中聲又曰聖王生知闡乃儒規詩書文教萬世昭垂亙日惟丁靈承不爽揚此精虔神其來享盥洗及升降并奏同安盥洗辭曰右文興化憲古師今明祀有典吉日維丁豐犧在俎雅奏在庭周旋陟降福祉是膺升降辭曰誕興斯文經天緯地功加於民實千萬世笙鏞和鳴粢盛豐備肅肅降登歆茲秩祀奠幣奏明安辭曰自生民來誰底其盛惟王神明度越前聖粢幣具成禮容斯稱黍稷非馨惟神之聽奉俎奏豐安辭曰道同乎天人倫之至有享無窮其興萬世既潔斯牲粢明醑旨不懈於忱神之來監酌獻奏成安正位辭曰大哉聖王實天生德作樂以崇時祀無斁清酤惟馨嘉牲孔碩薦羞神明庶幾昭格兗國公辭曰庶幾屢空淵源深矣亞聖宣猷百世宜祀吉蠲斯辰昭陳尊簋旨酒欣欣神其來止郕國公辭曰心傳忠恕一以貫之爰述大學萬世訓彛惠我光明尊聞行知繼聖迪後是享是宜沂國公辭曰公傳自曾孟傳自公有嫡緒承允得其宗提綱開蘊乃作中庸侑於元聖億載是崇鄒國公辭曰道之由興於皇宣聖維公之傳人知趨正與饗在堂情文斯稱萬年承休假哉天命亞獻奏文安辭曰道德淵源斯文之宗功名糠粃素王之風苾兮斯牲芳兮斯酒綏我無疆與天同久終獻及分獻並奏成安終獻辭曰百王宗師生民物軌瞻之洋洋神其寧止酌彼金罍惟清且旨登獻惟三於嘻成禮分獻十哲辭曰於昭

哲人賢德之淳儒風光揚輔世安仁敬奠斯吉蘭薦既陳
子酌于獻福禧皆臻從祀辭曰儼然冠纓崇然廟庭百王
承祀消辰惟丁於牲於醑其從與享申之樂歌式昭式儀
歆福受胙與盥洗同徹豆奏娛安辭曰犧象在前豆籩在
列以享以薦既芬既潔禮成樂備人和神悅祭則受福率
遵無越送神奏凝安辭曰有嚴學宮四方來宗恪恭祀事
威儀雍雍歆茲惟馨神馭旋復明禋斯畢咸膺百福望瘞
與盥洗同其凝而求用之辭迎神奏文明曰天縱之聖集
厥大成立言垂教萬世準繩萌庭孔頌尊非洗盥神之格
思景福來齊盥洗奏昭明曰神洗樂止有孚顒若器洗在
庭載盥載濯斯惟蒸修亦新厥德對越在茲敬恭惟則升
殿降階並奏景明曰大哉聖功薄海內外德際秩宗光垂
昭代陟降在庭謙齊委佩莫不肅雍洋洋如在奠幣奏德
明曰圭衮尊崇典禮列侑籩豆有楚樂具和奏式陳量幣
駿奔左右天臨斯文聚神之祀酌獻奏誠明正位辭曰推
聖眷格享於克誠有樂在懸有碩斯牲奉醴以告嘉薦羞
馨接以多福永底隆平兗國公辭曰潛心好學不違如愚
用舍行藏乃與聖俱千載景行企嚴步趨廟食作配祀典
弗渝鄒國公辭曰洙泗之傳學窮性命力距楊墨以承三
聖遺時之季孰識其正高風仰止莫不肅敬發終並奏靈
明曰嚮成奕奕祭祀孔時三爵具舉是饗是宜於昭聖訓
示我民彝紀德報功配於兩儀送神奏慶明曰禮成樂備

盡取其旋濟濟多士不懈益虔文教
兹首儒風是宣佈我○○○○○

丁未十一年夏五月赦　秋七月加孔子號曰大成

制曰蓋聞先孔子而聖者非孔子無以明後孔子而聖者
非孔子無以法所謂祖述堯舜憲章文武儀範百王師表
萬世者也朕纘承丕緒敬仰休風循治古之良規舉追封
之盛典加號大成至聖文宣王遣使闕里祀以太牢於戲
父子之親君臣之義永惟聖人之尊天地之大
日月之明奚罄名言之妙尚資神化祚我皇元

冬十二月饑

遣禮部尚書吳
鼎發米賑之

曲阜縣志卷之二十六終

曲阜縣志卷之二十七

知縣楚安鄉潘相修

通編第三之十三

男承炳編

戊申武宗皇帝至大元年春二月饑　秋七月遣集賢學士王德淵齎銀幣來祭告孔子顏子廟

文曰惟王秉德生知垂教不朽聖之時者天何言哉由百世之後莫能違自生民以來未之有持加封號大展祭儀仍命臣僚往祀林廟以兗國公鄒國公配以祭告顏子曰朕初嗣服思闡文教用致祭于大成至聖文宣王惟公德冠四科道同禹稷稽諸祀典實惟昭配尚饗

世襲縣尹孔濟到官

濟治之弟也

己酉二年行至大銀鈔

凡十三等每一兩准至元年鈔五貫白銀一兩黃金一錢隨平準行用庫及常平倉以平物價毋令沸騰元之鈔法

至是凡三變云

制春秋二丁釋奠用太牢　初鑄錢　詔州縣以九年爲任

置奎文閣典籍官

庚戌三年夏六月大水　冬十月運登歌樂器于闕里孔子廟左三部照磨孔思逮以闕里久缺登歌樂器言于中書省移文江浙行省制造以宋時樂工施德仲審較協律運赴闕里用之

辛亥四年春正月赦　三月又赦　夏遣宦者李邦寧釋奠于

孔子時仁宗卽位遣邦寧釋奠行禮方就位忽大風起殿上及兩廡燭盡滅燭臺底鐵鐏入地尺許無不拔者邦寧悚息伏地諸執事者皆伏良久風息乃成禮邦寧慚悔累日

閏七月遣國子祭酒劉賡齎銀幣雜綵來祭告孔子廟

文曰天以神器畀付朕躬受命纘紹若稽彝典修禮數徧于羣神追惟聖人模範百世功隆德盛宜極欽崇爰命儒臣恭謁闕里備經儀物牲用大牢幣薦厥誠尚新鑒格以兗國公鄒國公配頒法服于闕里孔子廟

壬子

仁宗皇帝皇慶元年春三月廉使楊奐來

奐記云壬子春三月東平行臺公宴于東園余請謁闕里丁未同監修官盧龍韓文獻德華上谷劉詡子中暨攝祀事孔構務之梁山張宇子淵汴人郭敏伯達出望嶽門東行六十里宿汶上縣汶上古中都先聖之舊治魯定公九年宰於此縣署之上思聖堂是也戊申至兗州己酉行四五里過泗河地頗高儆南望見嶧諸峯出沒於煙蕪雲樹之表使人諮如又一舍許遂於苗孔村見曳而斷者其魯城奐巒而合者其孔林與不覺喜色津津溢於眉睫遂入自歸德門魯門一十有二正南曰稷左曰章右曰雩正北曰闕左曰齊右曰龍正東曰建春左曰始明右曰鹿正西曰史右曰麥歸爲其去也當時天下學者多由是門入故魯人以此名之乃郤馬[illegible][illegible]遂大中門而東由廟宅過廟學自蘇弊門之北入齋廳花金絲堂南燕申門之北堂取魯恭王事也是日私忌不敢謁庚戌鐘鳴琳杏壇之下痛[illegible]猊焚燬北向鄆國夫人新殿設繪像修謁而版藏如禮告先聖曰嗟乎聖人造物也七十子造物之物也嘗見於問

答閒矣問仁者七而答者七問孝者四而答者四問政者九問君子者三所以答之者各異焉不唯不遠其所長而亦不強其所不能故大以成其大小以成其小造物奚問焉垂世立教百王所御未有由之而不治會之而不亂者也今日何日匍匐庭下死無憾矣羈旅悠悠禮物弗備敢薦以誡告先師兗國公曰夫士君子之學原於治心聖門三千徒曰好學者獨公無事業無文章老之傳記一再問而止察之日用一簞瓢而止百世之下自天子達於庶人無敢擬者將從無欲始乎抑非與適謂林廟獲聽井里職祭以告告先師鄒國公曰予學出於詩書道兼乎仁義知易而不言易知中庸而不言中庸湯武則待予而義臣章則待子而著紛紛楊墨之徒待子而後黜其爲功用鴻且著矣夫豈好辯者哉奚等去聖人邇遠欲學無師而復執志不勇惟神其相之降階謂齊國公及魯國夫人故殿毀西而南向者尼山毓聖侯也矣西而東向者五賢堂也謂孟也荀揚也王與韓也爲碑文者孔中丞道輔也杏壇二字竹谿党懷英書壇之北世傳于路論丁石蒼石之扁也夫所謂勇於義者豈區區若是邪壇南十步許眞宗御贊殿也七十二賢并諸儒贊從祀所撰貞祐火餘物也手植檜三兩株在贊殿之前一株在壇之南焚燬無復孑遺好事者或爲聖像爲簪笏而香氣特異趙大學秉文篆楷書孰脩有頌有詩世多傳頌之次而碑亭二東亭家

棠正撰白崇矩書太平興國八年十月建金碑一党懷英撰并書篆西亭皆唐碑也一碑崔行功撰孫師範書碑陰刻武德九年十二月詔文乾封元年二月祭廟文一碑江夏李邕撰范陽張廷珪書開元七年十月建次南奎文閣章宗時創明昌二年八月也開州刺史高德裔監修閣之東偏門刻顧愷之行教吳道子小影三像東廡碑六皆隸書而魯郡大守張府君碑非也西廡之碑八隸書者四餘皆唐宋碑出北偏門由襲封廨署讀姓系碑文又北行由陋巷觀顏井亭亭廢矣北出龍門入孔林徘徊思堂之上由輦路而北夾路石表二石獸四石人二獸作俯號之狀拜奠先聖墓如初禮墓前有壇石厚三尺許方如之其數四十有九後漢永壽元年魯相韓叔節造東遶泗水侯伯魚墓南連沂國公子思墓世家云相去十步耳而密邇若此後人增築之也然規制甚小禮之所謂馬鬣封者是也子思之西石壇居攝元年二月造有曰上谷府卿者有曰祝其卿者先聖墓西北白兎溝也二石獸上狀甚怪林廣十餘里竹木繁茂未見其比而楷木以文為世所貴無荊棘三無烏巢將吾道終不可蕪没而鳳鳥有時而至歟林東三里講堂也林與堂俱在洙北泗南按世家云周敬王三十六年孔子自衛反魯删詩書定禮樂繫易於此硯臺井在其西惜去秋為水漫没矣辛亥謁周公廟廟居孔廟之東北二里有真宗御贊碑東轆井在正東少南水清白而甘

俗呼漿水井者是也廟北雙石梁井石上綆痕有深指許者百步許得勝果寺魯故宮也殿之東北大井圓徑六十尺深二丈水色墨如也東過顏侍郎墓林一城之址顏廟也廟中孤檜高五丈餘由曲阜西復東北行一里入景靈廢宮觀壽陵陵避諱而改也東北少昊葬所宋時疊石而飾之也前有白石象爲火爆裂壇之石欄窮極工巧殆鬼刻也讀碑記始知草創於祥符潤飾於正和而大定中因之而不毀也此亦人君治平之久狃於貪侈之心之所徵也福可求乎哉大碑四諺云萬人愁者是也而二碑廣二十有三尺濶半之厚四尺贔屭高十有三尺濶如之厚四尺龜趺十有八尺二碑廣二十有四尺濶半之厚四尺贔屭高十有八尺濶十有六尺厚四尺龜趺十有九尺一在城之外一在城之內無文字意者垂成而金兵至也陵曰壽陵誠何謂邪入東門復西南馳觀漢之魯諸陵大塚四十餘所石獸四石人三人胸臆間篆刻不克盡識有曰有漢樂安太守廉君槀塚者有曰府門之某者折而苙渡雩水入大明禪院觀逵泉水中石出如伏黿怒鼉寺碑云魯之泉宮也薄暮歸自稷門望兩觀穹然以少正卯之姦雄而七日之頃談笑別去則知舜刑四凶使天下翕然服之明矣孰謂聖人而有兩心哉登泮宮臺臺之下水自西而南深丈許而無源吁僖公一諸侯能與學養士如此三詠采芹之章而後下其西靈光殿基也破礎斷甃觸目悲凉而

王延壽所謂俯仰顧贍東西周章者今安在哉于子復由
縣城東北行十里許過陶樂村南望修觀蔓延不絕者周
之魯陵也東南五里駱講村井聖考齊國公墓而林廣四
十歆墓前石刻甲辰春二月望五十一世孫元措立石盜
津高翻書講水在林之東北入於泗其南防山也山之峰
東西三禮云合葬於防是也林之北東業路也自西峰而
南謁顏子墓石刻曰先師兗國公大定甲辰三月先聖五
十代孫承直郎曲阜令襲封衍聖公孔總立石太原王錫
書墓前一石傳二尺許兩甲士背附而步一執斧一執金
吾正北有小冢不可考顏氏子孫二房在少東上宋村是
日東南行龍戈山而西由白村歷西魯原達東魯原館房
氏家地多虎狼北曉幸無所苦癸丑穿林鑿而東約六里
許達尼山五峰隱隱在霄漢間而中峰迥出昔之所謂圩
其頂者是也廟廢雖久而規模猶可見其西智源橋也
端南即大成門夾北名即大成殿也其東泗水侯殿其西
沂水侯殿大成之後鄆國夫人殿也其後齋所也西有齊
國魯國之殿齊國之東而南向者毓聖侯殿也大成之東
齊廳也兵餘獨存焉正北中和壑也廟之西南觀川亭
及礫中得一斷石蓋前進土存陽劉睡夾盧辨也或日夾
彊劉惡其鄰便故辨正之夾盧峴在尼山西由亭之東西
旋而下得坤震洞石角戢戢不可入或云廟戶營用吉或
嘗持火曳綆而入比巨數丈忽隙間有光覩一塗卬遺瑪

樹許中積石床石枕皆天成也而不可動今五十年矣以
晉與吉幼而瘠故可入也洞名劉雎之所刻也因涉雩水
過顏母山下觀文德林以草木隙翳廟與聖井無所見尋
舊路復達魯源飯已西南瀕嶠下而出由桑家庄歷蛟山
二十里而近達四基山遇兵士傳正徐州人導至鄒國公
墓墓在廟之東北有泰山孫復碑孔中丞立石其西大塚
七比正墓差小無從考之南有寺曰亞聖寺有碑鎊有古
墓三行四五里過黃注村又十里由石經埠正南少西行
二十里達鄒縣四月甲寅朔飯後出南門二十五里達嶧
山循山之西北絕澗亂石如屋氣而過道者李志端為之
前導復西北行遊大湖懸蹤二洞東南行又燕子嵓僕以
病足與德華嵓下坐待濟若之還晡時子中畫蠶至國詩
且示嶧山圖蠍亂按圖指顧若仙橋之巨石如七真之西軒
下職紀侯之臺城漢相之歲冢一如眼底如玉女峰千佛
若尤號奇絕所至流水修竹雜花名果始若屏面而容稷
數哉遍夕陽下山迤邐由西北而進達於縣之南關造鄒
國公廟奠已入縣復宴於舊館父老請見焉歡飲竟夕乙
卯出西門北行十里八岡山寺訪竹從渡橫橋休於僧寺
之靜室良久出山東北行二十五里達馬鞍山謁孟母墓
北行十五里達趙山北又十里許達於紆城之南登鄒臺
臺東西五十八步縱之叢可見者三是臺與泮宮臺莊公
臺也不知書矣物者何所也北涉雩水由竹徑登浮香亭

亭以博得名少北一石穴茶泉也亦竹溪書而不名總思前輩風度又有足敬也丙辰由阜官佐至以私忌不敢飲丁巳將訪醫相圖會公叔道其子治同諸官佐具酒饌復至不果時公叔抱樂正子之疾戊午從德剛子中登西南角甍望射圃圖在歸德門裏道側積土隱起草中或其所也臺太和四年七月六日故人夢得爲之所築也竊有感於懷夢得元措之字也是夕孔族設祖廟於齊懸已未辭先聖於杏壇之下族長德剛率族人別於歸德門外因詳暨德剛之子立之護至兖州西鳴平讀聖人之書遊聖人之里幸之幸者也然有位者多以事奪而無位者或苦力之不足也況以鄒鑄之西望鄒魯之遠與南北之所謂不相及者何異焉流離頓挫中有今日之遇伯遂既繪爲圖且屬予記之敢以衰朽辭勉强應命將告未知者是歲四月五日

癸丑 二年夏六月以周敦頤程顥程頤張載邵雍司馬光朱熹張栻呂祖謙許衡并從祀孔子廟庭 冬十一月初行科舉以八月郡縣興賢者能者充貢有司次年二月會試京師中選者廷試及第出身有差三歲一開

甲寅 延祐元年冬十一月制官吏坐贓者黥其面 敕議當襲

封衍聖公者以名聞

乙卯二年冬十一月赦蠲逋欠稞稅　詔改中庸精舍爲子思

書院設山長以司訓導

丙辰三年夏六月罷孔思誠以孔思晦爲中議大夫襲封衍聖

公

孔氏以思誠爲支庶請於朝願以孔思晦襲封政府未決帝一日問儒臣曰孔子之裔以世次應襲爵者爲誰元明善以思晦名對帝復取譜牒考之乃罷思誠而以思晦襲封

封孟子父爲邾國公母爲邾國宣獻夫人　詔春秋釋奠孔

子以顏子曾子子思孟子配

是爲四配之始先是宋度宗咸淳三年增升曾子子思御史中丞趙世延言南北祭禮不宜有異當升子思如典故制曰可改列坐兩傍之舊以顏曾思孟爲次皆東坐西鄉

丁巳四年春二月復置義倉　秋七月南臺監察御史段傑疏請修顏子廟

戊午五年春正月置孔子廟雅樂　選擇習古樂樂師教肄生徒供春秋祭祀

己未六年夏六月大水　制三氏學官聽衍聖公遴補　議准三氏子孫學官初本不以常例拘之後來有司不遵優待聖賢之意將聽除人一槩注授遂使學校廢弛已後注用人員必聽衍聖公遴選以為定制

置闕里孔子廟司樂一員　從孔思晦之請也

庚申七年遣說書王存義來祭告孔子牲用太牢　祝文曰惟王天縱至聖集厥大成儀範百王賢於堯舜嗣服伊始歲祀告虔尚冀格思永昌文治以兗國公鄒公配

尚享又祭告顏子文曰惟公德冠諸子具體而微克己爲仁萬世作則嗣服伊始甚祀有嚴尚享帝遣存義時手以香加額授之

辛酉英宗皇帝至治元年春正月辰星太白熒惑塡星聚于奎

三月太白熒惑塡星聚于奎

壬戌二年春正月勅有司邮孔氏子孫貧乏之者　世襲縣尹孔思凱到官

思凱孔淑之子也

癸亥三年春二月熒惑太白塡星聚于胃　三月行助役法

遣使考覈稅籍高下出田若干畝使應役之人更掌之收其歲入以助役費官不得與

冬十一月遣使來以太牢祀孔子

甲子泰定皇帝泰定元年夏六月蝗大水

乙丑 二年春閏正月赦

丙寅 三年夏四月饑　冬十二月赦　子思書院山長孔思逮聚復學田

王思誠記之云鄒之中庸精舍郕沂國公授受故地而爲之者也元貞初邑尹司居敬始之大德間宋尹彰終之宋尹又首率好事者鳩楮幣二萬緡歛於邑大姓收其子以給祭若延師費延祐改元劉尹道遠慮學無田非久長計始割楮幣一萬五百二十三緡買田一百八十五畝七分二年朝廷改爲子思書院設山長以司訓導曹尹彬又割楮幣七千四百二十五緡買田二百九十七畝募民耕佃之歲收其入以廩師生仍刻田之疆畔頭畝於石陰是後山長曹德輝卜習吉文相繼買田十有六券計八頃一十畝有奇泰定丙寅宣聖五十四代孫孔君思本來爲山長課講之暇召典者稽覈學貲若田租之數悉名存實亡率爲豪右之所假貸迫黠民之所逋負即條列其主名復其有司上於襲慶府府移文憲司憲司符知滕州事曹鐸嚴督鄒之官吏立期以徵時監縣帖哥洎尹王思明簿鄭惟良典吏岳圭相與協力辦集未幾追已完君又買田三券計一頃六十有九畝仍改募佃者以革其弊先是春秋祭

沂國公割楮幣三百緡君以爲不足以備庶品乃援孟氏祠鄒國公例比十殺其二請春秋祭割楮幣八百緡朔望禮二百四十緡上於省部從之由是牲幣豐腆儀物畢備又慮其楮緡田畝久將湮昧也乃件其數之大總將勒諸石俾來者有所稽介友人泗水教諭李之質以記來請噫學之有田尚矣洪惟我國朝尊禮先聖先師崇學育才自京師至郡邑莫不有學而學莫不有田皆爲奉祭祀廪師生也況鄒乃聖賢之鄉茲書院又淵源之地苟無田以贍給之可乎良令長既祀繼築臺構室而崇修之賢士大夫復鳩貲買田以廪贍之孔君又滌垢滌弊而更新之作者非一人成者非一日默惟艱哉抑繼自今凡宰邑者以司宋創始之志爲志庠序安有不興者邪職教者以孔君圖終之心爲心貲業安有不殖者邪若乃侵假欺貸並緣爲市又豈望於後人者邪予既爲之記復書此於末俾來者知所警云

丁卯 四年進衍聖公孔思晦嘉議大夫 定捕盜不獲之令

賜顏氏田三十頃以供春秋祭祀 蝗

戊辰 致和元年夏六月大水

己巳文宗天歷二年春二月遣翰林侍講學士曹元用來祭告孔子　夏六月御史孔思迪請籍没者不以其妻妾付人著爲令　旱蝗饑　秋八月建陋巷顔子廟

庚午至順元年夏五月蝗　秋閏七月加孔子父母及顔子曾子子思孟子程顥程頤封爵

加封孔子父爲啓聖王母啓聖王夫人制曰闕里有家系出神明之胄尼山請禱天啓聖人之生聿觀人文敷求往哲維孔氏之有作集羣聖之大成原道統則堯授舜傳及周文王論世家則契至湯下逮正考父其明德也遠矣故生知者出焉有開必先克昌厥後如太極之生天地如鉅海之有本源雲仍旣襲於上公之封考妣宜眎夫素王之爵於戲君子之道考而不謬建而不悖於以敦典而敘倫宗廟之禮愛其所親敬其所尊於以報功而崇德尚篤其慶以相斯文齊國公叔梁紇加封爲啓聖王魯國太夫人顔氏加封爲啓聖王太夫人封顔子兗國復聖公詔曰朕惟孔氏之門入聖人之域顔子一人而已觀其不遷怒不貳過以成復禮之功無伐善無施勞益著爲仁之效蓋將

不日而化矣惜乎天不假之年也朕緬懷哲人留心聖學將大新於風教故特侈於褒嘉於戲用之則行舍之則藏雖潛德一時之不顯吾見其進未見其止願聖言百世而彌彰尚服寵光丕隆文治可加封兖國復聖公封曾子郕國宗聖公制曰朕惟孔氏之道曾氏獨得其宗蓋本於誠身而然也觀其始於三省之功卒聞一貫之道是以友於顔淵而無愧授之思孟而不湮者歟朕恭仰休風景行先哲爰因舊爵祭以新稱於戲聖神繼天立極以來道統之傳遠矣國家化民成俗之效大學之書具焉其相與之修齊兹式彰於褒顯可加封郕國宗聖公封子思沂國述聖公制曰昔曾子得聖之傳而子思克承厥統稽夫中庸之一書實開聖學於千載朕自臨御以來每以嘉惠斯文爲念萬機之暇覽觀載籍至於致中和而天地位萬物育雅留意焉夫爵秩之崇既隆於升配景行之意可後於褒嘉於戲有仲尼作於前孰儷世家之盛得孟子振其後益昌斯道之傳渥命其承茂隆丕緒可加封沂國述聖公封孟子鄒國亞聖公制曰孟子百世之師也方戰國之縱横異端之充塞不有君子孰任斯文觀夫七篇之書惓惓乎致君澤民之心凜凜乎拔本塞源之論黜霸功而行王道距詖行而放淫辭可謂有功聖門追配神禹者矣朕若稽聖學祗服格言乃著新稱以彰渥典於戲誦詩書而尚友緬懷鄒魯之風非仁義則不陳期庶唐虞之治英風千載蔚

有成兆可封為鄒國亞聖公

冬十月降璽書申飭衍聖公孔思晦崇奉孔子廟事　十二月以董仲舒從祀孔子廟位七十子之下　顏子廟成

辛未二年秋七月給衍聖公三品銀印

壬申三年春正月封聖配鄆國夫人亓官氏為大成至聖文宣王夫人

制曰我國家惇典禮以彌文本閨門而成教乃睠素王之廟尚虛元嬪之封有其舉之亦為盛矣大成至聖文宣王妻亓氏來嬪聖室垂於世家籩豆大房自流風于殿寢琴瑟在御存燕樂于鬱堂丁言邈若於遺聞儀範儼乎其合德作爾褘衣之像稱其命服之名噫秩秩彝倫吾欲廣關雎鵲巢之化皇皇文治天其與河圖鳳鳥之祥可特封大成至聖文宣王夫人

二月己巳詔修闕里孔子廟　夏五月封顏子父母及其妻

並賜諡

顏無繇爲杞國公諡文裕齊姜氏杞國夫人諡端獻又封顏子妻宋戴氏兗國夫人諡貞素杞國公制曰朕惟孔子之道大矣學之以復諸聖傳之而得其宗者其惟顏氏乎祟其道而褒封其所自出禮也故列聖以來於孔孟之考妣亦既褒錫之矣朕廸民與學議禮考文爰命有司稽顏氏之先世封之宗國飾以恩惠顧豈私於其家也哉亨祀有嚴永世無極父無繇可贈杞國公諡文裕母齊姜氏追封杞國夫人諡端獻宋戴氏制曰朕惟顏子配食孔聖春秋釋奠爲郡國通祀又有專廟於魯其子孫祠祭宜如孔氏家人之禮爵秩及其配焉顏子妻宋戴氏可追封兗國夫人諡貞素

冬十月敕　衍聖公孔思晦請復尼山祠廟置官不果行

改給衍聖公印章

癸酉順帝元統元年春三月衍聖公孔思晦卒諡文肅詳世家

命造孔子廟祭器　冬十二月以籍没墨官産之在鄆境者畀衍聖公其家奴令世服役爲灑掃戸　世襲縣尹孔克欽到官

克欽思誠之子也

甲戌二年立勅賜孔廟田宅碑

歐陽元撰記云元統元年十二月二十五日御史中丞臣亦憐眞班臣祖常治書侍御史臣普化言於上曰臣等及御史大夫臣脱别台臣唐其勢議江南行臺按問江西僉憲任忙古台以墨坐没入其私田八頃八十九畝屋二十有七間家奴若干人在鄆境者實逼曲阜孔子林廟方今聖天子師孔子設經筵崇儒術我御史臺以興學宣化爲職事顧孔廟歲入視前代猶儉春秋釋奠師生廪餼時或不給請以今没入産畀孔氏襲封世業之其家奴俾籍於有司居所没入居田所没入田世服役孔氏爲灑掃戸而輸其租制可明日臣唐其勢又自率其同列臣亦憐眞班臣祖常臣普化等導意於内侍臣禿滿迭爾以啓皇太后於宫中由諭旨曰善一如皇帝制行之於是所司以産歸

孔氏明年孔氏具牘來屬元文諸石仰惟皇元初得宋金郡邑校官田産無筭悉以供其祭祀食其師生繕修其廟學其校官無田則以縣官緡錢充其用無禁有司不奉命則御史部使者察之其爲尊崇孔聖之道非獨今日蓋嘗考之鄆人書社七百里之事有無不必知尼谿之田齊遂以封一變而止魯哉此於世道有關聖人無與也今上富於春秋政事參決東朝居今之臣能言附益孔氏者皆引君當道之事也臺臣首陳經筵夾表儒術豈有他哉兩宮俞音聖志一揆兆足行矣漢初六經甫脫嬴難高祖過魯之祠天下駸駸然望斯文之治史乃稱文景不右儒術以竇后故咎豈在是哉灌絳東陽侯之屬有一人者如今臺臣謀豈必金石絲竹之音作而後不壞孔子宅以書還孔氏邪漢之諸臣功烈卑矣元故著之使來者知臺臣之意在是是議也侍御史臣朶列搉治書侍御史臣纍咸依成之奏之日經歷臣禿滿都事臣臣張○○臣李○○實從元統二年○月中順大夫簽太常禮儀院事臣歐陽元拜手稽首謹記○時沛縣學田為豪民所占衍聖公理而復之又墾闕宋元時所給尼山學田荒地一頃五十畝歲入粟四十八石以贍師生其後陸續開墾至明時始復二十頃舊額

夏四月孔子廟興工　大水　饑　六月甲子遣中書省椽

鄧昌來以太牢祭告顔子

文曰惟公孔門高弟禹稷其徒一瓢陋巷樂與衆殊具體而微達入聖域今也則亡斯文何式歆兹微禮伏惟尚饗

詔割益都鄒縣牧地三十五頃征其歲入以供顔子廟祀

冬十月赦免今年民租之半　十二月詔整治學校

乙亥至元元年夏五月遣修撰王思誠來祭告孔子

思誠撰記云聖天子嗣登大寶當至元乙亥之初令翰林臣思誠奉祀文函香詣曲阜以太牢代祀孔子廟從集賢請遵舊典也思誠將命以閏十二月壬辰抵兗州豫勅有司蠲日庀事丁未濟寧路守土臣張仲仁兗州判劉彬暨曲阜縣尹宣聖五十五代孫克欽孔顔孟三氏子孫教授趙惟賢率聖族清道肅儀朝服郊御魯諸生儒服前導齊於祀所翼日質明恪行祀事思誠若仲仁若彬咸服法服攝三獻官克欽若惟賢等咸服朝服司分奠諸生駿奔走各虔乃職牲腯酒洌禮備樂龢祝史致詞洋洋乎神明之格而歆也端事之旦大享神餕於燕申堂聖族陪位與祭者咸在少長齒坐迭起行酒其敘秩如庖翟均隸亦既醉飽其樂衎衎如燕畢仲仁等請曰代祀有記所以紀昭代之

盛典不可闕也竊惟自漢以來崇奉先聖至我朝而極盛加號大成改封聖考爲啓聖王聖妣若聖妻並爲王夫人遣使奉送制命於闕里祭以太牢其禮隆矣太皇太后尋亦遣使奉香幣致祭並刻諸石炳茲盛禮可無紀乎思誠謹述其事之本末系以詩其詩曰有聖皇元奄有萬方列聖相承文教誕揚皇明嗣服繼敘不忘眷言曲阜素王之鄉爰命詞臣冊祝函薌載臨闕里爛其煌煌涓辰蕆事惟吉惟良牲牢肥腯黍稷芬芳禮備樂龢神人悅康於赫尼父軌範百王允廸允劉宗社隆昌或巽或背九有以亡穆穆天子茲率厥常盛禮斯舉敬誠是將既欽既敷惠澤其滂矣詩頌美

億載休光

冬十一月罷科舉　赦

丙子二年秋七月立上都孔子廟碑　改塑杞國公像爲九章之服復置尼山書院以彭璠爲山長

丁丑三年春二月禁軍器有馬者拘入官　秋七月勅作養學校

勅曰孔子之道垂憲萬世曲阜林廟上都大都諸路府州縣邑學校書院照依世祖皇帝皇旨諸路官員毋得於內安下軍馬或緊集理詞訟褻瀆飲燕工作收藏官物其學田貢生莊錢糧以供春秋二丁朔望祭祀及師生廩膳毋得侵奪貧寒老病之士爲衆所尊者月支米糧優恤養贍廟宇損壞隨即完修本路總管府提舉儒學肅政廉訪司作養後進嚴加訓誨講習道藝務要成材若德行文學超出時輩者有司保舉以備選用儒人有恃此非理妄行者國有常憲亦不汝宥

戊寅 四年秋八月尼山書院成

虞集爲之記云尼山去曲阜東南六十里今屬滕州鄒縣在滕北百里鄒東六十里其山五峰列峙中峰則所爲尼邱啓聖王夫人顏氏所禱而生聖人者也山皆石其巔多蒼栢諸小木皆巨葉霜露既降絢如渥丹升降各途升之谷草木之葉皆上起降之谷草木之葉皆下垂無或交戾反刺者其東崖有洞曰坤靈之洞中有夫子石像水與顏母山對其北則防山夫子合葬其父母處也今書院在其中前有智源之溪後有中和之壑往昔奉尼山之神而祠日毓聖侯其左有夫子之宮焉故宋慶歷癸未孔子四十六代孫襲文宣公知兗州仙源縣宗愿作新宮廟有殿有

寢有講堂有學舍有祭田自是歷宋金至於今葢三百餘年矣宮不知何年廢我國家奄有中夏尚崇孔子之道歲月浸久典禮斯備至順三年歲壬申五十四代孫襲封衍聖公思晦用林廟管勾簡實理言請復尼山祠廟置官師奉祠薦彭璠可用事聞中書送禮部議奎章閣大學士康理公巙巙時爲尚書力言其事當行議上至元二年丙子中書左丞王公懋德率同列致政者白丞相置尼山書院以璠爲山長三年六月至官叅舍山中罄竭私槖具羊豕爲酒告山之神召近鄉父老受神賜告以興廢之故明日鄉父老各以其人至遂除荊棘徹瓦礫得殿及門之故基諸舍之所在次第而見將告諸郡縣而經營之山東東西道肅政廉訪司寧夏楊公文言訥行部率其吏翟廸趙士恒郭敏趙茲山留璠舍一日顧瞻徘徊以其事爲已任命同知滕州事郝寶實閭領之首出俸以爲之先而監州李彦博鄒縣尹張士謙與郡邑之官屬暨宗子孔克堅龔曲阜令克欽宗族子孫凡齊魯之境賢鄉大夫士民之好事者出錢而勸成之擇木於山陶鼙於野儲儆致遠牽車牛服力役連吟載途飲餉相望役大而民不知勞又得古殿遺構之成材於魯之故家尤稱巨麗不數月而大殿成殿門成毓聖侯之祠成學宮在廟之西倣國子監制也作觀川亭於坤靈洞之上相傳夫子之在川上葢在此云繼以塑繪聖賢之像成樂器祭器以夊第成置子弟員以凡民

之子弟俊秀者充之胄復其身役乃以明年之上丁用古
年致祠告成禮其物可謂敏矣夫朝廷議定於上部使者
有司宣力於下以克有成聖明在上文運宣通於斯可徵
焉嗚乎古初開物[illegible]作茲山太和絪緼元氣融結流形降
神篤生夫子以立三極位天地育萬物與日月四時貫通
於無窮若夫徂徠龜蒙至於岱不雨靈風霆往作來復前
聽後際邈然高深詎可測哉運會有恭聿興新宇不日而
成豈偶然與瑠也溍以學官從事於茲日可謂榮矣集老
且病舊學荒落僅克識其梗槩如此若夫播為聲詩歌頌
功德式薦明廷勒之金石則有待於當今儒學之君子焉
哉

己卯五年秋八月遣中奉大夫孔思立來祭告孔子

文曰伏以列聖右文宮廟既葺立言成績貞石著辭奇祭
承休作我司憲俾致嘉告以辭無[illegible]薦以香酒大牢粢盛
制幣式陳明薦

立修孔子廟碑

歐陽元為碑文云今皇帝臨御之七年歲在己卯春三月
戊辰御史大夫臣別兒怯不花臣脫脫等言天歷二年十月

月文宗皇帝在御奎章閣學士院臣沙剌班等列奏曲阜宣聖廟自漢唐宋金凡有褒廢必奉勅纂修功成則勒之石衍聖公以舊廟將壞飭書奉圖屬學士院以聞時文宗覽圖論旨省臣趣修之事竣則立碑以昭方來今新廟既完而成續未紀權無以稱塞先詔御史章上臣等簽議請勅翰林侍講學士臣元爲文奎章閣學士院大學士臣巙巙爲書前侍御史臣起巖爲篆以臺備中統褚幣二萬五千緡爲立石之費制皆允乃命宣聖五十四代孫御史思立傳勅臣元俾書其事元拜手稽首言曰天佑下民作之君作之師昔者伏羲神農黃帝堯舜禹湯文武數聖人者作君師之道備於一人用能左右上帝克綏厥猷吾夫子出天獨畀以師道凡天敎天秩天命天討之事夫子刪詩定書贊易道修春秋而品節之以爲百王法於後世儀封人曰天將以夫子爲木鐸子貢曰固天縱之將聖夫子自論斯文之任上以屬於天下以屬於已使得位設教即前數聖人所爲繼天立極者也是故天欲興一代之治則吾夫子之道必大昭明於時歷千萬世如出一轍皇元龍興朔方太祖皇帝聖哲天授經營四方太宗皇帝平金初年歲在丁酉首詔孔元措襲封衍聖公復孔顏孟三氏子孫世世無所與增給廟戶皆復其家是歲歷日銀諸路以其半益都東平以其全給修宣聖廟尋詔元措括金人禮樂宮師及前代典冊辭章鐘磬等器以數來上仍命

於曲阜闕習禮樂以備時用又詔諸路設學遣官分道程試儒業世祖皇帝初在藩邸多士景從及其即位大召名儒廣開庠序命御史臺以勉勵學官國子監以訓誨胄子大司農以興舉社學興文署以板行海內書籍提舉教授以主領外路儒生宿衛子弟成遣入學輔弼大臣居多俊乂內廷獻納能明夫子之道者言必稱吉在位三十五年之間取士之法興學之條目討論之規模益弘遠矣裕宗皇帝時在東宮贊成崇儒之美成宗皇帝克繩祖武銳意文治踐祚之初詔曰孔子之道垂憲萬世有國家者所當崇奉既而新作國學增廣黌舍數百區胄子教養之法始備武宗皇帝增興制作加號孔子爲大成至聖文宣王遣使闕里祀以太牢仁宗皇帝述世祖之事丕烈聖之規尊五經黜百家登崇俊良以張治具我朝用儒於斯爲盛英宗皇帝鋪張鉅典廓開彌文明宗皇帝凝情經史愛禮儒士文宗皇帝緝熙聖學加號宣聖皇考爲啓聖王皇妣爲啓聖王夫人改鑄衍聖公三品印章賜山東鹽一轉運司課及江西浙江兩省學田歲入中統楮幣三十一萬四千四百緡畀濟寧路俾修曲阜廟庭文宗賓天太皇太后有旨董其成功今上皇帝入繼丕圖儒學之詔方頒闕里之役鼎盛山東憲司洎濟寧總管張仲仁曲阜縣尹孔克欽莅事共恪以元統二年四月十一日鳩工至元二年十月初吉落成宮室之壯以寧神樓樓閣之崇以處賓訓周垣

繚廡重門層觀丹碧熙至制侔王居申命詞臣揚厲丕績
於是內聖外王之道君治師教之誼大備於今時猗歟盛
哉皇元有國百餘年以來禧修宣聖廟者再丁酉之初以
開同文之運天歷之際以彰承平之風東肓出日西踰皃
崙南盡火維北際水天聖道王化廣大悠久相爲無窮端
本實在茲矣臣元奉命撰述有詔御史思立奉祝幣牲齊
馳驛往祭告厥成功臣元既序蕆末請系以詩詞日厥初
生民佺侗穎蒙三五繼作大道爲公風氣日開民習日滴
道統絕續孰綱孰維少昊之墟東魯之土挺生聖人以淑
萬古聖人既生代天以言立我民極與天並存惟皇建極
尊用其道百王軌範於以順考三光以全寒暑以平俊民
用章時乃逐衡天子垂拱大臣承弼體信達順鳳麟塒由
皇元之興厚集大命太宗興文首法元聖世祖龍飛髦士
屬心恢弘文治濬發德音世及三紀仁漸義摩建學立師
善人用多溫文裕宗祗荷詒燕成廟崇儒廸若天顯武皇
英殺入繼離明載崇徽號玉振金聲濬哲仁皇文德繼世
誕揚祖訓籲俊尊帝斐及英宗禮樂孔殷穆穆明考蓄德
懿問文宗纘緒聖聖克肖乃開奎府乃飭孔廟今上嗣位
丕式大猷勒石新廟宏賁鴻休新廟奕奕泰山具瞻衡統
紘縱袞衣襜襜維宋維金遺刻具在於赫我元冠冕百代
我元聲教極彼堪與贊舍萬里誦詩讀書惟茲曲阜斯道
之壺如水有源如木有本皇鑒在上執我道樞相我熙朝

跡氏唐虞聽言臺臣纖悉風紀昭宣齊謨是用
歸美聖道王化如因襲矣儒臣謹歌頌鐫諸碑

立顏子廟碑

歐陽元爲之記云曲阜孔廟東北三百餘步有地曰陋巷顏子故宅在焉皇元元貞間有司於地濬井得顏樂亭故址以表揭理大德末舊廟寢壞江南行臺監察御史良保建言顏廟繼修官當供億其費中書是其議移濟寧路徙廟於故宅以官儲中統楮幣四萬餘緡爲攤計其用不給則又益以六千緡檄兖州長貳督治之以泰定三年八月鳩工正廟爲楹六東西室爲楹各四二代從大夫歆三代傳大夫儉咸具祠事南爲神門門之前是爲顏樂亭猶以爲監乃郎亭爲門門之前爲井齋舍神廚具以序設廟之墉南北長百餘步東西廣八十餘步崇墉言言古檜沃若丹雘煥然至順元年冬十一月迄落成自舊廟遷象居焉先是有詔增封兖國復聖之號元統二年又改封考曲阜侯爲杞國公謚文裕追封妣齊姜氏爲杞國夫人謚端獻夫人戴氏兖國夫人謚貞素又割益都鄒縣牧地三十五頃征其歲入以給常祀罍廟成特賜之碑於是褒崇之祀大備於聖朝蓋歷代之所未有也臣元嘗紬繹父師之說三五盛時宇宙正氣生聖間氣生賢其生也聽則睿智富貴福澤萃於其身故出而任君師之責居輔相之位雖

鍾既東光嶽氣分聖賢之生斯時若孔子之不得位顏子之不得年君子於此可以觀氣化之盛衰焉故孟子於其篇終歷敘堯舜禹皋陶湯伊尹萊朱文王太公望散宜生至於孔子見知聞知之盛推前側後則孔子之世顏子宜在見而知之之列何爲其不及也蓋知之爲言非獨指道統也學人神化致用之妙所謂化而裁之謂之變推而行之謂之通舉而措之天下之民謂之事業者在乎其中矣孔子既不得位以行其道則顏子不得見其推行之效孟子不得聞其舉措之方爾言無有乎爾者孟子因以嘆已之不過雖然此非聖賢之不幸乃當世之不幸也抑天不使之幸當世而使之幸爲世爲斯道之用凡載於易詩書春秋禮樂之書萬世之下爲君爲民有志於斯皆可以與起於闕見之表是斯世斯民無一日而不被其澤也是以功不在前數聖賢之下而祀事之滋亦非前數聖賢之所可及者歟新安朱氏熹釋此章援子貢之言文武之道未墜於地在人賢者識其大者不賢者識其小者淵乎吉哉銘曰維天承地維月遵日補顏學孔兼世同出天地貞觀日月貞明孔顏之道維一之貞用舍行藏同有其有四代禮樂見諸授受不僭不違退省不愚生期助我沒歟哉子長匪之難盡卒猶父推在之從逝將千古曲阜道嫁孔廟奕奕闕巷新廟惟顏故宅於赫我元冷賴百世祭顏考址爾及其靈會縣洋洋式爾將樂哉爾之專或尚之盛舊甚

不敢昔泥今測玉函則及受漸不斷臣
元作詩告嶽成功衛之貞不以術譽聲

庚辰六年秋七月遣修撰周伯琦來釋奠孔子廟

伯琦記之云皇帝總攬綱維文治任賢使能發政施仁率由成憲乃至元六年青龍庚辰夏五月幸上都百官分署以從七月庚申太師中書右丞相監修國史知經筵事臣馬扎兒台中書平章政事知經筵事臣孛羅臣汪家奴臣沙剌班中書參知政事知經筵事臣阿魯參議中書省事兼經筵參贊官臣孛羅臣何延蘭中書左司員外郎兼經筵參贊官臣帖良哈台左司都事兼經筵參贊官臣鑾于臣孔思立右司都事兼經筵參贊官臣鑾于等奏言曲阜林廟宣聖所生之地非他廟學比今遣翰林修撰臣周伯琦馳驛奉香酒釋奠仲秋上丁甚稱崇報之意臣等謹以聞制可越四日癸亥上御龍光殿太府進香上手致敬大官出上尊四伯琦欽承以行八日乙酉至曲阜縣明日奉香酒至宣聖廟又明日丁亥祀用太牢奏大成樂行三獻遣伯琦初獻同知濟寧路事衆家奴亞獻兗州知州馬從義終獻皆冠進賢冠服法服時宣聖五十五代孫曲阜縣尹克欽主祀事適秋亢旱省牲之夕陰陽四合甘澤沛若將事之晨天氣清朗月星明爛籩豆列禮備樂和祝宮致告執事具虞薦祼興俯悉中儀式峻事合孔顏孟三氏

宗族師弟子員暨耕邑官僚燕於東室咸北面載拜序飲上尊酒盡歡而罷竊惟吾夫子之道悠久無疆與天地同大日月並明故覆載無所不至照臨無所不及雖生不逢辰用不得位然明六藝作春秋以傳道統以建人極使彝倫敘品物亨政教明千萬世如一日者蓋自生民以來未有能備之者矣是故有國有家者必以建學立師爲先大用其道則大治小用其道則小康具在方策纂然可考惟闕里爲聖人鄉國光嶽之靈沖和攸萃廟貌林墓在焉宗姓支裔守焉歷代報德報功之慎且重也宜矣皇元自受命以來廣賚金崇教育世封其大宗爲衍聖公以奉祀事世任其小宗爲曲阜尹以治其地以守廟戶復其家世祖成宗重捌廟宮武宗加大成之廟以來即位必遣使祭告厚有賜頒今上皇帝踐祚八年之中凡四遣使始命文臣以即位告又命五十四代孫監祭御史思立致祭以樹碑告且頒中統鈔二萬五千貫爲樹碑費而去年春及今年欽又兩致香酒釋奠上丁其欽崇美報之典於斯爲盛洙泗之間歲承天寵薄海內外咸知所向夫子之道大用於今日聖君賢相都俞吁咈登三邁五黎民於變時雍顧不在茲乎猗歟際哉循琦弱冠嘗侍先君謁拜二十有三年矣乃今獲奉德音遹縣盛典何幸如之謹識其歲月勒刻諸廟門之西

冬十一月孔克堅襲封衍聖公　賜山東歷日錢之半修飾

廟像勒碑紀績

從孔克堅之請也給錢爲費復令監察御史

孔思立持楮幣二萬五千緡立碑以紀成績

十二月詔復行科舉

辛巳至正元年冬山東兵起

强盗縱横至

三百餘處

大飢

壬午二年遷縣治

初世尹孔元用卽居第爲署後遷於三皇廟今世尹克欽

復遷之建正廳五間後廳三間正廳南爲戒石樓樓南有

儀門門南有鼓樓樓內有囹圄六間管吏廚庫無

不畢具署東北二十步有端木堂以館部使者

冬十月遣集賢直學士郭孝基來祭孔子

孝基以十二月丁巳奉香酒致祭曰惟王宗主名教表正彝倫並日月明同天地仁書萬古之夜人四海之民惟中國之爲中國實有賴於斯文欽惟皇上念闕里爲毓聖之地故特祭遣一介之臣香承手錫酒分上尊惟中書欽若休明用敬助相禮之錢緡牲牢既設簠簋斯陳神之格思歆此明禋以兗國復聖公郕國宗聖公沂國述聖公鄒國亞聖公配按歷代遣官祭告闕里皆欽頒祭文獨此使官自致辭非故事也孝基有記見闕里志

十一月鄒尹鄧彥禮重修子思書院

潘廸爲之記云宣聖五十三代孫子思書院山長渙持前國子生今嘉議大夫襲封衍聖公克堅書謁曩在膠庠獲親函丈比者有司新崇吾三葉祖沂國公廟煥然一新鞴䋈其事匪鉅筆恐弗稱敢再拜請廸固不肖然艾以儒業長以儒行老以儒師孔氏徒也矧衍聖昔嘗執經成均安敢以不敏辭謹按渙狀鄒邑郭南之巽隅耆宿傳疑爲沂國之故地或云邑東隙地乃子思講堂故基即孟子幼被母訓三徙其側就學遺址元貞改元鄒尹司居敬即其址構堂四楹曰中庸精舍扁以淵源中肖思孟燕居授受容春秋朔望祀之大德間宋尹彰因攟爲書院請額設官朝廷允之許立子思書院置山長一員職視大庠校官然地卑堂隘前弗盈再筵復瀕因利溝歲秋屢厄於水沮洳弗

能垣分憲按治至鄉瞻謁臨每命攸槃有司御學宮士
循迄今東昌鄧彥禮由集賢掾來尹是邑以興學饋士
急乃爲言儒曰夫子之道微公其孰承孟子之學微公孰
孰啟三綱五常萬世弗紊公之德也率性修道首原天命
公之功也前代爵以上公華朝猶以爲未稱爰加美號厥
蘊厥實蓋不如是豈足以報德報功乎今祀遺像於頤字
其爲弗欽莫大焉實尹與鄉之諸儒責盡厥築是圖象已
尹有是志孰不悅從遂東舊堂十步官校官屬事南其地
爽塏觀故基崇五尺許尹乃首捐俸金大崇新廟葺工成
基採石爲垣尹既倡首士民樂施者或輸幣帛或給薪粟
藝者獻技力者校功凡木石瓴甓與夫工傭之職直估加
於時而人莫不競售爭趨惟恐後每溫言役民民忘厥勞
間有惰功弗忍刑而人莫不惡服其爲廟三間一簷四阿東
西廣爲尺者二十有八南北深爲尺者二十有一崇殺深
有加賁以丹碧輪奐炳燿中位沂國公以正南面餘席左
侍鄒國亞聖公端冕正笏儼然若生又建神門爲櫺星西
翊與殿稱外樹櫺星以壯神宮宮墻之東南堅築堤防夾
左以步記者六十有奇其廣六之一崇三尺五寸植柳以
衛其岸自是泉水患息西起甬道六百步達邑之南門通
衢夏秋潦水民不病涉凡書院齋舍庖廚府藏頹圮弗支
者悉撤而新之以正堂爲講所翼東西爲左右齋以故亭
堂洎兩齋館校官大集弟子肆業其中是役也經始於至

正三年八月朔落成於是年十有一月望甫及十旬大役迄工若匪鄧尹尊師重道廢寢忘食留意於斯奚克致此況其廉正有守朴實無華爲政而能急於所先以儒務屈俗之儀其過人遠矣苟不紀諸琬琰何以見書院興建顛末旌我賢尹拳拳是役之心乎廸既諸衍聖之請而又嘉山長克紹祖風鄧尹能密其藏可以遠所聞以爲鄉人告嗚呼思孟距今殆將二千年矣遺址所在或湮或遷雖弗可必要之不出於鄒鄒人因遺跡而思其人思其人而慕其道孰而祀之又請立學設官以淑其子弟豈非時雖有古今而道之在人心者初無古今邪道無古今敢以思孟之所以爲思孟者期於鄒人之子弟可乎近代立四大書院如白鹿嶽麓嵩陽睢陽者本欲講明道義使之通諸志有諸身從其末流率皆徇乎俗學發策決科爲業殆失立書院之始計故先儒記之者每寓其議惟我聖朝各處書院設置最廣若從祀十儒濂溪橫渠等以正學開恭家留無可疑如海津之類莫不談例設官辦增廣學校之美作樂然親是書院蓋不同科矣剏吾夫子之道如大明中天其世攸仰子思子實得其家學而孟子又得其傳觀中庸乙于書則其道統紹前聖啟後學之功豈廸妄議所能軒拓哉學者苟能自下學之事黽勉弗怠以造上達之域則白戒懼慎獨以至於位育自盡心知性以至於知天不外畢矣學者必欲抑其詳自有大賢之全書在又何俟廸言才

贊今以往大夫士暨鄒之諸生入斯院陟斯殿觀感思孟師弟授受之容不惟有以興起其良心亦知鄒尹能副聖朝褒崇之意以慰輿羣之心矣溟居師席丕隆祖業能罄厥蘊以淑諸生安知異日無傳道之人復見於傳道之邑乎若夫銜文藻志功名恐非廸之所冀衍聖能知愚志不遠數百里以斯文見屬是皆宜書

甲申四年春正月定守令黜陟之法

六事備者升一等四事備者減一資三事備者平遷六事俱不備者降一等

冬十月令民得納粟補官

丙戌六年春二月地震

丁亥七年春二月地震有聲如雷　夏大旱六月雨

春夏之交大旱縣尹禱雨雨隨降麥有秋未幾復旱自四月不雨至於六月苗盡槁尹率僚屬虔禱五晝夜雲起艮維俄白鶴數十翔鳴雲際而去

天大雷電雨連日歲則大熟

戊子八年夏四月立加封啓聖王碑

命中書左丞相呂思誠爲文云維至正八年四月上在輿聖宮御宣文閣中書右丞相臣朶兒只等入奏曰孔子父叔梁紇加封啓聖王未有刊進昭示久遠請以中書左丞相臣呂思誠爲文出中統鈔五千貫下襲封府具攻石之用制若曰可臣思誠承命惶懼大恐弗任乃拜首颺言曰惟我國家崇重聖德昭宣聖道與王化合并太祖皇帝肇基洪業太宗皇帝在潛行釋奠禮祀孔子於日月山世祖龍飛車書混一自上都大都天下郡邑立廟學曲邑林廟尤加修崇於是定襲封之嗣除孔氏一人尹曲阜縣恩至渥也成宗皇帝廟於國子監武宗皇帝加諡大成至聖文宣王仁宗皇帝詔立碑天歷初制加封啓聖王顔氏曰啓聖王夫人曠典也今襲封衍聖公克堅既進官中奉大夫階二品換印章用銀爲啓聖王碑得請聖眷隆厚曷以報稱臣謹按春秋公羊氏穀梁氏依經書孔子生左氏隨經書孔子卒史記作殷本紀帝嚳妃簡狄生契十三遷而至天乙始有天下是爲成湯書契者原其初也微子開國亦曰帝乙之長子明其本也孔子世家曰其先宋人曰防叔生伯夏言有承也又書鯉以下直至漢時復列傳諸弟子七十二人宋儒邵雍曰天子以四海爲家孔子以萬世爲家殆以是夫惟文公朱熹删定世家序論語前曰魯襄公二十二年冬十一月庚子父叔梁紇母顔氏生孔子於魯昌平鄉陬邑又曰孔子生鯉字伯魚鯉生伋字子思作中

庸厥有旨哉夫惟元鳥之降玉筐之覆金行起運汁光垂
精爲五百年之昌期千萬世之嘉會者實由天生顔淵曰
仰之彌高鑽之彌堅瞻之在前忽焉在後子貢曰立之斯
立道之斯行綏之斯來動之斯和其生也榮其死也哀子
思曰仲尼祖述堯舜憲章文武上律天時下襲水土孟軻
氏曰自生民以來未有盛於孔子者也賢於堯舜遠矣太
史公曰自天子王侯言六藝者折衷於夫子可謂至聖矣
揚雄曰天之道不在仲尼乎王文中子曰大哉乎君君臣
臣父父子子兄兄弟弟夫夫婦婦夫子之力也其與太極
合德神道並行乎韓愈曰社稷以功夫子以德程子謂賢
於堯舜者以事功蓋金聲玉振集羣聖之大成實由天縱
若夫尼山請禱精誠昭揭而其表相殊異曰似堯曰似舜
曰似子產曰河目海口黃帝之形貌也曰修肱而龜背成
湯之容體也惟此身體髮膚之所從毓靈誕聖之所自不
在茲乎漢時聖舅顔氏居魯親里聖妃亓官氏居安樂里
復其繇發宋時有齊國公之封又有魯國太夫人鄆國夫
人之號其爵邑又若不因夫子者今茲峻其徽章名與情
稱百世不能改也於戲盛哉伏惟聖人人倫之至也繫周
易刪詩書定禮樂垂憲萬世師表百王者蔑有加矣獨於
春秋曰志在焉孝經曰行在焉春秋天子之事也三綱九
法望於周也故曰如有用我者吾其爲東周乎孝經開五
孝之用自天子至於庶人各有始終其曰至德要道其曰

天經地義其尊親之心顯親之念曾子所謂一貫孟子所
謂一本也不然是謂悖德悖禮矣洪惟今上皇帝接太祖
皇帝世祖皇帝之聖緒嗣守列聖以來之成規聖治之敷
孝治之洽所謂通於神明光於四海者於春秋孝經有嘉
焉碑之闕里光昭休列於無窮若江漢之濯秋陽之暴皜
皜乎不可尚已臣思誠頓首誠惶誠恐復獻頌曰於鑠皇
元赫赫明明龠闢乾坤資始資生太祖肇基風霆流行世
祖混一覆載生成列聖嗣服時靡有爭今上繼緒品式法
程聖治丕顯孝治丕平嘉崇孔子縟典鴻名尼山有禱汁
光垂精表相之異至道之凝曰惟天縱玉振金聲孰與道
生本立枝承王爵之崇啓聖之榮義符於情名與實徵五
父之殯綏乎其行防墓之崩泣然涕零志在春秋行在孝
經愛親敬長春秋權衡尊親顯親五孝重輕今茲有茲誕
聖毓靈子孫有衍是服是膺尼山崢嶸泗水不盈蔚彼孔
林卓彼魯庭有豐斯碑光昭日星同我
父子無忝所生闡我皇風四海永清

晉衍聖公秩中奉大夫增二品銀印

帝幸太學中書謂衍聖公
爵與階不稱故有是命

秋七月遣授經郎董立奉香酒乾羊來祭孔子廟

帝手香加額致敬久之
以授見畫立代祀記

庚寅　十年夏四月赦　更鈔法
以中統交鈔一貫省權銅一千文准至元鈔二貫仍鑄至
元通寳鈔與歷代銅錢並用以實鈔法至元鈔通行如故
令民間通用行之未久物價騰湧至逾十倍及兵
興所在郡縣皆以物價相貿公私所積者皆不行

重修景靈宫成
周伯琦撰碑
記見金石志

辛卯　十一年冬十一月有星孛于奎婁胃

壬辰　十二年命完城郭築隄防

癸巳　十三年春正月熒惑太白辰星聚于奎　夏六月赦

甲午　十四年世襲縣尹孔克昌到官　鄒縣達魯花赤馬哈麻
增塑顔曾思孟四子像

危素爲記云今皇帝至元三年重建尼山書院奎章閣侍書大學士虞公集實記之未及大完而山長彭璠卒後十有七年鄒縣達魯花赤馬哈麻君增塑顔曾思孟四公像配享殿中邑士趙守寛李之質因其同里陝西等處行中書省左右司郎中張君思政來京師屬素爲之述按顔子之侑坐肇於唐太宗貞觀二年冬尚書左僕射房玄齡國子博士朱子奢之所建議也宋神宗元豐七年夏復定孟子侑坐禮部郎中林希之所奏請也度宗咸淳三年春增升曾子子思逮我朝混一四海且四十年延祐二年仁宗皇帝在位崇學右文御史中丞趙公世延始言南北祭禮不宜有異當升曾思如典故制曰可先是四公列坐兩傍禮部以爲翼承道統述明聖經作則萬世以立人極論德定名列次配侑東坐西嚮於禮爲稱至順二年進封顔爲復聖公曾爲宗聖公思爲述聖公孟爲亞聖公仍命詞臣爲制書一代之典可謂備矣馬哈麻君作邑於聖賢之邦欽承上意克修墜典其爲政知所先後從可知矣禮曰有其舉之莫敢廢也君其知禮者哉雖然君之爲是舉蓋有難者方盗據徐方力抗王師鄒之爲縣密爾斯境朝廷憂其供給之繁增設邑長以君才敏而擢用之軍旅繹騷君應答靡有凝滯將士咸悅及徐平撫按疲甿飛芻輓粟徭役平允當此之時又能汲汲焉以興學明教爲務是以爲之難也今年春君以仲丁歲祀致齋之夕夢升禮殿瞻望

師行事之際乃悵觀亭未備憫然久之首出俸貲爲倡僚吏士民相率來助邑士張敬祖主其出納會未數月而工告畢四公德容藹溫觀者肅敬蓋啓聖王與夫人顏氏壽於是山神秀所鍾篤生聖哲繼天立極萬世承賴所以紹斯道之傳發微言之秘四公之功終古如一日矣書院之諸生尙考求於方策非四公之學不敢學他邑大夫之望於諸生者庶其在此可不勉哉

乙未 十五年冬十月以衍聖公孔克堅同知太常禮儀院事以其子希學襲爵

平章政事達世帖木兒薦克堅明習禮樂故徵之

冬十二月赦 以孔克堅攝太常卿

帝親郊故有是命御史大夫雪雪言克堅宜侍從升中臺侍御史辭歸

丙申 十六年春二月遣集賢直學士楊俊民來祭告孔子葺廟宇 以孔克堅爲山東道肅政廉訪司辭不拜復起爲集賢

直學士　世襲縣尹孔希大到官 希大克欽之子也

丁酉 十七年春正月團結義兵　夏五月免今年租稅之半

戊戌 十八年夏地裂　大飢疫　廷議棄燕遷關中孔克堅奏止之

己亥 十九年夏五月大雪　遷孔克堅禮部尚書知貢舉 時四方士多避亂京師克堅請設流寓科以取之

冬擢孔克堅陝西行臺侍御史

辛丑 二十一年孔克堅自劾歸 李思齊及察罕帖木兒軍相攻隴蜀間朝廷不能制陝西行省丞相帖里帖木兒納思齊降將命張良弼罪之克堅與中丞袁渙言二軍不解從塞元者非其力不足以無名為辭納其叛人而出兵[illegible][illegible]遂[illegible][illegible][illegible]不若袁渙劾

去克堅亦自幼承蔭歸月錄
二軍果攻良弼奉元附

壬寅二十二年除孔克堅國子祭酒謝病不赴
後起集賢直學士又以
爲山東廉訪使皆不拜

癸卯二十三年春二月皇太子遣樞密院經歷魏元禮來祭孔子廟
元禮有代祀
記見闕里志

赤氣千里 世襲縣尹孔希章到官
希章希
大之弟

丁未二十七年冬十一月明兵徇山東郡縣皆下之縣歸於明

曲阜縣志卷之二十七終

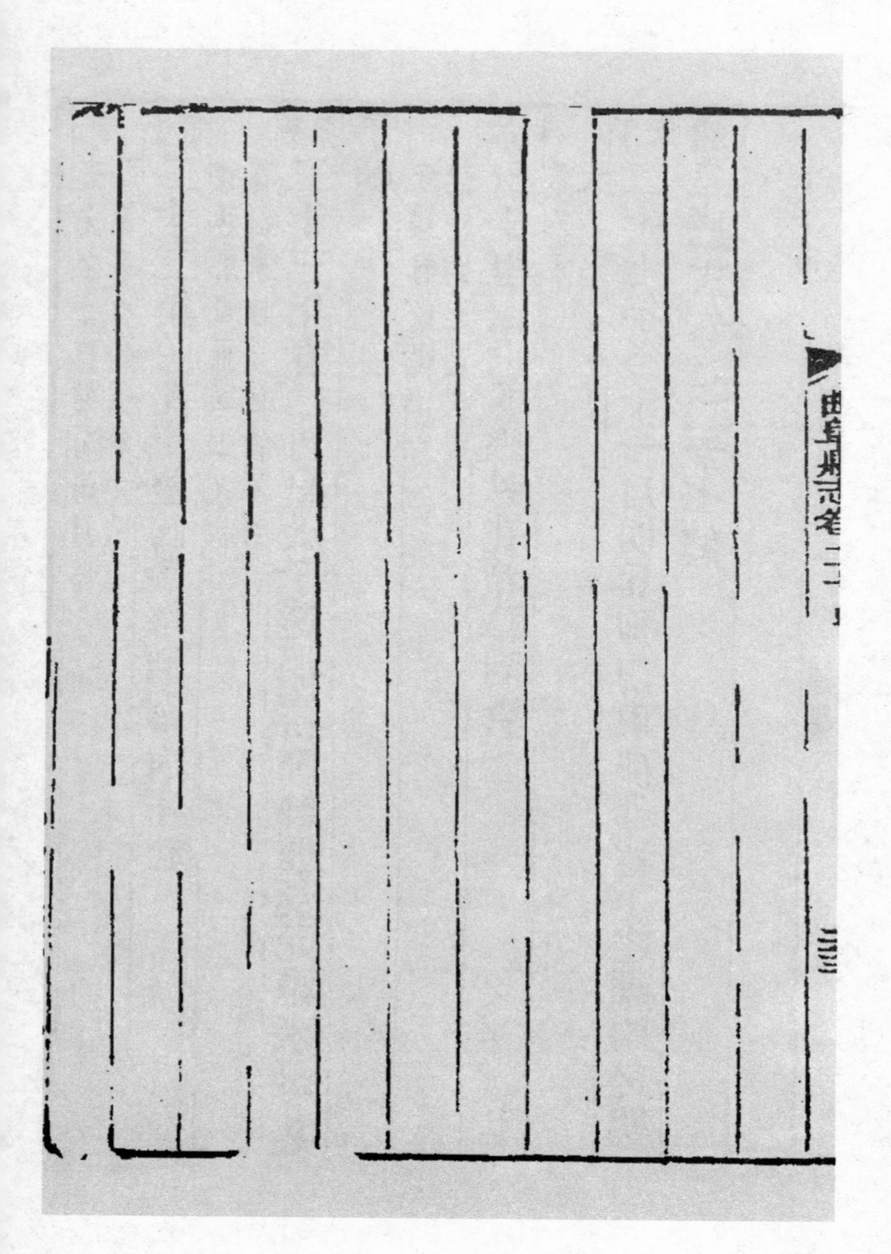

曲阜縣志卷二

曲阜縣志卷之二十八

知縣楚安鄉潘相修

通編第三之十四

男承煒編

戊申　明太祖高皇帝洪武元年春二月詔以太牢祀孔子於國學復遣使來致祭

諭使者曰仲尼之道廣大悠久與天地相並有天下者莫不虔修祀事朕為天下主期明教化以行先聖之道今既釋奠成均仍遣爾修祀事於闕里爾其敬之

三月徐達下濟寧衍聖公孔克堅遣子希學入覲帝復遣使召克堅克堅入朝　夏四月置山東行中書省　秋赦

詔赦殊死以下災荒以實聞避亂民復業者聽墾荒田復三年衍聖公襲封及授曲阜知縣并如前代制有司以禮聘致賢士毋非時決重囚除書籍田器稅貸逋賦鰥寡孤獨廢疾者存恤之民年七十以上復一子他利害當與革有司具以聞

冬十一月孔希學襲封衍聖公置官屬

曰掌書曰典籍曰司樂曰知
印曰奏差曰書寫各一人

名廟學曰三氏子孫教授司

三氏學教授一員即儒官內保陞學錄一員孔氏子孫內
除授又設學司一員皆由衍聖公保舉堪用者呈都省以
便選
用

立尼山洙泗二書院設山長各一人　復孔氏子孫及顏孟
大宗子孫徭役　起舊尹孔希大襲知縣　進衍聖公秩二
品階資善大夫

賜之誥曰古之聖人自羲農至文武法天治民明並日月
德化之盛莫有加焉然皆隨時制宜世有因革至于孔子
雖不得其位會前聖之道而通之以垂教萬世為帝王者
其孫子思又能傳述而名言之以極其盛有國家者求其
統緒尊其爵號蓋所以崇德報功也歷代以來膺襲封者
或不能繩其祖武朕甚憫焉當臨馭之初訪世襲者得五

十六代孫孔希學大宗是紹爰行典禮以致褒崇爾其億
祖世儒益展聖道之用於當世以副朕之至望豈不偉歟

賜衍聖公田二千大頃

分爲五屯四廠十八官莊撥佃戶承種供
廟祭及屬官廩給餘者爲衍聖公俸祿

置林廟灑掃戶

凡一百一十五戶在廟者百在林者七在書院者
八令于曲阜等州縣選民間俊秀無過子弟充當

徵賢才爲府州縣職

勅命厚賜以勵其廉
恥又勅諭至于再三

立縣社稷風雲雷雨山川城隍壇

州縣祀社稷風雲雷雨山川厲壇先師廟及所在帝王陵
廟庶人亦得祭里社穀神及祖父母父母並祀竈載之祀
典縣壇設城西左社右稷各方二丈五尺高三尺四寸堦
三級祭以春秋二仲月上戊日每壇羊豕各一帛一色用
黑長有八尺鉶各一籩豆各四簠簋各二齋三日禮三獻
有祝風雲雷雨山川城隍爲位三中風雲雷雨左山川右

城隍正位帛四左二右一色以白儀文並同社稷

己酉二年春正月免今年田租　封縣城隍神爲監察司民城隍顯佑伯

秩四品袞章冕旒有差命詞臣撰制文頌之

冬十月立縣學修射圃　十二月遣孔克堅歸祀孔子

文曰惟神昔生周天王之國實居魯邦聖德天成繼述前王治世之法雖當時列國鼎峙其道未行垂教於後以至于今凡有國家大有德焉自漢之下以神通祀海內朕代前王統率庶民目書檢點忽覩神之訓言非其鬼而祭之諂也敬鬼神而遠之祭之以禮此非聖賢明言他何能道故不敢通祀褻殄天物以累神之盛德茲以香幣牲齊粢盛庶品式陳明薦惟神鑒焉

庚戌三年春孔克堅復命以疾歸卒於邳州　三月免今年田租　夏四月封皇子檀爲魯王遣使祭告封內山川立碑于

郊臺

文曰朕以一身渡江輪立太平郡或駐金陵于今十六年枝葉茂盛子孫十有一人已命長子爲皇太子其餘幼者于今年四月初七日皆封王爵以第十子檀國于魯爵內山川之祀王實主之因其年幼未能往祭欲令作詞以奉神其詞必非已出然又不告神朕心甚歉今朕以詞賫告道德齎香幣陳牲醴申祭告惟神鑒之

五月定取士制

令各行省連舉三年自後三年一舉鄉試以八月會試以二月

六月詔革諸封號惟孔子封爵仍舊

命曲阜廟庭歲官給牲幣俾衍聖公供祀事

辛亥四年春鄉設糧長督賦稅　更定孔子廟祭器樂舞

改八籩豆爲十籩用竹其簠簋登鉶及豆初用木者悉易以磁牲用熟各設高案樂舞六十人舞生四十八人引舞二人凡一百一十人擇國子生及公卿子弟在學者豫教肄之

定祀少昊陵于縣遣使修葺祭告

初遣使訪先代陵寢命行省各具圖以進縣進少昊陵圖帝命各製袞冕函香幣親製祝文祭物鍛二十四兩令修葺陵寢陵置碑刊祭期及牲帛之數祭以春秋二仲月上旬卜日行禮禮用太牢設陵戶二人守視有司禁樵採蒞時修理又每三年出祝文香帛傳制遣太常寺樂舞生齎來命有司致祭

壬子 五年罷孟子配享 旱 正禮儀風俗

癸丑 六年春正月定州縣官入覲之令 二月停科舉

以科舉有文無實遂罷之令有司察舉賢才以德行為本文藝次之其目曰聰明正直曰賢良方正曰孝弟力田曰儒士曰孝廉曰秀才曰人才曰耆民皆禮送京師不次擢用而洛省貢生亦由太學以進

蝗 命御史及按察司考察有司 秋八月衍聖公孔希學入朝 九月定有司季報歲報

初府州縣戶口錢糧學校獄訟每月具書于冊縣達州州達府府達行省類咨中書吏牘煩碎而公私多糜費民害

司決獄笞五十者縣決之杖八十者州決之一百者府決之徒以上具獄送行省或州縣受賕省府弄法出入輕重文移駁議動多淹滯帝命中書省御史臺會議革月報爲季報以季報之數類爲歲報凡府州縣獄囚依律斷決毋俟轉發其有違枉御史按察使糾劾天下便之

閏月頒大明律　冬十一月頒孔子廟樂章

始命詹同樂韶鳳等因元樂舊辭更製樂譜迎神送神徹饌曰咸和奠帛曰寧和初獻曰安和亞終獻曰景和迎神歌大哉宣聖奠帛歌自生民來初獻歌大哉聖王亞獻與終獻同歌百王宗師徹饌與飲福同歌犧象在前送神與望瘞同歌有嚴學宮蓋六章而九奏焉

甲寅　七年春修闕里孔子廟　裁三氏學學正　夏六月蝗蠲田租　冬十一月定服制

子爲父母庶子爲其母皆斬衰三年嫡子衆子爲庶母皆齊衰杖期五服喪制皆有升降書成名曰孝慈錄頒行天下

孔廷族長涇訐告知縣孔希大不法事詔免其罪

下山東省審鞫省勘得實者數事餘皆虛希大既得罪涇亦坐誣刑部上獄詔皆免罪復令涇及希大面對責涇以教諭不先之過仍賜龍頭藤杖主理家政遣御史王昂齎勅宣諭孔氏遵約束

始改世襲知縣爲世職勅授孔克伸世職知縣

希大既得罪詔衍聖公保舉一人送部選授領勅赴任衍聖公舉克伸帝賜勅曰昔君天下者官以五爵自漢以下而職分九等凡斯之職非德功者弗登可見昔君愼名爵而重能者朕值元運天更布衣而起草萊天命歸而羣英附不五七年間偃兵息民一華夏主兆民紀年洪武當建國之初已定神人之分故天地位其位黔黎安焉其於先聖先師朕不敢外稽諸歷代載在祀典者則仲尼有血食後嗣有襲封于是法前代仍舊章孔希學受封命爲縣令者希大職如前何期希大不依祖訓屢干國憲自蹈罪戾以失世官今特選本族以孔克伸授從仕郎知濟寧府兖州曲阜縣爾尚夙夜忠勤承流宣化宜鑒前車之失求無忝於聖裔則予汝嘉爾勉之哉

免衍聖公稅糧三十頃頒樂器祭服于闕里

希學奏請減免賦役修治樂器祭服詔免稅糧三十頃頒鐘磬各一簴琴十張四鳳簫洞簫塤篪笙笛各四搏拊二柷敔麾各一祭服一副內元端一纁裳一皂襈白中單一赤黻一大帶二犀角革帶一七梁冠一方心曲領一二色帶二銅鈎藥玉珠佩一三色絲結犀角雙環綬一皂履二白襪二又賜磁祭器一副酒盞一百二十五酒尊五有蓋毛血盤一十五罍四和羹盌四籩豆楪四百八十爵二十

乙卯 八年春正月命有司立社學延師儒教民間子弟　三月行鈔法

時中外各局鑄錢有司責民出銅毀器物輸官頗以爲若而商賈沿元之舊習用鈔多不便用錢乃詔造大明寶鈔其等有六曰一貫曰五百文四百文三百文二百文一百文每鈔一貫准錢一千銀一兩禁民間以金銀貨物交易稅課錢鈔兼收錢什三鈔什七百文以下止用錢

秋七月大水

丙辰 九年夏六月改行中書省爲承宣布政使司　秋七月大

水　遣官省少昊陵置守陵戶

丁巳　十年秋始遣御史巡按州縣建申明亭　御史問民疾苦廉察風俗申明禁約皆子亭

勅修衍聖公府第　重建三氏學

戊午　十一年闕里孔子廟成補塑聖像

己未　十二年春二月令有司給貧民鈔　徵博學老成之士

庚申　十三年夏五月赦免今年田租　始日給學校師生廩膳

辛酉　十四年春定賦役籍　詔州縣輸賦役黃冊以一百十戶為一里推丁糧多者十戶為長餘百戶為十甲歲役里長一人董一里十甲之事先後以丁糧多寡為序鰥寡孤獨不任役者附十甲後為畸零每十年有司更定其冊以丁糧增減而升降之二十年復命國子生分行州縣隨糧定圖區設糧長四人量度田畝方圓次以字號編類為魚鱗圖黃冊以戶為主魚鱗

冊以土田爲主魚鱗冊爲經土田之訟質焉黃冊爲緯賦役之法定焉

三月赦　秋八月求明經老成之士　九月行聖公孔希學卒　賜闕里樂舞生冠服

緋紅葵花袍皂靴黑角冠黑介幘錦臂鞲各一百一十羽籥各四十八旌節二應鼓一仍令舞生陳慶等十二人赴京師肄習

壬戌十五年春三月命郡縣通祀孔子

每歲春秋二仲行釋奠禮

夏五月帝行釋奠禮　秋八月復行科舉三年一行爲定制

召孔克瞀入見勅授爲世職知縣　改顏池爲三氏學教授以奉祀事

池顏子五十七代孫也由宣德府學教授改授是職

癸亥十六年春二月詔學校歲貢士于京師　孔訥入臨孝慈

皇后之喪

訥希學子也

甲子十七年春孔訥入朝襲封衍聖公　頒科舉成式　赦

夏六月頒樂器　冬十月頒祭器勑授孔希文爲世職知縣

乙丑十八年冬頒大誥

輯官民之過犯條爲大誥其目有十令學官以課士置塾師教之囚有大誥者罪減等其後復載大誥條目要畧于律謂之律誥

免田租　免聖賢後裔輸作者　免田租　升兖州爲府縣仍屬之

丙寅十九年夏六月詔有司存問高年

貧民年八十以上給米五斗酒三斗肉五斤九十以上歲加帛一疋絮十斤有產者罷給米富民八十以上賜爵里士九十以上社士皆與縣官均禮復其家無告民不能自存者歲給米六石

丁卯二十年春詔修闕里孔子廟

諭工部侍郎秦逵曰春秋時人紀廢壞孔子以至聖之資刪述六經使先王之道晦而復明萬世永賴功莫大焉夫食粟則思樹藝之先衣帛則思蠶繅之始皆重其所從出也孔子之功與天地並立故天下通祀以致崇報之意而闕里先師降神之地廢而不修將何以妥神祇昭來世爾工部其亟為修理以副朕懷

秋九月詔商稅毋定額　制增廣生員不拘數復其家

戊辰二十一年春正月定有司匿災者罪　定歲貢生員例

府學歲一人州學間歲一人縣學三歲一人

秋八月遣人來會有司祭告少昊陵

上曰詣陵之令已有定期今秋非詣陵期也蓋為京民遭火延燬廟庭祭無奠所護遣神樂觀道士俞湊彭謝罪

帛會有司精潔牲醴粢盛庶品代予祭告惟帝英靈何饗

己巳二十二年春孔子手植檜重榮　命知縣孔希文祭告少昊陵

文曰昔者奉天明命相繼爲君代天理物撫育黔黎彝倫攸敘井井繩繩至今承之生民多賴思不忘報祀以春秋惟帝靈爽來歆來格

庚午二十三年春正月地震　夏旱　秋八月禁吏卒充選[illegible]

冬十一月大雨　十二月遣國子生錢必興來巡視流民

辛未二十四年春免田租　令郡縣長吏朔望詣學行香生員讀大誥律令歲貢試之　饑

壬申二十五年秋八月命知縣孔希文祭告少昊陵

祝文祠廟

饑

癸酉二十六年春正月頒大成樂及樂器於府學州縣學式之

夏四月詔有司賑饑毋俟報　置邑厲壇　冬十一月大

水

甲戌二十七年春三月熒惑犯歲星于奎　知縣孔希文免

發倉穀貸貧民

乙亥二十八年勅授孔希範世職知縣

希範衍聖公克欽第三子也

頒皇明祖訓　免秋糧

丙子二十九年春帝行釋菜禮以董仲舒從祀文廟罷楊雄

丁丑三十年里置木鐸

令民里置木鐸一選老者與瞽者月以六諭徇于路曰孝順父母尊敬長上和睦鄉里教訓子孫各安生理毋作非爲月三旬旬再行之又令村置鼓于耕種時晨而鼓之集衆以警之

戊寅　三十一年夏閏五月赦　詔州縣官各舉所知非其人者坐之　冬十二月賜明年田租之半

己卯　恭閔惠皇帝建文元年春二月賜老民米肉絮帛　三月帝釋奠于孔子

庚辰　二年秋九月戊寅衍聖公孔訥卒子公鑑襲封

壬午　四年春正月燕兵陷兖州諸州縣降于燕　夏四月衍聖公孔公鑑卒　秋七月蠲今年田租之半　八月遣行人左誠諭祭衍聖公孔公鑑　遣人來祭告少昊陵

遣道士鄧全禮條中正來其文曰自古有天下功德及民者當享百世之祭我國家際承古昔帝王厥有典常今朕

尊奉祖訓奉天征討即位之初遣惟聖帝明王陵寢所在
不可不致敬是用遣官奉香帛牲醴以祭惟皇有治世之
功有安民之德歷世雖遠神靈不忘其尚默贊治化孚佑
下民俾臻太平之福然其敬祝萬一世無斁尚饗是後多遣
道士來 皆不書

癸未 成祖文皇帝永樂元年春二月遣使分巡州縣爲定制
初建孔子廟於太學之東 蝗饑 復遣人來祭告少昊陵

乙酉 三年夏六月免農民戶口食鹽鈔

丙戌 四年春定見先師孔子禮 夏四月求遺書 冬十二月
赦

丁亥 五年春二月賜衍聖公滋陽縣田七十三大頃

戊子 六年夏除永樂五年以前逋賦

己丑 七年春二月帝北巡遣禮部員外郎饒赫祭顏子廟

文曰今予巡狩北京道經於此謹遣人以牲醴致祭惟神其饗之

夏閏四月詔重罪五覆奏

庚寅　八年孔彥縉襲封衍聖公　彥縉公鍳子也

詔正孔子廟聖賢衣冠合周制

辛卯　九年勅授孔克中世職知縣　遣人來祭少昊陵　遣行人雷迅來修闕里孔子廟　從衍聖公孔彥縉之請也工部請發四徒二百三十名遣雷迅督修

壬辰　十年夏六月詔有司不言民艱者逮治　饑

癸巳　十一年詔郡縣官捕境內蝗蝻　定死罪納贖例

甲午　十二年春召雷迅還

更令法司發囚徒一名交孔氏自督修葺

秋八月遣人來祭少昊陵　冬十二月布政司官來修廟

帝諭工部曰孔廟至敬之所囚徒作踐不便令山東布政司官一員率民三千人往修務期堅固囚徒仍聽役於外

乙未十三年夏六月大水壞廬舍禾稼　頒五經四書性理大全于學宮

丙申十四年春正月賑饑免永樂十二年逋租　秋七月蝗

初命御史巡鹽　遣使來祭告闕里孔子廟

丁酉十五年夏六月立重修闕里孔子廟碑

文曰道原于天而畀于聖人聖人者繼天立極而統承乎斯道者也若伏羲神農黄帝堯舜禹湯文武周公聖聖相傳一道而已周公没又五百餘年而生孔子所以繼往聖開來學其功賢于堯舜故曰自生民以來未有盛于孔子者也夫四時流行化生萬物而高下散殊咸遂其性者天之道也孔子參天地贊化育明王道正彝倫使君君臣臣

父父子子夫夫婦婦各得以盡其分與天道誠無間焉爾
故其徒曰夫子之不可及也猶天之不可階而升也又曰
仲尼日月也無得而踰焉在當時之論如此亘萬世無敢
有異辭焉於乎此孔子之道所以爲盛也天下後世之崇
其澤者實與天地同其久遠矣自孔子沒於今千八百餘
年其間道之隆替與時陟降遇大有爲之君克表章之則
其政治有足稱者若漢唐宋致治之君可見矣朕皇考太
祖高皇帝天命聖智爲天下君武功告成即興文教大明
孔子之道自京師以達天下並建廟學徧賜經籍作養士
類儀文之備超乎往昔封孔氏子孫世襲衍聖公秩視一
品世擇一人爲曲阜令立學官以教孔顏孟三氏子孫常
幸太學釋奠孔子謁其嚴敬尊崇孔子之道未有如斯之
盛者也朕纘承大統丕法成憲荷惟孔子之道皇考之所
以表章之者若此其可忽乎乃由阜闕里存焉道統之系
實由於茲而廟宇歷久漸見頹敝弗稱瞻仰往命有司撤
其舊而新之今年夏畢工宏麗壯觀庶稱朕敬師之意傳
凡觀於斯者有所興起致力於聖賢之學敦其本而去其
求將見天下之士皆有可用之材以贊大太平悠久之治
以震耀孔子之道朕於是深有所望焉遂書勒碑樹之於
廟庭系以詩曰巍巍元聖古今之師垂世立言生民是資
天將木鐸以教是畀謂欲無言示之者至惟天爲高惟道
與參惟地爲厚惟德與介生民以來實曰未有出類拔萃

巍乎先後天則不違日月同巡敎序有翼遵於聖模仰惟
皇考聖道實崇禮樂治平尊崇厥功日尋職建祀敢懷懈
聖緒丕承儀憲永彝巍巍泰山繹繹魯邦兩廡新廟奕奕飭祀
有嚴鼓鐘鏜鏗璆磬戛擊八音和宣聖情祇釋祚我士類
世有才賢佐我
大明於斯萬年

秋八月遣人來祭少昊陵　祭尼山孔子廟

庚子　十八年秋八月遣人來祭少昊陵

辛丑　十九年春正月赦蠲十七年以前逋賦

壬寅　二十年夏六月雨水傷稼　遣使發倉儲　初建聖林門

癸卯　二十一年秋八月遣人來祭少昊陵

甲辰　二十二年秋七月衍聖公孔彥縉入臨賀即位　賜衍
聖公第於東安門北

仁宗諭侍臣曰外蕃貢使皆有公館衍聖公假寓民間非崇儒重道意遂賜宅于東安門之外

詔有司奏雨澤者即以聞

賜衍聖公孔彥縉正一品服　八月赦

乙巳 仁宗皇帝洪熙元年春二月遣戶部侍郎李昶來祭少昊

陵孔子廟

祭少昊文曰仰惟聖神繼天立極肇啓治教垂範無窮予
嗣位之初率修典章祗遣廷臣祗修陵寢尚賴神化埀予

治

年

免今年租稅之半　夏六月赦　饑

丙午 宣宗章皇帝宣德元年春二月遣太常寺丞孔克準來祭

告少昊陵孔子廟

祭少昊文曰仰惟聖神爲天地立心爲生民立命爲萬世
開太平功德之隆永永無斁予祗承天序謹用祭告惟神
昭鑒佑我邦家祭孔子文曰仰惟先聖丕隆道德表正綱
常集羣聖之大成爲百王之儀範茲予嗣位之初謹用祭

告永資聖化
暨我治平

夏詔毀身療親疾者不得旌表

丁未二年夏旱　秋定贖罪例　冬十一月蠲免明年稅糧三之一

戊申三年考正從祀先賢名位

己酉四年詔贓吏不得贖罪　衍聖公孔彥縉請市書于福建許之　詔所司修治闕里雅樂及樂舞生冠服

庚戌五年春二月頒寬卹之令

辛亥六年冬十一月始命官軍兌運民糧

壬子七年秋八月命知縣孔克中祭告少昊陵　修縣倉　頒官箴

癸丑　八年春夏不雨賑饑　秋七月大雨顏子廟屋壞

甲寅　九年授孔公鐩世職知縣停止給勅　工部侍郎周忱來謁林廟捐建金絲堂

蘇州知府況鍾通判郡謀助之衍聖公督工役以明年八月落成堂高二尋有二尺制度宏雅廉隅整飭宛然一新卓越舊觀復于靈星門外構屋爲祇謁更衣所名曰更衣亭婁侃記之

旱蝗饑

乙卯　十年春正月蝗　夏四月蝗　以元儒吳澄從祀孔子廟

丙辰　英宗睿皇帝正統元年春正月遣司業趙琬來祭告少昊陵孔子廟　夏五月初設提督學校官　秋七月復聖賢後裔

衍聖公彥縉以宋周敦頤程顥程頤司馬光朱熹後裔請[illegible]其裔後[illegible][illegible]凡者修之

大水　遣行人李春諭祭衍聖公孔彦縉之母胡氏　顔希仁奏乞修理顔子廟從之

希仁顔子五十九世孫池之孫也部議查得永樂二十二年禮部議准給事中郭永言請修各處壇場城垣得旨允行令顔子廟損壞合行本司飭行有司查看候農隙之時量撥附近州縣夫匠及在官里甲人等班撥木植等料於不該班匠內量撥陸續修理完報仍將用過工料修完問數官吏保結通報毋籍此爲雜一概科擾不便于民

丁巳二年夏四月旱蝗詔旌出穀賑荒者爲義民復其家　以宋儒胡安國蔡沉眞德秀從祀孔子廟

戊午三年饑　禁祀孔子于釋老宮

時有繪佛老夫子三像名三聖祠者四川永川縣訓導諸葦疏言之勅部通行禁革

三氏學教授裴侃請正祀典從之

侃言天下文廟惟論傳道以列位次闕里家廟宜正父子以敘彝倫顔子曾子子思子也配享殿庭無繇子晳伯魚

父也從祀廟廡非惟名分不正抑恐神不自安況叔梁紇元已追封啓聖王創殿於大成殿西崇祀而顔孟之父俱封公惟伯魚子晳仍侯乞追封公爵偕顔孟父俱配啓聖王殿帝命禮部行之仍議加伯魚子晳封號　凡丁祭品物非土産者鹿代以羊榛栗代以諸果

己未　四年春三月赦　秋八月定佃戸人丁

戸部奏准存五百戸湊人二千丁專以辦納籽粒供祭祀

遣人來祭少昊陵　勅重修顔子廟

庚申　五年夏蝗　秋七月修荒政

辛酉　六年夏蝗　冬十一月赦

壬戌　七年秋八月遣人來祭少昊陵　冬十一月立重修顔子廟碑

文曰朕惟聖賢之生皆天以爲世道生民計非偶然也雖天處之有不同而聖賢求所以仰副天下之意者則一心

也孔子之道原於天而承於堯舜禹湯文武周公孔子不得位則惓惓於推明斯道立教垂世以副天之意蓋周公而後必有孔子而後皇帝之道明君臣父子之位正尊卑內外貴賤之辨著雖斯理在人心皆固有之然非得孔子之教則不能以皆明明之有淺深則其行之之效亦因之有淺深世道所以盛衰之不齊也向微孔子之教斯世斯人幾何其不淪於夷狄禽獸之此孔子之道所以為天下國家者不可一日以無也三千之徒孔子獨稱顏子好學獨告以帝王為治之大法使孔子居堯舜之位則顏子稷契之倫以聖賢之不得位與年皆天也而使之得以為天地立心為生民立命為萬世開太平有以仰副天下之意亦天也周子曰聖人之蘊微顏子不可見發聖人之蘊教萬世無窮者顏子也嗟乎孔子其太和元氣顏子其四時之春乎非春其何以見太和之發育也曲阜故有孔顏廟祀我皇曾祖太宗文皇帝既新孔廟而御製文書石朕嗣統之七年爰新顏廟有司請文書石并系以詩曰巍巍宣聖道配乾坤化流天下光闡文人膺矣兗國剛明統粹蕩蕩聖域深造精詣爰初四勿以復天理以居廣居進進無止大經大本一出于天惟聖誠明顏得其全禮樂之授王佐之期鳴鳥不至賢聖側微作範立教永淑來世報德暨功代謹秩祀東瞻魯邦生之所都神靈在天亦時來居既作新廟爰祗祀事弼佑皇明千萬億歲

癸亥 八年夏五月赦

甲子 九年春三月帝釋奠于孔子廟初設三氏學生員

衍聖公彥縉奏言三氏子孫初止在學讀書習禮未定生員名額令學徒日盛有以京闈領薦者有以府學領薦者有以儒士領薦者請照郡縣學例置立生員聽提學官考選應山東布政司鄉試詔從之

大水

乙丑 十年初考取附學生　遣人來祭少昊陵

丙寅 十一年世職知縣孔諤到官

衍聖公會同巡撫薦之也後凡缺出依例行

夏五月令顏希仁主顏子廟祀事

時顏希惠顏希篘訐希仁朝命大臣胡濙等體勘並呈顏氏宗圖帝曰自洪武以來歷係希仁父祖主祀世居陋巷修廟宇耕近廟之地應令希仁主祀有陋巷之基產務守禮法率族人修祀事族之冠帶而有年德者聽其相讓行

褻敢再有揑爭謀害者重治之顔希筠代人爭訟扑三十並發國子監灑掃廟庭三年顔希惠令回舊處居住再蹈人主使妄告者決不宥

戊辰十三年春二月以宋儒楊時從祀孔子廟　夏五月禁交易用錢　大水　罷保舉

己巳十四年春遣行人邊永來諭祭衍聖公孔彥縉祖母王氏　夏六月赦　秋九月赦免景泰二年田租十之三　冬十二月赦

庚午景皇帝景泰元年春閏正月遣侍講吴節來祭告孔子廟文曰欽惟先師丕明古昔帝王之道以正綱常垂憲萬世功高德厚與天地同予嗣承大統祇嚴祀事用祈神化佑我治平

帝幸太學召衍聖公孔彥縉率三氏子孫入京觀禮

賜坐彝倫堂聽講幸學必先期召衍聖公自此始

令輸納者給冠帶　夏旱　秋八月赦

壬申三年夏五月赦　官顏孟二氏子孫各一人

詔取顏孟子孫長而賢者各一人至京官之適顏希愼許告顏希仁諸不法狀御史革希仁閒住衍聖公彥縉舉顏希惠孟希文赴京俱授翰林院五經博士子孫世襲顏孟襲職自此始

大雨傷稼　衍聖公孔彥縉入朝

改賜三臺銀印如正一品玉帶織金麒麟衣遂爲例朝服公服常服皆同一品冠八梁冠帶珮與綬俱用玉笏用象牙

賑饑　復逃民賦役五年免稅糧　葺顏子廟給祭田二十頃

佃戶十又賜例地三十頃一十畝三分

癸酉 四年自夏五月至于秋八月大雨　冬大寒　饑　聽生員納粟爲國子生

甲戌 五年春正月太白歲星合于奎　夏大旱　六月熒惑歲星合于胃　秋八月大水

乙亥 六年夏大旱饑　孔克昫等告衍聖公孔彦縉罪置不問冬十月彦縉卒十二月以孫宏緒襲封命少詹事孔公恂理其家

宏緒時年八歲

增孔子廟兩廡祭品

豕四棗栗斤各五十黍稷斗各一形鹽斤凡五十

設顔子廟贊禮生六十名門子四戶

丙子 七年春三月太白熒惑合于奎 夏四月彗星見于胃

六月大水饑

丁丑 英宗睿皇帝天順元年春正月赦 夏四月遣工科右給事中孫昱來祭告孔子廟衍聖公孔弘緒入朝更賜大第授孔公恂禮科給事中 立孔子及顏曾思孟像于文淵閣 像皆錫袞金飾大學士入閣辦事先拜之 秋七月赦 大雨閱月禾盡沒 免夏稅 冬饑

戊寅 二年夏四月蝗 冬十一月免秋糧

己卯 三年冬十月定霜降後錄四之令

辛巳 五年世職知縣孔公錫到官 夏六月黜顏希惠以顏希仁子議襲五經博士

景泰七年顏希仁奏希惠等八戶因其祖濬于元至正中任兖州知州來祖廟林內稱為餘支實非嫡派顏希筠亦奏希仁父子妄訴九世守居陋巷各交刑部都察院行會巡撫巡按布按等官勘問適希仁病卒子讓復具奏都察院仍行巡按御史郝淵之會同布政司李瓚按察司楊鐸勘問具奏顏希惠顏希筠均係顏氏子孫而希仁實為嫡派世居陋巷正統十一年已蒙聖斷令希仁主祀事而希筠等懷挾私仇搜求違法事情于景泰三年將希仁革主奉祀但伊男顏議素無過失父之惡不能廢其子之善舉以襲職庶協公道已故衍聖公孔彥縉等狀同妄保顏希惠冒授五經博士以致交章訐奏今已會查明確應將顏希惠革退與顏希筠等隨衆祭祀仍着顏希仁嫡長男顏議承襲先職主祀事報可

遣孔公恂勘嘉定縣滯獄　秋七月赦

癸未 七年拜孔公恂少詹事侍東宮講讀

甲申 八年春正月赦免明年田租三之一　秋七月遣官來祭孔林　冬十月立武舉法　詔重修闕里孔子廟

命巡撫賈銓同藩臬經營以知事楊昇兗州知府郭鑑指揮鮑詢世職知縣孔公錫督工

加知縣孔公錫兗州府通判銜

三載考績加銜後以爲例

曲阜縣志卷之二十八終

[illegible]潘相修
增貢[illegible]元參

通編第三之[illegible]

乙酉 憲宗純皇帝成化元年召衍聖公孔宏緒入京陪祀分獻沂國公 遣吏部侍郎尹旻來祭告孔子廟

文曰惟王以天縱之至爲文教之宗篤生之下綱常正而世道隆實有賴焉茲予嗣位之初祭仰惟深特伸祭告永資聖化翊我皇猷

頒給三氏學印命三氏學三歲貢士一人一免孔氏稅糧三分之一

共一百一十六頃五十六畝四分

丙戌 二年定生員等列

德行文藝治事者列上等有德行而劣於經義短於治事者列二等經義治事皆長而德行或缺者列三等歲課月

考循序而上非

止等不許科貢

丁亥 三年春二月塡星犯婁 夏四月巡撫原傑來相地

修聖廟成請御製文紀其事原傑奉詔躬詣闕里廟庭相
地於大成門之南洪武永樂碑之東建立碑亭扮委知事
楊昇
督工

秋八月旱蝗

戊子 四年夏六月立重修孔子廟碑

文曰朕惟孔子之道天下一日不可無何也有孔子之道
則綱常正而倫理明萬物各得其所矣不然則異端橫起
邪說紛作綱常何自而正倫理何自而明天下萬物又豈
能各得其所哉是以生民之休戚係焉國家之治亂關焉
有天下者誠不可一日無孔子之道也蓋孔子之道即堯
舜禹湯文武之道載於六經者是已孔子則從而明之以
詔後世耳故曰天將以夫子爲木鐸使天不生孔子則堯
舜禹湯文武之道後世何從而知之將必昏昏冥冥無異
於夢中所謂萬古如長夜也由此觀之則天生孔子實所
以爲天地立心爲生民立命爲往聖繼絕學爲萬世開太

乎者也其功用之大不但同乎天地而已噫盛矣哉誠生民以來之所未有者宜乎弟子形容其聖不一而足至於中庸一書而發明之無餘蘊矣自孔子而後有天下者無慮十餘代其君雖有賢否智愚之不同孰不賴孔子之道以爲治其尊崇之禮愈久而愈彰愈遠而愈盛觀於漢唐以來褒贈加封可見矣迨我祖宗益興學校益隆祀典自京師以達於天下都邑無處無之而在闕里者尤加之崇焉故太祖高皇帝登極之初即遣官致祭爲文以著其事而立碑焉成祖文皇帝重修廟宇而一新之亦爲文以紀其實而立碑焉朕嗣位之日躬詣太學釋奠孔子復思闕里之廟歲久漸敝而重修之至是畢工有司以聞深慰朕懷於戲孔子之道之在天下如布帛菽粟生民日用不可暫缺其深仁厚澤之所以流被於天下後世者信無窮也爲生民之主者將何以報之哉故新其廟貌而尊崇之豈徒然哉冀其道之存焉爾使孔子之道常存而不泯則綱常無不正倫理無不明而萬物亦無有不得其所者行將措斯世於雍熙太和之域而無異於唐虞三代之盛也久安長治之術端在於斯用是爲文勒石樹於廟庭以昭我朝崇儒重道之意焉系以詩曰天生孔子縱之爲聖生知安行仁義中正師道興起從遊三千往聖是繼道統流傳六經既明以昭後世三綱五常昭然不替道德高厚教化無窮人極斯立天地同功生民以來卓乎獨盛允集大成

實天所命有天下者是尊是崇曰惟聖道曷敢弗宗祗予
服躬承此大業惟聖之模於心乃懋用之爲治以康兆民
聖澤流被萬世聿新報典之隆尤在闕里廟宇巍巍
於茲重美文諸貞石以光於前休鋪遺響於千萬年

大無麥

己丑五年春遣官諭祭衍聖公孔宏緒之妻李氏李氏大學士李賢女也

衍聖公孔宏緒廢其弟宏泰襲爵　巡按御史林誠立闕里

孔子廟諸賢神主

庚寅六年夏四月大旱　給顔子廟廟戶七戶　衍聖公孔宏

泰入朝帝命曰惟學可發揮聖惟德可以繼先聖尚進學修德執率族人以光崇聖裔以副朕懷

辛卯七年秋八月大水　冬十一月赦　十二月歲星犯婁歷

奎

壬辰　八年大饑　世職知縣孔夔到官

夔以孝行薦長聽斷詳允入不能欺災荒先賑而後奏聞

癸巳　九年春饑人相食　免今年糧稅　秋八月大水　表烈婦王孔氏門

氏名媛字德卿殉其夫王綸詳列傳

甲午　十年夏申藏妖書之禁

乙未　十一年春二月禁酷刑　冬十一月赦

丙申　十二年祭酒周洪謨請增孔子廟禮樂從之

先是洪謨請加孔子美謚或封帝號或易大成至聖爲神聖廣運既用天子冠服亦當用天子禮樂增籩豆爲十二舞佾爲八下禮部議尚書鄒幹等言神聖廣運伯益贊堯之詞不若大成至聖出於孟子中庸塑像冕十二旒衣未

二章蓋因前元之舊并本朝之制且謚號器數之加否不足為孔子重輕仍舊為宜洪謨又言自古有天下莫不因所當因革所當革太祖高皇帝正祀典革百王封號惟孔子仍存舊封天下郡縣皆有三皇廟像以民間不可褻瀆亦皆革去孔子塑像惟南京太學易神主以餘悉仍舊所因所革皆以定一代之規垂萬世之法豈可謂所革者為本朝制所因者非本朝制乎又孔子之道不外乎禮樂欲體孔子之道亦莫先乎禮樂今冕服既用天子之禮而佾舞則用諸侯之樂以禮論樂則樂不備以樂論禮則禮為僭若因循不加釐正後世必見非笑乞飭閣部科道等官集議首正其封號表明孔子周人當用周制所封乃當時天王之王非後世國王之王亦增其器數為十二籩豆舞八佾則禮不僭樂不缺可以格神靈厚風化補前代缺略之典備聖朝尊崇之制誠為便益於是詔增籩豆為十二樂用八佾洪謨又言古者鳴球琴瑟堂上之樂笙鏞柷敔堂下之樂而干羽舞兩階今羽舞居上而樂器居下非古制也宜令典樂改正

下禮官議亦從之

丁酉　十三年春閏二月遣翰林學士王獻來祭告孔子廟

戊戌　十四年夏大水饑免秋糧

己亥 十五年夏四月立三氏學　學錄題名碑

庚子 十六年春二月詔過孔子廟者毋騎　增廣闕里廟制

從衍聖公宏泰之請增廣正殿爲九間餘皆更新至二十三年節告成

辛丑 十七年春二月地震　遣行人汪舜民諭祭衍聖公孔宏

泰之母王氏　授進士魏紳刑部主事

壬寅 十八年給顔子廟戶二十有五　孔顔孟三氏志成

鄒縣諭劉濬寧陽諭宋淑鄒縣諭吳伯淳與鄒尹張泰共修之

癸卯 十九年秋八月命知縣孔變祭少昊陵

甲辰 二十年春授進士臧麟工部主事　夏大旱饑道殣相望

乙巳 二十一年春正月赦　饑免稅糧

丙午　二十二年勅修周公廟

廟置四戶以供灑掃

顏祭文命春秋致祭

冬十一月博士顏公鉉奏乞修顏子廟許之

工部覆奏顏子名列四科之先位居四配之首今廟宇損

壞博士臣顏公鉉乞恩從便修理合無准其所奏行巡撫

都御史吳節及巡按監察御史叅同布按官員親詣相看

將應用工料夫匠一體支撥修完備將支用過工料並廟

宇間座數目造冊奏繳

以備査考得旨允行

丁未　二十三年秋九月敕　世職知縣孔希永到官　饑免稅

糧

戊申　孝宗敬皇帝弘治元年春遣太常寺少卿田景賢來祭告

孔子廟三月召衍聖公孔宏泰入京陪祀分奠兗國公

用吏部尚書王恕言詔先師位加幣帛

太宰改分獻為分奠餘如永樂故事

夏四月釐正祀典依洪武舊制凡祀典所無者悉罷之

己酉二年冬世職知縣孔彥士到官　撫按給周公之裔東野祿奉祀生

庚戌三年春三月設預備倉　夏四月地震　旱

壬子五年春三月赦　夏大水　五月求遺書　冬十一月停納粟例

癸丑六年夏旱　饑

乙卯八年秋七月以宋儒楊時從祀孔子廟

丙辰九年春二月增祭孔子樂器人數太常卿言天子樂舞用七十二人而先師樂舞舊祇四十六名於天子之樂有所未合應增二十六名庶禮備樂全

爲萬世之盛典禮官議
允增益並令天下照行
戊午十一年夏旱　兖州府知府龔宏重修三氏學成
中爲明倫堂後爲講堂爲公子號前爲東西二齋齋後爲
諸生肄習之號學門故西向今易南向後作中門又爲便
門以通廟教授學錄各爲公廨講堂後之左右計一
百一十楹繚以崇垣規制煥然大學士劉健爲記
復前衍聖公孔宏緒冠帶　以臧鳳爲福建道御史　冬十
二月赦
己未十二年夏四月更定律例　六月甲辰夜闕里孔子廟災
巡撫何鑑奏言弘治十二年六月十六日夜子時雷雨交
作火從宣聖家廟東北角上起延燒家廟五間齋廊五間
東廡二十八間寢殿七間伯魚廟三間子思廟三間西廡
二十八間大成門五間手植檜一株洪武詔旨碑文並樓
永樂御製碑文并樓遂延燒大成殿七間東便門六間西
便門六間大成殿東西小便門各三間寢殿東西兩便門
各三間啟聖殿五間毓聖侯廟三間風息雨止火乃
救滅共計燒毀殿廡各房一百二十三間奉旨報聞

浙江道監察御史余濂奏請修孔子廟

濂言天下不能一日無孔子之道人心不能一日無孔子之教洪惟祖宗重道右文自國都及府州縣立學以闡其教立廟以隆其祀釐成太祖之治者百三十年近者不意回祿之災及我孔廟殿宇門廡與夫神刻之類蕩然一空正道之厄莫甚於此可爲痛哭可爲流涕而廷臣未聞有新請之辭陛下未聞有矜恤之典禮據襲封衍聖公孔宏泰具奏臣竊以爲陛下必遣官慰祭必發帑賑貸必料理材物以蓋造庶乎有不容緩者而欽奉聖旨該衙門知道欽此此臣之所未喻也昔者夫子以一廄之焚尚拳拳於傷人之問況今者災延孔廟在天之靈蔑以棲托釋今不爲之計則廢一將之祀矣若遷延以至來歲又廢四時之祭矣崇德報功之意固不宜此但臣愚睎之心旦暮之頃實不勝顒望伏乞陛下即勅該部迅爲修理以妥神靈以慰人心奉旨允行

秋七月遣太常寺少卿李傑來慰祭孔子

文曰惟王道德高厚教化無窮廟貌尊嚴古今崇奉比遭回祿燬燼靡遺斯文在茲胡天弗弔肆維紹緒承傳在予修復舊規所不敢後特申祭告奉慰聖靈洋洋在上尚其歆鑒

學　巡撫何鑑來相度廟工

庚申　十三年春二月闕里孔子廟興工　夏大水

辛酉　十四年夏五月上地里圖水　改臧鳳浙江道監察御史

壬戌　十五年秋九月地震　饑　命臧鳳巡按宣大

癸亥　十六年春饑　夏五月衍聖公孔宏泰卒遣行人諭祭凡五次命有司營葬事贈賻有加特陞其子聞韶五經博士

冬十月孔聞韶襲封衍聖公　加孔氏世襲太常寺博士一人翰林院五經博士一人　勅重修衍聖公府第

甲子　十七年春正月闕里孔子廟成

巡撫徐源言臣等欽依事理委官督修孔子廟照依原議規制間數逐一修建完備改造奎文閣七間三簷再[illegible]

傍原有毓粹觀德二門以通闕里，因逼近廟垣，街路短促，不稱，遂諭令於前門少北各建東西門一座，三間，扁曰快覩仰高。又前門并二門原止三間，今改建大門、大中門各五間，與廟前宇後掩映相稱，橋梁堦級煥然一新，杏壇碑額亦皆彩繪俱完。其大成殿九間，寢殿七間，俱兩簷。大成門、家廟、啟聖廟、啟聖殿、金絲堂、詩禮堂各五間，兩廡連廊共一百間，啟聖寢殿三間，神厨二十四間，庫房九間，碑亭二座，衍聖公齋宿房十二間，奎文閣、大門、中門、左右門，下至街道坊牌，無不完整，規模壯麗，工藝精緻，足稱瞻仰。謹會同巡按山東監察御史陳璚議得：先師孔子道冠古今，垂憲萬世，以一時之屯厄，致廟宇之災燬，恭逢皇上御極，崇儒重道，褒德報功，鼎新修建，起萬世之觀瞻，伏乞御製宸章，勒之堅珉，更命詞閣儒臣撰勅祭告，庶道德光輝，宣著同天地，悠久高明，至於內外臣工，孰不誦六經之遺訓，沐洙泗之餘波。今次修建廟庭，仰承朝廷欽恤之意，計用周密，克效成功，皆先歷副使李宗泗經營布始，見任僉事黃繡調度巧術，蚤作晏息，不避寒暑之勞，雖臣子後學職分當然，但身先多士，功亦可嘉，亦乞量加陞擢，以旌其能。餘將用過銀十五萬二千六百餘兩，造冊徑自奏繳外，臣謹以聞，得旨允行。

夏閏四月，遣大學士李東陽來祭告孔子，立碑於廟庭勅曰比因闕里文廟燬於回祿爰命有司重建厥功既成茲遣卿往彼告祭夫先師道德萬世所宗鼎新廟庭一代之盛典以故禮告之禮特委輔弼之臣卿其精白一心寅恭將事務期聖靈昭格以副朕隆師重道之懷東陽承命奉香祝詣闕里祭告其文曰惟我先師代天立教禮嚴報祀四海攸同嶽降在茲廟貌自古頃罹災變實警于衷爰勅有司命工重建越暨五載厥功告成棟宇畢新器成咸備光昭儒道用妥聖靈特遣輔臣遠將告祭尚祈歆鑒永享明禋碑文云朕惟古之聖賢功德及人天下後世立廟以祀者多矣然內而京師外而郡邑及其故鄉靡不有廟自天子以至於郡邑長吏通得祀之而致其嚴且敬則惟孔子爲然蓋孔子天縱之聖生當周季聖賢道否之日而不得其位以行乃歷考上古以來聖人之居天下者日堯曰舜禹湯文武已行之迹述其至言要論定爲六經以垂法萬世自是凡有天下之君遵之則治違之則否蓋有不能易者眞萬世帝王之師也故自漢祖過魯之祀之後多爲之立廟沿及唐宋英明圖治之君屢作益尊而信之孔子之廟遂徧天下爵號王公禮視諸侯而加隆焉雖綱常掃地之時亦未嘗或廢蓋天理民彝之在人有不能自泯也我聖祖高皇帝以至神大聖統一華夏植綱常於淪斁之餘武功方成即遣人詣闕里祀孔子風示天下規度可謂宏遠矣列聖相承益嚴祀事先後一揆暨我皇考睿宗

純皇帝詔增廟之舞佾爲八籩豆十二禮樂益同於天子褒崇之典至是益無以加我國家百有餘年之太平爛有自歲闕里有廟建自前代規制尤盛弘治己未六月燬於火朕聞之惕然特勅山東巡撫巡按暨布政按察司官彙材庀工爲之重建越五年甲子正月工畢巡撫右副都御史徐源巡按監察御史陳璋以其狀來上宸衷甚悅覩舊規有加朕懷乃慰既遣內閣輔臣太子太保戶部尚書兼謹身殿大學士李東陽往告復具顛末爲文俾勒之廟碑用昭我祖宗以來尊師重道之意並繫之詩曰聖人之生天豈偶然命之大君俾贊化權二帝三王君焉克聖繼天立極道形於政大化既洽至治斯成巍巍蕩蕩渾乎難名周政不綱道隨時墜孔子聖人而不得位乃稽羣聖乃定六經萬世之師於焉足徵自漢而下數千餘歲褒典代加有隆無替於皇我祖居正體元六經是師卓爾化原列聖相承先後一揆逮及朕躬思弘前軌廟貌載崇祀事孔虔聖經典訓爾講爾敦俗化治成日升川至斯道之光允垂萬世東陽又爲代告記云弘治甲子正月重建闕里孔子廟成蓋自己未夏六月以災告上既遣學士臣李傑行祭告禮即命工部下山東巡撫巡按暨布政按察諸臣議重建焉都御史臣何鑑始會材物僉事臣李宗泗規畫略定今僉事臣黃繡綜理周畢而都御史臣徐源實總理之輪奐閎偉綵繪輝赫皆加於舊而告成事者臣源及監察御

史臣陳堯也事下禮部尚書臣張昇等以爲是數百年之曠典請加崇重以示天下上親製碑文祝辭命太常具香帛有司備品物卜日御正殿傳制特遣臣東陽自内閣來申祭告會有孝肅太皇太后之喪比葬服卒哭上未忍遽從吉禮乃避殿賜勅以行臣東陽奉命惟謹以閏四月丁卯陛辭癸未至於廟時臣源實迓於境衍聖公臣孔聞韶方在父喪聞命跛踊易服率族人迓於郊曲阜知縣孔彦仕扶疾迓於驛甲申遂致齋越三日丁亥乃祭中書舍人臣喬宗亦奉命有事於廟右通政臣韓鼎以督河至御史臣陸偁以巡按至臣盧許以清軍至左布政使臣曹元按察使臣戈瑄署都指揮僉事臣申寧以二司長至左參政臣冒政以分守至僉事臣袁經以分巡至副使臣陳鎬以提學至而臣鎬固皆在陪位分獻東哲則臣宗西哲則臣元東西廡則五經博士臣顏公鉉臣孟元啟聖王殿則三氏學錄臣孔公璜孔氏之族無遠近大小來會者以數百計則三日時雨連降及期而霽禮成之後星月朗輝神人歡暢歌工舞佾奉器執事之臣下逮胥吏僕從皆忻忻然如雲之從風水之從壑有不令而集者臣東陽乃退而歎曰於戲人性之善豈不信哉夫自情殤性鑿之後雖積歲累月嚴刑法以驅之使入於聖賢之域而不可得也及乎入聖人之廟觀聖人之所居與其子孫族姓見其禮問其器而因以想像其形容卒然之間息心與躁心釋而不自

贊禮凡畢且嚴者皆然由士大夫之貴而賢者不待論也然則天理之在人心者猶嘗一日亡哉聖人之教固因其明而導之使復其性而已孔子之刪述六經垂法萬世其功所以爲大不可一日而忘者也且褒崇之典雖於聖人無所加損而與治道常相爲重輕故太牢之祀肇闕漢業展拜之禮宋道興爲我國朝太祖高皇帝封爵奉祀建學置官逮我憲宗純皇帝增樂八佾籩豆十二天子之禮至是始備重熙累洽蓋有由然聖天子登極視學以來益加崇重是役也至集天下之財數年之力告成之際又輟諭思輔導之職詔旨詳切禮意深厚出乎常格所以示天下德音諸其嚮方一轉移振作開而聽者罔若是速也夫明乎祭之義則可以治國使天下知孔子之當祭則知其道之當行爲臣必忠爲子必孝無不復其性者擴其端而充之將不自今日始乎臣不佞旅[illegible]成事用告於來世若闕揚道德以新教化則奎章宸翰聯如日星有日睹所共觀臣何敢贊一詞哉又重修闕廟圖序闕里孔廟之垂建也其經費所出爲竹木之稅舟船之稅麥絲之稅及公帑之藏其各物之籍木則市之楚蜀諸境石則取之鄒酒諸山磚甓鉛鐵則官爲之陶冶丹堊綵則集之於商販創摶埴雕琢繪飾之工則徵之京畿及藩府之良者而夫役則雇之民間而官與之直若食焉巡撫之官始則都御史何公鑑巡按若御史高君崇熙布政若王君沂按察則陳

君塋督工之官則參議程君恖僉事李君宗濂其後皆更
代不恒至都御史徐公源御史陳君璘僉事黃君繡而以
成告廟之制中爲大成殿十楹崇八丈邃有奇廣倍其半
爲左右廡百餘楹後爲寢殿八楹前爲杏壇又前爲奎文
閣楹視寢數崇畧與殿等又前爲門四重中爲櫺三殿之
左爲家廟後爲神廚前爲詩禮堂爲神庫又前爲燕申門
殿之右爲啟聖王殿後爲寢前爲金絲堂又前爲啟聖門
前左右爲齊室室之外爲快覩仰高二門與觀德毓粹二
門而四又左右爲鐘鼓樓與角樓而六閣之前後爲碑亭
各四前四亭則本朝御製而祝勅諸文皆附焉惟壇及樓
及中門仍舊自餘或創或益並從新制材幹堅厚構繪完
壯象設端偉繪飾華煥悉臻其極盡一代之盛典天下之
大觀告備於此是李君所經畫而黃實成之丁始於弘治
庚申之二月落成於甲子之正月始建之命衍聖公宏泰
入謝於朝而不及其成落成之告令衍聖公聞韶已嗣爵
御史陸君偁盧君湖及布政曹君元按察戈君瑄等皆來
會齋祭既畢達觀於新廟東陽乃前揖徐公曰是惟都憲
之賢令行事集以成此功也又揖黃君而前曰是惟僉憲
之達於政勤於所事夙夜匪懈以有此功也皆遜弗敢居
又揖衍聖公而進之曰此惟先師道德之深澤聖天子崇
儒重道之盛心更新闕造必於自今首而式克承之尚慎
守祗承以無負於吾君無忝及聞命[illegible]也闕[illegible]曰[illegible]不於

斯言是圖東陽既紀祀事實君將爲廟圖刻勒於石以示久遠因復爲序之而瀦誌郡縣及凡有事於廟者則書其名氏於後云

命臧鳳巡按江西

乙丑十八年夏五月赦　除弘治十六年以前逋賦　闕里誌成

提學副使陳鎬著李東陽序之曰闕里志志闕里也闕里者吾孔子所居之地道德政教之所從出文獻之所在其志之也固宜古者有列國之史而又有四方之志九邱之籍至今猶存爲外史所掌孔子述職方以除之者大抵皆是物也封建既廢史惟朝廷有之至漢而備其書有帝紀有世家年表有傳有志事分而代輯及東漢南陽搆作風俗之後郡縣始各自爲志則兼地理人物文章制度而有之而史之法略具蕪雜竊陵僭壞或不能無先吾孔子以教爲政司馬遷之史特著世家嚴於有國歷代帝王褒崇封謚愈久愈隆其鍾毓號聖之地非一郡一縣比也宋元間族人宗翰輩嘗有紀述久而弗傳國朝成化末今山東布政使張若泰知鄒縣嘗輯孔顏孟三氏志其傳未廣也

弘治甲子重建闕里孔廟成東陽奉勅代告周覽遐慕徵爲一書巡撫都御史徐公源及衍聖公聞韶力贊其議此歸至德州巡按御史陸君偁盧君翊及布政使曹君元等各以書請適閩提學副使陳君鎬有事於此因舉以屬之取其凡例稍加潤飾且以孔氏實錄孔庭纂要素王事紀世家補鈔本致之以備採擇陳君乃參閱孔氏所藏祖庭廣記與凡遺碑斷刻諸書所載踰年而後成其法以闕里爲主附顏孟諸弟子之名氏事行而體統尊崇先聖肖貌及地形廟制而圖像著述世家宗派特爲世表而譜系明叙禮樂制度之沿革損益而典式具若詔誥勅祝之頒布章牘箋表文移之出納往復咸不備載而闕疑訂舛芟煩別僞惟其所當凡爲卷十有三爲目十有四爲文累千萬言於我國朝之尊師重道度越千古者燦然大明於世亦孔氏之家史也蓋有此地必有此書缺於二千年而成於一旦不可謂不難矣天下之學聖人者讀其書求其道想像其儀容而不可得見乎其宅里林廟必惕然感之乎心雖森方而產限地以遊因有終老而莫自遂者冀幸見焉何洛思禹得是書而覽之景行希聖之念不油然而興乎差夫金石雖堅不免磨滅斷裂之患板鋟楮印遞相傳續則可以至於無窮由今日以至於無窮者必自是書始故以徐公之意爲序適僉事黄君綸歸自京師因畀之俾刻於闕里置於所謂奎文閣者御史余君濂繼按其地於是

書有力焉故并書之而係黃修
建之蹟具在志中茲不復列云

丙寅武宗毅皇帝正德元年春遣光祿卿楊源來祭告少昊陵孔子廟

告少昊文曰於惟聖神挺生前古繼天立極宣著人文功化之隆德垂萬世茲予嗣承天序式修明祀用祈鑒佑永祚我邦家告孔子文佚

三月衍聖公孔聞韶以有父喪奏請免樂祀國學孔子廟從之冬除孔氏田賦

前後免糧地共三百六十九頃六十八畝七分有奇

世職知縣孔承泗到官

丁卯二年授臧鳳懷慶府知府　命衍聖公次子襲五經博士主子思書院祀

從學録孔公璜之請也

重修顏子廟成

王鏊爲記云孔子之道與天地並當時惟顏氏曾氏得其傳其後則有子思孟子而顏氏深且粹矣三子者得之皆有著述以垂世立教今大學中庸暨七篇之作與六經論語並傳萬世所以續往聖之絕開來學之途厥功大矣顏氏在聖門獨稱好學而終日默然如愚又不幸蚤死不及立言以垂世蓋其德則信粹矣而立教之功世靡得而稱焉雖然孔子之言曰四時行焉百物生焉謂聖人之道不在於言乎則幾於駒果在於言乎則幾於淺然則以言爲教又不若無言之教之深且粹矣故曰發聖人之蘊教萬世無窮者顏子也又況不遷怒不貳過博文約禮以至卓爾之地示後世爲學之則而因代禮樂立萬世爲治之大法則其功孰加焉曲阜故有廟其地即所謂陋巷者歲久圯壞過者興嗟弘治十五年六十一代孫博士公鉽奏乞修治詔可之正德二年告成前爲復聖殿後西爲祀堂公毀又爲顏樂亭陋甚并亭門室潑廡罔不繕治公統復乞紀其事以示久遠上以命臣鏊乃拜手稽首爲之詞曰周發道歷聖推孔作有唐推顏獨見其卓一瓢陋巷以樂其櫽茲日之學萬世之範於皇學宮齊尊道眞旣崇闕里顧

巷亦新門牆輪奐洊立其洙須與云

天其存者長爲之新廟斯道之光

戊辰

三年秋八月山東盜起

己巳

四年責成孔承章於廣西勅衍聖公孔聞韶約束族人

知縣孔欽聞韶請例選舉族人承章承周等與其有私帝以承章等所奏多虛量加譴責而世尹竟不用所舉者已而承章等猶欲奏辯帝怒責戍廣西乃加賜璽書令約束族人勅曰我太祖高皇帝崇重聖賢之道即位之初首命訪求大宗之裔襲封衍聖公既又擇其支裔之賢者授曲阜縣知縣世守其職著在令典累朝遵行茲誠我國家之盛事非爾獨一家之榮也近者由字欽爭縣滿及族長舉事人等遵故事其舉一人而族人不從承章承周乃懷挾私忿越闕赴京連名奏訐該部參酌擬奏例用一人以承章等所奏多虛薄示罪責顧猶潛住京師溷奏擾事衙門發其事遂命錦衣衛鎮撫司究問本當懲依律例遷治但念先聖子孫免與覆決打俱發戍廣西邊衛夫先聖之道垂憲萬世朝廷用之以爲治天下之法在爾輩守之則爲治家之法承章等首開訟端毀訐宗子以朝廷名爵爲私家爭奪之具是先聖不肖子孫也遷發遠方小懲大戒正用先師家法爲之教不肖子孫耳先聖嘗言其身正不令而

行爾問詔向佩服家訓遵學修德與族長舉事管理族人讀書循理以報朝廷崇重至意今後再有恃强挾長朋謀爲制不守家法爲聖門之玷者爾即奏聞國典具存必不輕恕

更正三氏學歲貢

生員顏重禮與教授先後具疏並以貢舉不均爲言禮部議令貢孔氏三名之後其年同貢顏氏一名孔氏又貢三名之後其年同貢孟氏一名著爲例

庚午　五年春三月免正德三年逋賦　夏四月赦　世職知縣孔承夏到官、饑

辛未　六年春三月盜入城犯闕里

盜劉六劉七寇山東以二月二十七日自鄒縣地方至兗州東關外肆行燒劫按察司分巡東兗道僉事潘珍率兵防守賊突入關廂燒燬官衙民居殺戮人擄婦女虜掠所及不崇朝縣治爲墟是夕移營犯闕里秣馬於庭汙瀆於迎祭器亦被毀殘又焚洙泗講堂之門次日乃去掠兩水[illegible]

生員馬鏞何世臣等爲盜所殺鏞大罵盜見殺世臣與姪生員良翰良士並被執號盜以大義盜怒俱殺之時孔公朋妻顏氏孔彥臣妻王氏孔宏憲妻賈氏孔公雷妻張氏孔公暘妻尋氏孔彥胥妻胡氏孔德澤妻陳氏孔彥琳妻宋氏陳思道妻孔氏皆以不受辱而死劉拱臣妻傅氏投井死又盜刦孔承浦家浦抗義拒之並妻王氏皆見殺孔公鏞女孔氏年十七被執罵賊賊怒解其屍

事聞皆旌表

壬申 七年春正月東兗道僉事潘珍奏請移縣築城許之

珍言宣聖廟在兗府東北二十里之外平原曠野素無城郭節次流賊往來震驚近雖撥有靖海衛存操官軍四百員名守護而賊衆我寡數聞風奔散賊退則偷閒糜費於事無益況曲阜縣去廟僅滿十里今該縣官并城中居民房屋皆被焚毀十無一二請趂此縣治殘毀之餘廟貌猶存之際將曲阜縣治移徙廟傍壘築城池以備防守庶廟貌縣治皆可以永保無虞戶部議覆當賊盜殘毀之餘爲聖靈保護之計廟必恃城而存縣必待人而守僉事潘珍奏稱將曲阜縣移築宣聖廟傍貸以兼守一舉而兩得候請准行得旨報可

秋七月修闕里孔子廟

廟爲盜所毀有司出罰鍰並募輸助得銀三萬五千八百餘兩以七月興工

冬十月免稅糧

癸酉八年春正月命巡撫趙璜來祭告孔子廟

文曰比歲盜起北方肆行東郡屢經闕里侵犯廟庭益常申命將官分兵守護聖靈昭布竟保安全逆亂既平儀文斯舉聿嚴祀事兼飭有司灑掃汙穢修葺損壞式還舊制仰慰神明尚祈鑒歆永祐邦國

召衍聖公孔聞韶入京陪祀

命分獻沂國公以釋服辭乃止

甲戌九年冬十二月加田賦擢臧鳳爲山西右布政使　知府

董旭建縣學於孔子廟之東

乙亥十年夏旱

丙子 十一年世職知縣孔公統到官　陞臧鳳都察院右副都御史

丁丑 十二年命臧鳳巡撫順天

戊寅 十三年改臧鳳提督漕運　優免樂舞生供給二丁雜役

嘉靖中又申明舊例優免之

己卯 十四年廩給流民歸業者　重置奎文閣書籍

御史熊相同叅議陳黌僉事錢宏黃道王億集費市之四方以次年四月至熊相爲之記

庚辰 十五年命臧鳳兼巡撫鳳陽　立三氏學學錄題名碑

臧麟爲文記之

兖州知府羅鳳補造闕里孔子廟祭器

辛巳 十六年夏旱　四月敕　賜明年田租之半免正德十五

年以前逋賦　陞臧鳳刑部右侍郎尋命兼左僉都御史提督宣大三關軍務鳳復姓孟

壬午　世宗肅皇帝嘉靖元年春三月遣吏部尚書石瑤來祭告孔子廟　文同成化元年

夏六月免稅糧之半　闕里孔子廟竣工　縣城成

費宏爲記云新築闕里城成衍聖公知德謂茲舉爲國家盛事不可使無聞於後也以書來屬宏爲記闕里與曲阜相去十里不遠故皆無城而闕里尤爲孤曠守望無所恃焉正德辛未盜入兗以正月二十七日破曲阜焚官寺民居數百區戕所及不崇朝縣治爲墟是夕移營犯闕里秣馬於庭汙書於池雖廟宇林墓幸而無虞然族屬散走神人震恐岌岌乎危亦甚矣監司議遣兵四百來戍賊衆我寡又墊風飄潰於防禦固無濟也維時按察使司潘君珍方以僉事按行東兗謂廟必相須以守盍卽廟爲城而移縣附之浹旬遂疏於朝會科道紀功茲土者亦以爲請下

之司徒司徒曰是舉一而兩得宜亟圖之下之撫按撫按
合藩臬咸曰境内之事孰有重於是者其何可緩羣議既
協詔從之爰命司空庀工而令役焉其基周八里三十六
步而益以負郭之田其版築用丁夫萬人而取諸農務之
隙其材用爲銀三萬五千八百兩有奇多出於諸司罰鍰
而復募高貲好義者助之經始於癸酉之秋七月訖工於
嘉靖壬午之春三月視其外則高墉深溝與泰山洙泗映
帶而縈廻視其内則廟貌公府伉然中居而縣治儒林行
臺分司以及市廛門巷罫布環列雅足以增宫牆之重前
此千百年之缺典乃今始克舉之後此千百年而有外侮
焉於是乎庶幾無患矣夫恃而不備君子以爲莒罪故勇
夫重閉王公設險蓋有不容已焉者也而春秋書城築數
十傳乃謂見志皆譏蓋養民在愛其力非時與制而輕用
之聖人於此誠不能無慮焉然事有至重且急而關於天
下之故不可以勞民而但遂己者故虎牢之城以夷夏之
防所當嚴也則許之成周之城以君臣之分所當正也則
善之至若閟宫之復泮宫之修以宗廟學校爲有國者所
當先務則又錄而不棄是可以測聖人之深意矣萬世而
下三綱敘正而諸夏乂安實惟夫子之道焉是賴顧兹闕
里以廟則通祀之宗也以學則立教之首也因盜警而慎
未然之防郎城築以致尊崇之意在今日惡得而緩此諸
臣之議天子之詔所以無悖於聖人之訓而遂成千百年

創見之功也宏不佞無能爲役幸執筆從史氏後於國之大事得述焉故不辭而記之當是時與其議者司徒則孫君交司空則李君璲祀功則給事中朱君奇御史吳君堂巡撫都御史則今司空趙君璜巡按御史則李君璣在藩臬爲布政使則今司徒秦君金及按察使吳君學參政孫君藏副使王君金參議閔君楷僉事盛君儀蔡君芝董其役者則知府童旭同知李鉞知縣孔承夏於法皆牽聯得書者也

召衍聖公孔聞韶入京陪祀分獻四配　世職知縣孔承震到官　巡撫陳鳳梧造鐘樓銅鐘

鳳梧爲銘曰維闕里有廟實先聖降神之地而設教於茲杏壇固在焉歷代尊崇規制寖備至於我朝益加隆重孝皇鼎新宮牆極其壯麗皇上龍飛改元鳳梧適承乏巡撫祗謁廟庭偕衍聖公聞韶達觀厥營時按察副使錢宏在陪位謂廟宜有大鏞以宣金聲而舊鑄以鉄厥音弗聰鳳梧韙之乃檄兖州知府陳談籍官銅若干鈞卜日範型鼓鑄惟良爰稽禮塗釁懸於闕里之鐘樓晨昏考擊聲振洙泗僉曰盛哉不可無紀敢僭爲之銘曰夫子之道集厥大成始終條理玉振金聲闕里翌翌四方是式絲竹餘音壞宅可御剡於昭代廟制益崇乃模乃冶成茲巨鏞實大聲

去鼓中闕外覺我未覺鼓聲鼛嘐然洋洋德音孔彰如
聽聲致曰和而非聯仰杏壇齊樂斯備喟然起敬王風萬
世

癸未 二年春正月地震　夏旱　秋大水詔免元年稅糧之半
巡撫陳鳳梧重修洙水橋建石坊及廬墓堂
鳳梧又爲孔子贊曰道冠古今德配天地删述六經垂憲
萬世統承羲皇源啓洙泗報德報功百王崇祀顏子贊曰
天縱純粹一元之春精金美玉和風慶雲博文約禮超入
聖門百王治法萬世歸仁曾子贊曰守約而博學恕以忠
聖門之傳獨得其宗一貫之旨三省之功格致誠正萬世
所宗子思贊曰精一之傳誠明之學聖門嫡派斯道攸託
發育洋洋鳶飛魚躍慎獨之訓示我先賢孟子贊曰哲人
既萎亞聖斯作距詖闢邪正論諤諤堯舜之性仁義之學
烈日秋霜
泰山喬嶽

甲申 三年春正月地震　夏旱巡撫王堯封建義倉賑貸三氏
子孫

倉在察院
行署南

重修洙泗講壇
正德六年壇火於盜巡按御史李獻副使吳山參議王崇
參政呂經乃重修之命同知姚奕瑞訓導呂文祥督理之
修撰呂柟
爲文記之

乙酉四年秋大疫　頒備荒賑濟法

丙戌五年春二月定有司三考有政績者乃遷　三月南京刑
部尚書孟鳳卒　冬十一月頒敬一箴　總理河道都御史
章拯徙縣學於廟西
即舊闕故址也中建明倫堂五楹東西各列號房堂左右
二齋左進德右修業各五楹堂後爲敬諭宅進德齋後爲
敬一亭修業齋後爲名宦
鄉賢祠祠後爲訓導宅

丁亥六年定三舐生員歲貢之例

題准劉節奏稱三學生員歲貢向來惟以入學爲序並無考選例是以學者無所勸懲請定爲考選之法凡在學生員先立廩膳增廣附學之名廩增或照府學各四十名或照州學各三十名附學不限名數俱令提學官考校以上等者爲廩膳次等者爲增廣餘爲附學廩膳有缺增廣收補增廣有缺附學收補至於歲貢不論入學淺深惟照廩膳名第爲定不許攙越部議照州學例設廩增各三十名以廩膳名次起貢每三年貢二人

頒欽明大獄錄　贈孟鳳太子少保遣官諭祭

遣布政使司右參議劉淑相祭二壇

刑部左侍郎劉玉撰碑文詳列傳

戊子　七年夏六月頒明倫大典於學官

己丑　八年夏六月立三氏學　行人司司正薛侃疏陳闕里孔子廟七事

侃言孔子之道垂範百王故文廟極尊崇之典而曲阜又闕里之地臣奉使魯藩目擊其敝謹陳七事伏惟俯垂採納一曲阜縣闕里孔林所在天下臣工過兗州府者便道拜謁夫馬迎送頗多疾首蹙額咸以曲阜十六里耳半爲

孔氏以免其役則是以八里之民當天下之士夫奈何不困弊而弗恤乎議者謂曲阜向有二夫二馬十五驢出跕也縣驛之差可以取回或行撫院官員從長議處協濟務使士夫得展其誠邑民不受其累一曲阜文廟前築高垣但使傍門出入謁因大門中闗則過者未免下馬夫便士夫之與馬而塞文廟之正門甚不可也請永行改正爲宜一從祀兩廡禮皆左右列坐推兖州府有北面朝坐者臣竊見闕子東廡自劉向而下西廡自孔安國而下各十六人亦皆北面朝坐則此禮之失不但一處爲然一門之內舉目相獨從祀者安之乎諸通行蓋正一從祀如公伯寮家語不載必非弟子又愬子路於季孫以阻斯道之行是聖門之號也至於秦冉顏何皆不見家語馬融自設絳帳前授生徒後列女樂害道傷教甚矣請均罷祀一顏曾思孟配享於堂上而顏無由會點孔鯉皆坐堂下揆之人情大非所安薦於大成殿之東東廡之上別爲一室以祀三子之父一孟子沒而學誨至宋周敦頤程顥追尋其緒陸九淵繼之心學復明令諸子皆從祀而九淵獨未與焉以蚤歲嘗與朱熹論說不合故其徒遂撰之爲譚也臣以篤宜賜增從祀一翰林院檢討陳獻章傳而能剬不離人倫日用而見鳶飛魚躍之機雖無著述其答人論學等書巳啓賢聖之扃鑰伏乞將獻章賜諡從祀以彰我皇之

鑑奉旨一非會議更正本朝儒臣待公論定後再議

冬十二月更定孔廟祀典尊孔子曰至聖先師

初議者欲改定文廟從祀諸賢及七十二子之祀禮部侍郎倪岳言馬融王弼之徒其立身不無可訾然秦漢以來六經出煨燼賴諸儒抱遺經專門講授經以復存唐之注疏咸祖其言而今之經傳引用尚多其說何可盡廢七十二子名字自馬遷以來相沿已久今生千百年後安敢臆定於是悉仍其舊後少詹程敏政又請黜馬融等八人之祀而祭酒謝鐸又請黜吳澄之祀給事中張九功并請罷荀況公伯寮蘧瑗等而進后倉王通胡瑗時爲禮部尚書周洪謨傳瀚等所却而止先是裴侃有請以顏曾思三子父列配啟聖之議但行之闕里未推於國學及天下郡縣學宮南京國學易像爲主北京猶未之改至是大學士張璁方以議禮得進乃緣帝意更定一切祀儀至請學正文廟祀典以下禮部會同內閣翰詹諸臣議准孔子享祭學宮本孫尊以先師之故自唐加王號而先師之名遂泯人以聖人爲至聖人以孔子爲至宋真宗稱孔子爲至聖其義已備今宜令兩京國子監及天下學校於孔子神位題稱至聖先師孔子去王號及大成文宣之稱改大成殿爲先師廟大成門爲廟門四配稱復聖顏子宗聖曾子述聖子思亞聖孟子十哲以下凡及門弟子皆稱先賢某子左丘明以下皆稱先儒某子去公侯伯爵依南京國子監規制

製木主仍擬大小尺寸著爲定式其塑像書行屏撤以別釋氏之教春秋祭祀遵舊制國學用十籩豆天下八籩豆以別郊廟之祀樂舞止用六佾樂章內王字皆改用師字凡學別立啟聖祠中祀叔梁題啟聖孔氏神位以顏無繇曾點孔鯉孟孫氏配俱稱先賢某氏兩廡以程珦朱松蔡元定從祀俱稱先儒祭祀與文廟同日籩豆牲帛祝四配東西配位視十哲從祀先儒視兩廡國學以祭酒主祭南京則以司業從祀申黨即申棖宜存申棖去申黨公伯寮秦冉顏何荀況戴聖劉向賈逵馬融何休王肅王弼杜預吳澄十三人俱宜罷祀林放蘧瑗鄭衆盧植鄭康成服虞范甯七人俱宜如所論各祀於鄉后蒼王通歐陽修胡瑗四人俱宜如所論增入從祀帝乃親製祭文遣官告孔子曰自昔混沌之初天命羲農軒聖創世開物至堯舜禹湯文武周公以及先師列聖相繼奉天行道立教誨人肆我聖祖再造區宇化行天下我聖祖崇禮於先師者御製有文典冊俱在予惟寡昧之人仰遵祖憲去前元褒慢之偶像如祖製尊崇之聖謨贊翊核實俎豆究本以遵禮典兼體先師至意予實不聰賴先師默鑒及貢輔洪儒所贊之也爰擇令辰特命大臣奉安先師神位以及配從之人於此惟先師邃知承依陟降大運神化教我君民俾予性理發開而無負皇天付托之眷命暨士庶學業咸正而無遺傳道之至情予實有望焉惟先師覺之又以行人

諱侃言增修九淵從祀是年初祀聖師於文華殿東閒[illegible]制伏羲神農黃帝堯舜禹湯文武皆南面周公孔子東西相向經筵前一日帝親致祭服皮弁行釋奠禮每月朔望具果酒帝服黃袍行禮閒遣輔臣及大臣代

儀

敕　巡撫劉節奏請敎養三氏學生

節言孔氏子孫散居縣治一十六社子弟之在三氏學者不過一二百人求學者尚多數倍是以愚劣者甚衆請立家塾縣治四塾各社一十六塾選本族生員爲敎

庚寅　九年詔修葺少昊陵有司依期齋祀毋或怠褻　儀

壬辰　十一年世職知縣孔公珏到官

癸巳　十二年春遣行人陳壋召衍聖公孔聞韶赴京陪祀

陳壋有使魯記云皇上臨御十有二年歲三月丙辰釋奠於先師我國家令典天子始即位則行之皇上酌古宜衷一紀再行曠哉義章矣故事天子幸學則取孔氏衍聖公及族人之老成者五顏孟氏及族人之老成者各二俾乘傳來京藥之以事是舉也所使將命於魯者行人壋實來夫士之竊附斯文孰不欲一至闕里望宮牆而下拜焉以

慰其罔極之懷而益得以執事至也榮且幸孰太焉乃正
月戊午至曲阜既致所事遂謁廟孔宗子上公知德仲君
翰傳知節賓子而入拜於杏壇之下惟藻廟貌崇嚴丹雘
炳燦肅瞻堂階周視廊廡有以見當時依歸步趨之盛手
植一檜勁立不枝紺文鐵色雖羅災就橘而靈根自宰將
時數而徵瑞焉有以見元化幹旋篤厚之妙退孔氏族長
少序列於大門之外冠服推稱拱揖以儀彬如也有以見
聖庭遺訓流澤之遠穹碑厚碣自杏壇達於橋門奎章傳
作自漢魏達於今筆跡墨妙自篆隸達於象古浩瀚瓊璋
摟閱所不能盡有以見歷代尊隆興纂之極登奎文之闡
憑虛四望泰山巍其北嶧山峙其南尼防九山秀其拱抱
放洙泗沂水而前後映帶焉有以見天地得耆發毓之趕
左聘家廟孝思之所也右仰敬聖是夫子之成親也出謁
顏子之廟於其東北陬從容顏樂之亭陋巷之井而後退
越日出城之北門三里詡選造夫子墓下則主人伯仲追
至爰儉于思堂並拜於饗堂之外入即墓所東爲泗木儀
南爲沂園公附焉西識于貢廬墓處東南有宋金駐躍事
林木繁茂風氣中和棘不生鳥不巢木不名昔若所聞注
人指我以楷木於識所謂楷木行於兆域之外則四世而
下至於今之爲孔氏者皆葬焉古人族葬之序收族之本
蓋如此越日謁洙泗書院在林之東北數里去子自魯反
潛劉逆六蠻爭也亂叙注家聞四于廡從十子從容拜適

修敬焉時則邑學之師沈[illegible]導溫戴君三人與越日觀城南之達泉過沂水登舞雩壇返觀新泉濯纓泉懸孔子之詠歸亭曾皙之志夫子之與猶能彷彿其萬一時則戴君一人與越日暨獨往泰山蓋九日而後返又數日二月朔偕學師三君者之鄒謁孟母墓於馬鞍山下又謁孟子廟於鄒南門之外是夕宿嶧山麓越日登嶧山由嶧六十里至尼山宿顏母山麓至則孔季君知方與其弟知教先俟我於其麓越日登登則先之尼山山有夫子廟又從容拜而修敬焉惜山木盜毀廟貌剝蝕無稱仰止之意峯曰五老亦陟其巔不見其坊洞曰坤靈未窺其奧不見其像智源之溪中和之壑觀川之盧亦浸弗之徵矣復之顏母山山西北有洞焉叢木既澈洞乃出仰口深中可容人數十籌登而下石磴而乳垂一奧奇也出飯宿處三十里飯知節之湖上望嶧莊過少嶧蓋人故魯城歷顏氏林謁周公廟至於曲阜四日上丁衍聖公有事於廟壇用使禮拜於階下登觀於階上禮成三獻樂奏六佾畢事而退越一日退三氏之之京者行壇亦行邑之丹孔君學之師王君三氏之師孔君邑之士夫郭君陳君張君孔君祖西郊而別夫壇之至於斯也考先聖之遺而懷之者過半矣凡行人之使也九重授節萬里布信耀則有之鮮若壇之得以文事者人之至於斯也徒以誠敬之心取道而自將焉難若壇之得以王事自喜其足以紀也乃次第書之

秋八月赦　巡按方遠宜重修縣學見舊志篇

嘉靖

甲午　十三年秋八月遣官來祭少昊陵

丙申　十五年冬十一月赦十二月赦　勅監察御史郭本巡視上江

丁酉　十六年秋大水　八月遣官來祭少昊陵

戊戌　十七年夏大旱　冬十一月赦　巡撫胡纘宗建金聲玉振坊纘宗又題城南門額曰宮墻萬仞又爲孔子贊曰一以貫之金聲玉振是謂大成賢於堯舜教在六經道該學聖生民以來未有其盛

祀十八年春二月赦　以曾子裔孫質粹爲翰林院世襲五經博士　三月赦

庚子　十九年秋八月命知縣孔公珽祭告少昊陵　始給三氏學生員廩米

巡撫李中奏言三氏學設廩膳生三十名未有廩米乞照各學例給之又奏准泗水縣澶府故絕祿米內歲給三百六十石爲三氏學廩膳二十三年又以泗水道遠支給不便改將曲阜縣應納魯府祿米三百七十三石支給

壬寅　二十一年世職知縣孔公澤到官

癸卯　二十二年夏大水

甲辰　二十三年巡撫曾銑建太和元氣坊

乙巳　二十四年夏旱

丙午　二十五年春二月衍聖公孔聞韶卒子貞幹襲封　遣行

人劉祿來諭祭孔聞韶　世職知縣孔承業到官　重修縣學兖州知府曹亨同節推請於撫按出府藏銀三十五流育奇發官五流有奇擲河水丞李守維曲阜典史范廷美新合孔承業協贊綜理二月經始四閱月落焉御史郭本記之

壬子　三十一年秋八月遣官來祭告少昊陵

癸丑　三十二年春三月賑饑　夏大水漂溺廬舍　秋八月賑饑免稅糧　重修闕里林廟成

甲寅　三十三年夏旱蝗　城市里廬積數寸

乙卯　三十四年秋八月遣官來祭告少昊陵

丙辰　三十五年夏旱　秋七月衍聖公孔貞幹入朝八月以疾

辛　遣禮部侍郎袁煒諭祭行人何燧護喪歸里孔尚賢襲

封衍聖公

尚賢貞幹子也

己未　三十八年秋八月遣官來祭告少昊陵

辛酉　四十年秋八月遣官來祭告少昊陵　巡撫張鑑建狀元

坊

唐藏通朝二人孔振孔纘中邦朝一人孔拯大中朝一人孔緯承嶽朝一人顏康成

初撥引鹽一千於縣

壬戌　四十一年秋九月賜敕戒諭孔氏

尚賢上疏言族屬繁衍家範日弛往往違度干紀無以仰稱朝廷崇重至意帝賜敕曰惟我祖宗列聖稽古右文崇儒重道於先師孔子特隆象賢之典其大宗之裔錫爵嗣封承奉祀事統攝宗人其支庶之衆亦加優遇肆朕率循

睿章恩禮益至顧族屬既繁哲愚非一往往干犯國憲有玷聖門茲特賜爾勅諭令爾尚賢督率族長舉事管束族衆俾各遵守禮法以稱朝廷嘉念至意爾宜修德謹行以身先之如有恃強挾長朋謀爲非不守家法者聽爾同族長查照家範發落重則指名具奏依法治罪爾其欽承之

癸亥　四十二年冬十月熒惑自胃退行抵婁　世職知縣孔宏廊到官　三氏書舍義倉成

義倉在夫子廟稍東爲三氏子孫作歲久而廢巡撫張鑑檄曲阜縣收木石可用者發帑銀益之以新爲屋南五楹東西十楹重門周垣井竈必備僉守者一人司扃鑰顔其南曰立齋東曰興齋西曰成齋協教授學録選弟子孔宏鍚承先宏堤顔從舜嗣禛三十二人居焉

甲子　四十三年饑

丙寅　四十五年春詔令衍聖公選舉二人送撫按考試題授知縣　冬十有二月赦免明年田賦之半及嘉靖四十三年以

前逋賦

曲阜縣志卷之二十九終

曲阜縣志卷之三十

知縣楚安鄉潘相纂 男承熾編

通編第三之十六

丁卯 穆宗莊皇帝隆慶元年秋七月招撫流民復五年 召衍聖公孔尚賢入京陪祀命分獻 九月遣尚寶寺卿劉奮庸來祭告孔子廟

文曰追惟先師道兼群聖教備六經歷代帝王是宗是式兹予踐祚之始良深景慕之懷特遣廷臣用申祭告伏冀昭垂訓廸永祚皇猷

戊辰 二年春三月赦

己巳 三年春賜勅諭衍聖公孔尚賢約束族人舉賢德罷不率

巡撫姜廷頤葺闕里孔子廟

殷士儋爲記曰隆慶己巳春山東巡撫都御史姜公廷頤親詣闕里視孔廟頽敝謀議營葺維時河道都御史翁公

大立過按御史周公詠咸相成之因斥金若干檄下所司爲工庀材以繕厥事經始於閏六月二十二日至十一月告成諸殿寢門廡堂閣齋亭爛然改觀其杏壇舊制則撤而更新增置石欄重簷櫺星門之外稍拓地紆回其道以還衢市蓋廟之制壯麗周敞稱完美矣衆謂宜有詞勒石以紀成功而屬之於余謹拜手稽首言曰粵自鴻濛肇判聖喆挺生繼軒而降作者非一人矣乃孔子獨崛然爲帝者師萬世無改豈直以其道德仁義包舉羣聖金聲而玉振之哉蓋羣聖遜於四海能以身建太平之烈然欲令萬世太平猶一日則不能也孔子雖屍於素王之位而六經刪定炳炳麟麟凡羣聖相繼治天下之大經大法咸舉而筆之於書使後聖有作皆可遵用其言以東文宇內蓋自獲麟迄今二千年而三綱常明九法常敘民不沉溺於欲入不淪墜於物是孔子澤流後裔無窮極也故孔子者萬世斯道之宗主也皇皇哉立言闡教之功與日月俱懸天壤共敝矣漢興以後世主咸知致祀孔子而遵用其言以爲治者勸故孔子之道其行於時有盛有興而王化相與爲升降爲國家稽古立極於崇奉孔子之典恭隆大備遠自九重之尊下逮里巷無不歸事之文述而京都遠而樂敞海徼無不有廟以除其祀典而儼然將於王者春秋左事則遵業尊祖之儀典勺干籥之器秩秩焉雝雝焉光覽無可是準御之盛秉有禮具樂和如斯者也郊齊

尊之而已我朝宗闡[illegible]籍選歲貢部聖諭褒變儒雅以文大乎凡廟堂所以孫[illegible]大獻公卿大夫所以褒贊引護以至闕胥族師之所教諭蕃夷武卒之所投習一權堂人之言是崇是重當此之此上無蠻制下無社學試試焉中正之執立純自之化流臨習須風不得而雜承其間是孔子之道行於時亦未有照識朗微如斯者也故在前代洽僅小康而一再傳後亂棗觀生我謝堂堂相承休德宣恩純熙物穆彌久彌教二百年來君有兆衣致理之逖臣有奉公守法之道士有崇盧尚善之美民有含哺鼓腹之歌編黃之談敵於螢燭夷見之限嚴於冠履玄風不洽雅頌聿興和氣韞釀瑞藹文應傑蔽煥乎萬世不刊之鵠業在丟三代以還莫得而粤翳矣發共崇道右儒為世儀則以登大化不亦籍乎恭惟我皇上躬膺寶籙首幸辟雍士林生色而又惟雖聽講人廷敷於游心儲思一以孔子為極其精神義氣風動景馳雖在遐方僻壤亦皆敬應不暇況乎闕里為孔子誕龍之邦禮義教化所自出也而廟貌弗節觀望闢然其母以藏若王上之明德凡弃所以為天下倡始也今諸公有事東士乃認謁焉以作新為任工不閩藏而翰矣增貴神靈攸安士儒衣儒冠揖讓其中升其階序優德如聞金石絲竹之音雖縉紳之徒來自遠方者亦就其家而覽觀禮器至於低回不能去信乎盛世之榮觀鴻士之令積也繼今聖教日廣帝載日融撥厥弥元賞自魯

國開之則今日孔廟之修豈惟推衍主上文明之治以率
先海内其於國家崇道右儒之盛將益光顯而太平暨烈
承永不替矣於戲休哉余不佞謹記之以俟方來云是役
也山東巡撫都御史粱公夢龍巡按御史羅公鳳翔張公
士佩洎布政使姚一元王宗沐陳瓚陳錦參政吳承燾劉
孝龍光參議潘允端宋守約按察使周世遠吳文華副使
繼良鄒善黄登周鑑李汝僉事蹇遷郭天祿徐炳業憲高
允謙謝東陽兗州府知府張文淵朱泰同知何其賢通判
許際可王民推官景嵩滋陽知縣王旋寧陽知縣秦吉士
汶上知縣趙可懷皆與有勞於法得並書爰系以詩曰昊
穹生民民厭有聖神體陰陽宗主彝倫於鑠宣尼道隆德
傳金玉其成時惟木鐸六經刪定典訓燦然譬彼日月朗
而行天流澤鴻龐以覺來裔萬祀宗之血食弗替巍巍詰
王勃其有興廼茲命棫大猷允升皇明御寓纘聖是式薄
海之内廟貌有翼聖道欽只皇風載昌文恬武嬉休有烈
光瞻彼闕里孔子之宮崇墉廣舍靈氣鬱蔥歷年滋多材
朽蝕撫臣日嗟恐可弗飭爰度爰咨爰興鳩搆輦工畢
藝不日而就肆肆其筵奕奕其識丹雘黼鮮穆穆且貞爰
人其門爰瞻其堂百官具陳金絲琅琅威奠爲何籩豆簠
孟神之來臨既安且喜章甫我逢掖翩翩威儀有斐載
歌載絃人亦至止爾贈俱佩於帝報功焯乎大哉元氣未
協萬年有造人文丕煥賚我無疆道德宗嘉瀛泗水湯湯椽

詞貞狀並乘無識

世職知縣孔承厚到官　罷世職知縣　廣西道監察御史趙可懷請將世職知縣止支俸給專管林廟縣之務以兗州府清軍同知管理發之

夏閏六月旱蝗

辛未五年夏四月大水　衍聖公孔尚賢參奏原任知縣孔承厚　尚賢言承厚恣情驕傲妄出概縣事乞罷冗員裁革仍賜兗處

冬十一月大水　以禮部右侍郎薛瑄從祀孔子廟

壬申六年夏六月赦　以宋儒羅從彥李侗從祀孔子廟　兗州府同知劉岸重修縣署

癸酉神宗顯皇帝萬歷元年夏四月遣尚寶寺寺丞張孟男來

祭告少昊陵孔子廟

少昊文曰予惟神聖挺生繼天立極人文宣著德被無疆
茲予明嗣鴻圖式修明祀仰爾英靈祚我家邦孔子廟文
與隆慶
元年同

復世職知縣選廪生孔弘復爲之

先是有詔復祖宗成法山東巡撫傅希摯題按吳從憲等
因奏言曲阜世職知縣乃國家崇報先聖之典邇緣舉用
非人民受其殃盡行裁革旋有因噎廢食之病且曲阜縣勢
多佃廟二戶與小民雜處動輒爭競各相偏護欲知縣動
即掣肘一時執法輒被衍聖公參論實非祖宗立法之意
必酌定畫一之法方可經久宜後選授先行提學道將孔
氏廪膳生員考取四人送院院覆考取二送部部再考取
一人注授駐劄舊城有能盡心愛民才守兼優者照依流
官一體陞擢若貪酷不職者聽撫按參劾既不管轄林廟
與聖公原無相干不得妄行阻撓衍自專論其同知亦管
縣務仍駐新城專司巡捕如議曲阜世職知縣止當愼擇
其人不當并棄其法其請復世職及考選之法悉如議行
王同知應令仍舊回府
專管清軍事得旨允行

建常平倉
宏復既任事患積貯不備無以救水旱乃建二十四倉以廣儲蓄民賴以濟
戊辰二年冬十月嚴諱盜之禁
乙亥三年夏命撫按有司賢否一體荐劾不得偏重

丙子四年春遣布政司參議周舜岳諭祭衍聖公孔尚賢之祖母衛氏　初令世職知縣同流官一體朝覲　夏四月雨雹
秋八月召衍聖公孔尚賢入京陪祀尚賢以服辭許之命
知縣孔宏復祭告少昊陵
丁丑五年改闕城南門
戊寅六年春正月免逋賦　冬大雪　十有二月巡撫趙賢營
葺闕里孔子廟

于慎行為記曰粤萬歷改元天子嗣大歷服遣使奉書祇詞告於闕里越四年丙子天子乃御皮弁釋奠太學以率天下邇聞遂聽彬彬嚮風矣又越二年戊寅巡撫山東都御史趙賢以行部至曲阜展謁廟廷見其堂序齊室多所廢徹因與監司守長計之以為闕廷崇禮先師尊無與亢而學顓所興廟貌弗飾非所以奉揚休德而昭示永遠也乃謀於巡按御史錢岱共圖營葺而前巡按御史王藻亦嘗肇謀於先至是兩臺議定乃下計所可權材計程庀徒授日肇吏稟式小大率從經始於本年九月十五日凡四月而竣工夫管窺乾象無以究其崇卑圭測坤維不足明其近遠何者氣冒於形則形之所不運道周於器則器之所難名也况乎德冠生民智包羣品立三才之極經垂萬世之儀型者哉故子貢以為終身戴天不知天之高也終身踐地不知地之厚也至矣哉擬議不得其形容隨迹不盡其終始上智之所難睹能言之所罕譬矣夫所謂聖而不可知者其在是哉雖然天不可窺而日月懸其象故仰觀者有則地不可度而山河麗其體故俯察者有儀聖不可知而六經傳其蘊故彰往察來者有準也蓋求聖人之蘊則於其燦然者矣即其所謂可得而聞者也是故二帝三王用六經之實以陶埴天下而夫子著六經之文以垂憲方來二千餘年之間上而英君誼辟以之總理人羣下而教佐貞臣以之彌綸丕遠近而經生法士談論於黌

名文物之盛遠而夷裔要荒遊衍于禮樂衣冠之俗其斷
而可問者如日月山河嶽則照燿而彝不宜孫其隱而不
可知者如一元之氣布蒙周決而無有涯羨故曰夫子之
道大矣然藹觀三代以降其大經大法固契然列子六鑾
而華言小辯猶雜然出于百家妄意儒者之學以爲博而
寡要勞而少功至于道德名法陰陽列而爲六故其耳目
心志不能陶于齊一之源而其政教風俗無以鏡于粹精
之理此三于靡企而五帝圖幾也然則六經之效其有所
未書白而夫于之道其有所未盡用歟我祖宗紹天立極
握符御宇以規萬德於天下郡邑廣避學宮衛布經籍爲
士程訓要以統一聖與屏斥異說抱冊而遊費序則不敢
讀非聖之書操鳳而謁有司則不致奏違方之諒論學則
士苴九流談治則標枕霸略是以政教熙明風佾粹美湛
恩鴻麗浸渾上下吏緣儒術氏樂統涵方內一軌殊域迴
面爰逖我皇上儲精垂祠執經講藝以宰制六合埃北萬
類於鑠哉至治之微蓋將與二帝三王之盛合符而蔑烈
矣是何也以其純用六經之教而百家之禽不者也夫徽
偉太上則謝施之義離徵而潤洽羣生則返始之禮有在
夫于之循其昭融流行莫有盛於今日則尊崇之憲宜其
鞶隆大備而邇軼往藻矣況水木本源之地又惡可弗重
乎且是邦也左則滄演浩瀹百谷之所朝宗後則率岱穹
崇鞏山之所環拱而閎宮巍闕從而雄峙其中與帝者之

□皇□宗卷三十　遞編　五

居比隆而埒虖固宇內之盛觀也今又從而鼎新之丹藏炯晃棟宇煒煌車器畢陳金絲可聽士而揖讓其中不有祗回靈跡慕懷德蘊思以接聖神之令緒而宣昭代之典巍峩哉乃若中丞保釐綏靖文教覃敷待御振飭激揚風聲丕樹固將與是舉同不朽矣至其贊襄於內則有若左右布政使于宮用張士佩楊一慰參政余立陶大顯按察使楊芷副使郭天祿周之屏以規畫於始則有若分守參議查志立分巡僉事粟在庭沂州兵備僉事劉應元而究州府知府周標賓任之以督課於終則有若分守參議南軒分巡僉事詹沂而兗州知府朱文科實咸之其會計財力則有若沂州知州李夢鄒縣知縣馮中州泗水縣主簿王諾而專司工程者則兗州府同知尹言濟寧州知州掌曲阜縣事孔弘復及曲阜縣縣丞馬愼勤勞勤雖有大小總之功力於盛典者云事成衍聖公孔尚賢受之以春秋共祀而鄒侯朱公命曾人于生記之夫崇文章執都使之續也言將稱代史氏之藏也敢敎其始末以丕揚為烈著之有永乃系之詩曰厥初生民混元藏闢亦有神聖承天立極皇風遐昭帝典弘敷道隨代遠化興世組大載素王降而應運用集厥成以彰丕訓丕訓伊何曰惟六經闡職宇宙如彼日星功高列辟澤流中古闡乾象坤實維化亡慈膺九寓誦習窮延師之宗之於千萬年於赫我明紹圖開釋學禮聖師有加在昔我皇纘歷寶克繩武衛衍文濁

肆於下土百家屏黜聖統昭明道之未墜於是大行剡府
闕里寶鍾光徽厰有寢廟神靈所托有偉中丞觀風下邑
爰勤宏宇載懷與葺昭哉柱史詢謀僉同則有司存作於
閟宮鳩材庀徒工成不日美奐美輪匪雕匪飾玉陀彤庭
丹楹畫角壁似藏書堂疑聞樂不改厥制而煥厥文煌煌
圭組於焉駿奔東控海門北倚泰岱與此而三爲域中大
道於天地與國無疆維此諸公休有烈光
況我魯人有不夷懌敢勒鴻名摛之無斁

己卯 七年夏六月覈勳戚田賦 秋八月減均徭加派

國初設法有里甲均徭雜派三等自嘉靖以來行一條鞭
法量地計丁丁糧畢輸於官一歲之役官爲僉募頗稱簡
便然諸役冗費名罷實存有司追徵如故
百姓苦之至是詔減銀一百三十萬有奇

詔衍聖公自賀萬壽節外毋常朝

庚辰 八年冬十一月度民田

初建昌知府許孚遠始爲歸戶冊以田從人法簡而密至
是復用開方法以徑圍乘除畸零截補於是豪猾不得欺
隱而小民無虛糧然有司多短縮
步弓以求田多後遂按額增賦

壬午 十年春正月免積年逋賦　遷三氏學於按察司行署東

如縣孔宏復以學舍界於公府藩臬行署湫隘抑塞規制不備故遷之

夏五月免孔子後裔賦役　秋九月赦

甲申 十二年詔以陳獻章胡居仁王守仁從祀孔子廟

丙戌 十四年春嚴外官饋遺

丁亥 十五年秋七月旱　巡按御史毛在請三氏學益以曾氏之在嘉祥者改名四氏學從之

戊子 十六年夏五月疫　旱　蝦蚄食苗根過半

己丑 十七年秋八月嚴匿名揭之禁

辛卯 十九年春三月有星如孛歷胃室壁閏三月八隻　新建四氏學成

工始於十年正月落成於是年六月有黄子美記之

壬辰二十年巡按御史何出光期建聖蹟殿立石刻聖蹟圖百有二十

邵以仁記曰傳曰德厚者流光德薄者流卑余觀於孔子蓋厚德之至云圖宜流光萬世與天地相無窮也然究其所以無窮者心也非迹也人之心以天地萬物爲體以生生不息爲用引之無始要之無終放之無涯卷之無倪廓徹圓通靈明虛湛實生人之本千聖之基也顧其體至妙其用至神操而存之爲智爲賢舍而忘之爲愚爲不肖此危微精一之訓開萬世道統之源而孔子得統於堯舜以心也顏之克復曾之忠恕子思之慎獨孟子之求放心皆是也是孔子之所以法當時而傳後世者也如以迹而已耳則五老之降素王之稱近乎語神矣商羊指木萍實許霸近乎語怪矣乘田委吏不爲卑司寇攝相不爲尊誅少正卯隳郈費講睦墓不爲專化中都却萊夷歸三田不爲功行可於桓際可於靈公養於孝不爲絀伐樹於宋見圍於匡絕糧於陳不爲阻適齊適楚如衛如陳不爲狗見南子之公山往中牟不爲辱孔子何庸心於其間故善觀孔子者當識其所謂仁所謂一而孔子之聖在是求之克復

忠恕慎獨求放心而學孔子在是舍是則迹矣夫孔子之迹孰有大於贊周易刪詩書修春秋定禮樂乎今觀易之奇詩之性情書之中禮之敬樂之和春秋之經世固在吾心而出乎象數文辭之外也不求諸吾心六經何莫非迹邪況身之經歷與其所不語者邪莊周之言曰孔子見老聃而陳六經聃曰先王之陳迹也子之所言猶迹也迹者履之所出迹豈履哉以迹觀孔子者可釋思已雖然孔子之迹可遂泯乎世惟豪傑之士無文王而興中人以下恒感發而勸也以及門之賢如子貢之敏猶以言語求聖人況後世乎余不佞產於黔距孔子之邦八千餘里恨莫由睹其宮牆辛卯冬奉命備兵東魯乃登杏壇浩然徜徉觀宗廟之美願學之心裴然發然依往昔今聖圖之建也無亦感發後人之意乎是錄也始於侍御何公出光成於縣尹孔君宏復余感夫觀斯圖者孰其迹而不思其所以迹也故因其微文而作是說以予之語云衆言淆亂折諸聖孟子曰遊於聖門難爲言余非有言也折諸孔子云爾

癸巳二十一年初修縣志

分土地人民政事文獻四編凡十一目監察御史何出光爲之序

二十二年世職知縣孔貞教到官　命衍聖公長子孔衍

椿爲公世子賜二品冠服　巡撫鄭汝璧巡按連標重修孔子林廟周公廟顔子廟

于愼行爲之記曰聖上膺圖總御二十有二祀歲在甲午山東巡按御史潁川連公標奉命省方至於闕里祇謁孔廟拜於杏壇之下仰觀者三繞謁孔林拜於洙水之陽環視者三進諸大夫而詔曰惟天子祇若典訓程釋八蹕用崇祀於先師孔子我二三執事得膺簡書以來奉化於東土茲惟聖作之邑亦惟廟庭林域自弘治鼎新焕造於今歷載滋久無乃有所頽敝以失大觀若在元聖周公弘啓圖宇以開厥緒若在復聖顔子潛心邃奥以飭厥傳咸有烝嘗以祠何可弗飭時惟我二三執事之責乃白於巡撫都御史括蒼鄭公汝璧鄭公曰吝時惟予責中丞奉上明命撫有大東闕不惟肅若神靈翊贊文化是圖曷敢曰執事之不開以須異日乃相與下討所司使相厥工計當用金三千以兩臺之贖鍰當三之一以嶽祠之香稅與將作之餘當三之一竟車之美金當三之一於是策日授景庀徒鳩材以其十之三營於孔廟乃新殿閣乃飭廟廡乃立重城舉門以象朝覲楣楶欒藻之有朽者易之丹護者漆之有變者塗之煌煌如也耽耽如也以其十之五營於孔林乃拓亭祠乃潤齋室乃立石閣六楹以廣神路甃垣十

塈墉垣千步有嚴榮焉嶢嶢如也鬱鬱如也則以其一營於周廟坊諸閭牓曰元聖則以其一營於顏廟坊諸其閭坊曰陋巷巘巘如也翼翼如也經始於四月二十六日至十一月三日厥功告成霞駁雲蔚鼎立星羅埒如鈞天之宮帝者之宇於都哉鳧繹之峰若增而峻洙泗之流若濬而深矣宗子上公三姓之裔春秋執豆籩於斯魯之父老諸生聯仰絃歌於斯四方之學士大夫躡屩傳輒屐轍於斯咸曰偉哉聖里之榮觀以流耀四方是惟二公之績亦日鑠哉熙朝之盛典以昭示萬禩亦惟二公之績二公不自居也曰不腆司工之役預諸大夫之成何勞之與有諸大夫乃舉不闕里使爲人于慎行爲記辭不獲命爰拜手稽首而稱曰粵自昊穹之初肇立人紀聖神代作咸克左右上帝綏猷兆人以逮我先師孔子乘百王之運闡六藝之塗川蒞集厥大成以陶鑄萬世與天無極厥後英君誼辟罔不尊用其道以建化原亦罔不格修厥廟以報本始皇綱帝紘之不墜至於今是賴於戲盛哉洪惟聖朝受命尊師重道圖臻上理褒崇之典有加在昔用致重熙累洽之休以及我聖上講精三五潤色大業亦惟先師之道是訓是行閱攷彝於成憲矧茲聖作之邑風教所先廟貌寢闈焉如在而使榛棫之屬、、有戒闕以弗稱曷代精禋之謂安可日非事之不闕以須異日也二公祗承大命熙聯番國已綏斷戒隸防邊疆圖寧政舉廢興文咸武又備然景仰聖哲以崇大此役也允可謂帝臣之上續人文之景運矣於戲懋哉葢孔子之道得統於周公而顏氏之子能發其蘊以教萬世惟魯建國實始終三聖賢之迹以右遺烈於此也自漢永平以來典制代更或奉周公爲先聖孔子爲先師亦或奉孔子爲先聖顏子爲先師靡不適厥源流以昭統緒而揆之秩敘亦少戾焉我朝參稽前代更正典禮既荐聖師之號以尊孔子首配享之位以宗顏氏復以二帝三王並稱先聖周公孔子並稱先師而別祀於文華之左室於是道統益明倫敘不紊而聖師之所從授與所由傳可考而陳矣今是役也新廟貌以致嚴飾寢園以妥祀因而標廣魯之圖揚紹聖之懿使天下後世明於斯道之授受而求諸六經之蘊以永太平之烈所以恢弘聖迹而對揚天子之丕赫命實惟萬世無疆之休於戲遠哉役之興也度支經費則左布政中山王公藻右布政使晉陽田公曙總理工程則分守參政四明楊公德政攝守參議貴陽邵公以仁分巡副使汝南趙公壽祖而河道參政梅公淳分巡僉事李公天植兵備僉事戴公燝咸樂其成而立石焉至於贊襄謀畫則兖州府知府盧侯學禮專董工役則兖州府通判王侯夷吉而署曲阜縣事運司同知孔宏復泗水縣知縣尤應魯會計於先鄒縣縣丞張東陽滋陽縣典史儲明善分督於下法皆得書既紀其歲月因系之詞曰泰山巖巖羣嶽所宗洙泗流水亦朝於東海

侈之壞會爲魯國乃降元聖此惟與宅運乘五百道衍三千江河行地日月麗天列辟是師萬世爲土有廟有林於爲終古我明御天與化崇文昭假聖祀跨越前聞廟有俎筵林有規觀熙洽相承式增輪奐胡成弗虧胡久弗渝不有鼎構曷奠神居惟殿中丞保毅東夏侍御省方亦宣文化乃協素志乃稽僉謨經之營之畀諸大夫費不及官力不及役五材雲會羣工霧集乃作於廟百堵千楹重關洞啓屹彼高牆乃作於林爲堂爲室樹之華表石闕是闢遐哉元聖實國於東爲楹爲桷有侐閟宮卓爾大賢靈宇相望匪雕匪飾華彼陋巷敝者以新隘者以宏或翼或拱有師有宗金絲既穆簠簋孔飾靈之格思終安且懌神明之裔小大駿奔丕適庶士罔或不欣既闡儒風亦揚帝烈肅肅二公德聲有赫泰山若礪滄海成田皇圖聖迹於千萬年魯生不敏敢勒貞石匪以爲觀永示罔極

丁酉　二十五年秋七月赦

己亥　二十七年夏閏四月除加派田賦　命嚴覈積儲　世職知縣孔貞叢到官　秋八月熒惑犯奎

庚子　二十八年春巡鹽御史吳達可置四氏學田

城北蔡莊三項有奇泗水縣城西臨泗兩莊置四頃五十四畝有奇爲科貢費

夏六月大風雨雹傷人畜禾苗　飢

辛丑　二十九年夏六月旱　冬十月赦　巡撫黃克纘重修闕里孔子廟

克纘率藩臬捐金二千兩修之

壬寅　三十年秋七月命嚴催積逋

癸卯　三十一年夏五月巡撫黃克纘重修顏子廟成

于慎行爲之記曰夫圜靈上運則七政緯其高明方祇下凝則嶽瀆經其博厚斯兩儀由之奠位四序所以成功也粵自鴻蒙既泒元氣攸分帝籍稍渝皇風益邈則始儲精啟運寄命聖哲而孔氏之統興焉固以模範百王典謨萬代配乾元之資始儷坤德之廣生矣三千及門七十通藝四科之首位冠羣賢大哉顏氏之承其緒乎爾其陶鑄聖門步趨師矩秉上知之質而發以如愚懸坐忘之符而助以不惰口絕談議而聖蘊畢彰訓闕篇籍而師宗獨著蓋

爲道生孔爲孔生顏所以翊贊化原羽儀景運辟在天之懸象則羲明爲衆陽之宗方在地之成形則岱宗爲生物之府斯以叅元造而不毁歷振古而如新者與列辟相承代修秩祀制多沿革禮蔑汙隆稽統業於皇王則孔師而周聖遡淵源於授受則孔聖而顏師固已登布素於握圖緒宗祧於主器而表章雖備擬論非倫至首加五等之階特錫元公之號斯則假器名於人爵授寵數於朝章非所以全太上之尊表無文之敬也聖朝不磨景曆益闡文明嚴事聖師特崇首配較諸前代典秩有加焉逮我世宗議禮更化改翊隆儀乃鼇兗國之封荐復聖之號徽稱既備明祀益虔祝嘏被於普天祼獻覃於出日况星纏降毓之區雲裔蒸嘗之地哉曲阜顏廟郎陋巷故居子孫所世守也宋熙寧間始搆亭於其井而勒以銘元元貞間始移祀於其亭而更爲廟我朝因其舊址益衍洪基堂寢階墉一如孔官之制而稍殺以溢及武焉歷紀以來部使牧守時有修營載歷寒暑朽敝或多越萬歷三十祀巡撫都御史溫陵黃公克纘保釐東夏禮教聿興巡按御史河東趙公標吳門嚴公一鵬肅靖海邦文風丕扇先後行部至邑展禮廟庭相與矢晝協謀大加興葺下記所司庀徒揆日飭其漫漶補其圮缺制則仍舊工則鼎新經始於壬寅九月十一日至癸卯五月五日落成於是廟貌彌嚴俎籩有秩丹青上絢黝堊四周甃井覆以雕甍舊巷儼如繹闕是使

觀風問禮之使肅然[illegible]而共懷遂違[illegible]鬯之倫駿豆籩[illegible]
如在回視閟宮有侐[illegible]爲纂莽之郊靈處巍存淪作樂教
之藪斯以考芳躅之無盡徵聖緒之遐昌者歟世尹孔君
既告蕆事乃奉中丞之命求勸貞珉夫德鄰上聖稱謂之
所不形道謝羣流名言之所罕喻要以昭德紀功言時稱
代假儀辭於象素考鴻構於鼎鐘云爾是役也左布政使
沈公季文暨分守參政來公三聘分巡副使李公士登受
記經營兖州府知府劉公廷柱石公九奏鳩工勸閱曲阜
世襲知縣孔君貞叢新親督課翰林院博士顏君印祚伯
貞相繼祗奉明禮而董工則縣丞張儋也乃作銘曰皇風
既謝聖統斯戢乃命尼父降靈自天大獻丕顯與旨推淵
不有上哲孰發而傳緒維華胄國分遂古繼別於洙泗服
於魯奕世承家袞衣章甫如何我師韜貞環堵才則王佐
位與聖鄰溥約修道克復歸仁爲邦請益四代畢陳遜矣
峻執久冠人倫理會冥詮神符立契匪書匪言訓以萬世
配孔稱師榮徽問既象日麗天埒嶽峙地皇明撫運允迪
舊章乃聽仁里式廓宮牆鴻名攸薦制由世皇淵謨昭煥
盡宇煨煌於鑠中丞觀風聖域乃及待御協謀輿贊方岳
賦工郡邑效職貴不及民成非待日昔稱陋巷今也疵宮
重欒宿霧畫棟宛虹華堂博敞飛閣穹崇孔維象帝此則
王公黻帳孔閑雕楹有楚肅穆几筵雍容萬舞蕭其尸之
雲仍綬武誰其相之工祝在俎於昭聖造文化丕彰允矣

監使仁風藏揚五方翹誦庶士趨蹌偉哉崇構永鞏無疆
世道交喪彝倫攸斁匪樹風聲曷陳藝極高山是仰濬源
可挹嗟我後
人永惟是式

乙巳　三十三年冬十二月赦

戊申　三十六年濟寧兵巡副使王國貞修闕里孔子廟西廡

己酉　三十七年夏旱　秋九月蝗　巡鹽御史畢懋康增置四氏學田

城西北春亭莊置三頃二十六畝有奇○懋康自記曰增置百畝今從闕里文獻考載之

庚戌　三十八年夏旱蝗　飢賑　秋八月熒惑退行于婁

壬子　四十年兗州府知府陳良材增置四氏學田

五十八畝有奇在城北賀莊

增四氏學廩增生額

提學道陳瑛言於撫按曰四氏學官有教授學錄視國學則少殺視郡學則較隆其廩增額數自當比視郡學向因入材未盛故舊額僅三十人今後裔蕃衍入學者已二三百有餘而廩額如故非所以重聖賢之裔也應將四氏學廩生加十名如府學數增廣生員亦如之籍在學田內支領儒童歲科兩試入學四十名歲貢每年貢一人撫按據以
上請
報可

表烈女顏氏墓

顏弘素女許字孔聞訓未婚而殉有傳

癸丑 四十一年秋大水

甲寅 四十二年春遷建四氏學於廟西觀德門外

即今學宮是也知縣孔貞叢遷建明倫堂三間左右廂各五間東曰啟蒙齋西曰養正齋後爲尊經閣左爲教授署右爲學錄署外闢重門門外爲泮池跨以橋橋前爲狀元坊

夏四月赦

乙卯 四十三年秋大旱蝗留稅銀賑之

丙辰 四十四年春大飢蠲金賑之 各屬盜賊大起 鍾惺來

惺有觀諸碑記略文曰登岱詠謁闕里孔廟孔林焉其地不可以山水言也其情不可以登覽言也其事其文不可以闕史詩記言也然其樹與碑之勝亦烏能掩哉樹在廟曰檜在林曰楷吾不得而檜之楷之矣而姑以爲檜爲楷也碑皆在廟有東漢元嘉鍾太尉碑非元常也有蔡邕孔君碑孔君者宙也孔子十七世孫即神父有曹子建頌梁鵠書鵠字孟黃嘗得罪魏武帝命書碑自贖懸書帳中受禪碑亦鵠筆今傳爲元常亦非也唐則武德碑書詔及祝辭數條不知誰手有孫師範廟碑有開元碑李邕撰文張廷圭書書亦皆隸以北海員行之妙而瀏碑定以篆隸爲莊不敢自用虛心敬事如此碑皆弘整心以善後而碑側告多宋元題名往往妙出意表之外而梁鵠碑陰書門生故吏姓名出鵠一手纂額皆妙搨者榮未之及又有齊乾明元年夫子之碑額尚存碑剝盡纔得數十字唐大曆新門碑裴孝智撰文裴平書完好可讀缺一角趺斷今用以支門余强搨之不數年無子遺矣宋元佳手甚多他山川得其一二可名可壽而昔爲牆壁間物計其後治屋壞垣皆盡壽翔金林獨夭壽而此獨失職金不之壽不如本物

理甚失其平孔廟孔林不與岱始而能與岱終碑與樹有力焉吾友王一永落將督學齊魯固此數物司命命所司飭之乾明大曆二石吾尤為告秦庭之急請勿與言山水言登覽言圖史詩記而一以學政發之不能不聽聽而後自出方畧與前後妙蹟隨其完缺而搨之釐為數卷日闕里碑冊勿漏勿濫有倫有脊此盛德事也

夏旱蝗飢人相食

丁巳四十五年兗州府知府張銓增置四氏學田五十畝在城北大廟莊

王思任來

思任有遊鄒魯記文曰從太山麓東行二百里至曲阜石俱骨走渡泗水忽數千頃蓊藹豯翳至聖林邪由輦路過洙泗橋有石人二劍笏儼如石麟虎四華表二肅拜享殿之下觀子貢所植楷先為子思墓左伯魚上則吾夫子之藏也少昊氏雖墟於此而奎婁之精中和之脈至仲尼而始會泗水卻流黃玉提命此事不可語癡人第烏巢荊棘非有目者所章章乎生死事大聖賢更切於英雄夫子嘗徵觀人葬即延陵坎子猶往觀之以此知向離食哭環泗

迎涤人之葬聖人與抑聖人之葬聖人也吾見若堂者矣
而斬板封鬣不取侈泰尚夫子之志乎哉右三楹題子貢
廬墓處妄意泰山將頹夫子獨語之子貢而他日多學多
能諄諄然欲點紅爐之雪必身後事命子貢裹之聖人亦
有客教不可得而聞耳林木皆遠方弟子手植至不可知
名而孔氏纍纍環壖垣之外三千年不異處堯舜無此盛
美也辭墓登樓觀嶧山一點丕案東南而顏母尼山敢聖
顏林俱在顧盼間從魯圭門入觀闕里魯兩生引由毓粹
門經金聲門詣大成殿聽拜聖容以交宜冕旒鍾鼎尊嚴
壁有行教像顏子隨後者是顧愷之畫小影像按几而坐
者是吳道子畫恨不得見司馬樸輞川筆定別有一種文
氣道氣也殿之後日寢殿日聖蹟殿殿之前日杏壇二字
党懷英書至中門左有夫子手植檜文陽紐枯而不朽來
元章贊孫可讀徘徊奎文閣下天風穆冷古栢森然碑自
蔡中郞陳思王以下不可勝捫左爲家廟詩禮堂古槐瑰
石不知幾何歲月右爲啓聖殿金綵堂則魯共王壞壁處
也髣髴人警咳云乃從壁水出櫺星門而禽臺變圖五爻
兩觀以大火正酣不能悉覩記止從陋巷窺顏井謁顏廟
規制禮樂稍殺於夫子而一賽天人受此華報亦好學之
明效也次日從稷門出看郭外埏夷如堵望舞雩臺過九
龍山忽憶李文正何一方煙火無庵觀三氏絃歌有于孫
眞能話曲阜縣者矣日午抵鄒謁孟廟古栢蔽芾樂正子

配焉東祠孟母殿有小石象以孟子附而受教者面稍變似帶慶氣庭前有元秋時所植一四大槐或曰孟母夢泰山神乘雲至嶧而墮乃生孟子于山中是觀之孔孟之秀皆泰岱所鍾者也不三百里之內而數千〔聖〕比肩實絕古今予出胎以來仰止夢寐又以一日于役兹得慰所私願在實歸其親皓首膝下泪沒塵中者得失未卜否耶去何似耶時萬曆丁巳六月念八日紀此志榮若夫八贊述詩歌則既遊聖人之門矣以待賢能者

戊午 四十六年秋九月加田賦

己未 四十七年秋八月蝗 冬十二月再加田賦

庚申 四十八年春三月復加田賦 秋八月赦 九月赦

辛酉 熹宗悊皇帝天啓元年春遣進士孔闓詩中書舍人孔聞謤禮部主事

秋七月遣順天府府丞姚士琪來祭告孔子廟

文曰惟我先師生民未有百代莫前凡在斯文實均仰戴兹予肇位景慕良深特遣廷臣虔申祭告尚資神化永錫

皇明

初定孔氏後裔鄉試編耳字號

雲南道御史李日宣請行山東曲阜等縣將所在孔氏後裔於山東省額中式外每科加額一二人貢之闕下以光新政部議准孔氏後裔另編耳字號於填榜之時總查各經房如無孔氏中式者通取孔氏試卷當堂公閱取中一名加於東省原額之外但不必拘定一人以滋多碍凡歷五科皆取中二名

世職知縣孔聞簡到官　冬十一月衍聖公孔尚賢入朝卒於京師以從姪孔衍植襲封

壬戌二年春三月望地震　二月兗州徵錢糧　鄒滕鄆城盜再犯闕里

白蓮賊徐鴻儒之黨也

夏五月遣禮部尚書林堯行諭祭孔尚賢

行人盧時泰護喪歸葬

知縣孔聞簡討巨寇劉燦擒之

時流寇竊發聞簡糾衆設謀斬以徇賊再攻城告設出奇却之已而擒劉燦等十餘人寇退叙功加東昌府通判

設縣兵

癸亥三年春二月贈卹死難博士孟承光及母孔氏子弘略

三月大霜　賑民之被兵者　冬十月赦

甲子四年秋七月賑飢

乙丑五年春三月召衍聖公孔衍植入京陪祀于孔氏觀禮有職者冠帶生員送監讀書著爲令

特中書孔聞詩行人孔聞讜亦奏請觀禮以特恩未俸滿准考選衍植疏請贈本生祖父母又以大宗嫡長兄衍楷早世無嗣不獲承祧亦請

贈如其爵帝皆破例報可

擢進士孔聞籍行人魏肯構戶部陝西司主事　冬十一月

赦

丙寅六年夏六月地震　旱蝗

丁卯七年夏積雨傷禾　加衍聖公孔衍植太子太保　修洙泗書院

新闕里志云書院傾圮世尹孔聞簡捐修但舊志爲八年見文獻考

秋八月赦

戊辰莊烈愍皇帝崇禎元年夏五月遣太僕寺少卿郭興言來祭告少昊陵孔子廟　復外吏久任及舉保連坐之法　禁有司私派　召衍聖公孔衍植入京陪祀

己巳二年春二月赦　世職知縣孔弘毅到官　夏大旱

庚午三年春二月赦　夏大雨雹　大水　冬十二月增田賦

欽加三籙　晉衍聖公孔衍植太子太傅

辛未四年夏四月重修縣學

弘毅捐率謍葺教

諭朱朝選記之

夏六月大水

壬申五年秋霪雨

癸酉六年春大飢　重修縣志

甲戌七年秋九月兗東兵備道李一鰲修聖林門

又修林樓殿門亭享殿及各亭

堂塚二獅楊士聰爲二記

議准曾宗學分孔氏耳字號舉人一名

孔氏遂止

中一人

丙子九年冬十月蠲五年以前逋賦

丁丑 十年秋七月蝗民大飢

戊寅 十一年夏六月大旱蝗　立報德祠

祀雲南道御史李日宣報其請編四氏學耳字號科雋一二人也

己卯 十二年夏六月旱蝗　加徵練餉　頒欽定保民四事全書

庚辰 十三年春閏正月賑飢　衍聖公孔衍植奏請蠲糧稅復出私錢賑飢　夏旱蝗疫　冬十二月大飢人相食　世職知縣孔貞堪到官賑飢民嚴守禦　置報德祠祭田

孔貞堪置田一頃二十畝供祭祀世命學錄掌之

姚賊犯闕里衍聖公孔衍植及知縣孔貞堪禦卻之

辛巳 十四年夏六月旱蝗大飢土寇紛起

斗米萬錢

秋八月召衍聖公孔衍植入京陪祀

壬午十五年春正月免十二年以前逋賦　夏六月詔停刑三年　擢顔孕紹河間府知府冬閏十一月河間城破顔孕紹死之

孕紹顔子六十五世孫也詳列傳

冬十二月戊

大清兵分下山東州縣魯王以派自殺

曲阜縣志卷之三十終

通編第三之十七

知縣楚安鄉潘相修
男承煒編

甲申

大清

世祖章皇帝順治元年冬十月

頒登極恩詔　仍以縣屬兗州府　定優渥聖裔之制

山東巡撫方大猷奏言臣出都之日蔡陳平定山東十三要策內以先師孔子爲萬世道統之宗

本朝開國之初一代綱常培植於此禮應敕官崇祀復衍聖公并四氏翰博等之封可卜國祚靈長人文對起今曲阜地方久已歸順而未聞舉行伏念古來啓運之主皆重崇祀之禮謹再詳列歷朝恩例以備採用考孔子嫡孫歷代封爵不一至宋仁宗定封爲衍聖公明始賜正一品服色誥命玉帶三臺銀印列文臣班首其長子年至十五授二品服色崇護中特加玉帶以明承爵之貴次子年十五授世襲翰林院五經博士主子思子祀三子授世襲太常寺博

士主汶上聖澤書院祀每歲一代公爵遞爲更換曲阜知縣獨爲孔氏世襲者明大聖之子孫不使他人統攝之也其官先由衍聖公保舉孔氏中賢能者任之後吏部考聘生德行兼優者奏授此職五年任滿依例陞轉四氏學獨用學録者蓋以凡國學亦謂聖賢之子孫不與他學同也尼山爲孔子發祥之地洙泗實先聖闡教之方各設學録一員以主其祀皆由衍聖公於弟姪族姓生員中德行兼著者奏授此職衍聖公屬官員役明洪武元年設管勾一員司五屯錢糧司樂一員司樂舞典籍一員司禮生書籍掌書一名司差遣供由衍聖公選舉堪用人等咨事登用孔廟祀田歷代各有賜撥明洪武二年待賜祭田二千大頃坐落兖屬二十七處載在闕里志中而五屯佃戶則洪武二年撥民間身家無過俊秀五百戶褒丁二千學丁百畝佃種五屯祭田辦納籽粒以供本廟祭祀支用一應差役俱行蠲免孔廟戶丁亦洪武二年撥民間俊秀子弟一百一十戶[illegible]供本廟灑掃至今十存一二役使舞入固不可不加之意也又孔廟每年祭祀樂用六佾設樂舞生二百四十名於兖屬二十七州縣選俊秀以充斯役與廩膳生員一體優免仍免本戶二丁以供往返盤費見廟禮生每月朔望及四氏祭祀俱在本廟引贊額設六十名於本縣俊秀子弟選充優免一如樂舞以上各條皆天下御爲盛典後世傳爲美談者也疏奏俱允行

授孔衍淳世職知縣定社稷山川風雲雷雨城隍邑厲之祭

及朔望行香儀　定額引納銀數

縣引五千四百七十八道商八一十五名運鹽共納課銀一千三百四十二兩五錢四分有奇

行順治通寶錢　行時憲書　定日月食救護儀　除加派

私加火耗者以贓論

乙酉二年春正月祭酒李若琳請文廟謚號稱大成至聖文宣

先師孔子從之

若琳奏言臣聞備古今之至德者宜享古今之隆稱昔孔子之贊易曰大哉乾元至哉坤元曰大成曰至聖洵非孔子之德配乾坤者莫能當今稱至聖而遺大成得毋乾坤之義未備乎謚法經天緯地曰文聖善周聞曰宣洵非孔子之德兼君師者莫能當今稱先師而遺謚號將古今之英君誼辟止曰某君某王而可去文武神聖之謚乎惟稱曰大成至聖文宣先師孔子庶至德隆名祀典於焉有光矣章下禮臣議都給事中龔鼎孳言若琳所請誠匪當不

易之論惟佾舞益而爲八籩豆益而十二雖曰天子禮樂然既秦王奉之矣德足配天則不可以位限況聖功大於堯舜者哉且成均天子釋菜尊師之地以天子自尊其師而用天子禮樂誰曰不宜大成殿額更爲先師廟意存簡朴匪由舊章幾令峻極之宮牆不得與梵寺琳宮比美紳衿之士入騖奔而出瞻仰能不色沮心恧乎矧廟者統詞殿則棲身之所也譬之堂焉室焉各有其處安得淆之故大成之名不可不復宋元以來人品醇疵了然人耳目嘉靖中登歐陽修而遺范仲淹仲淹力振綱常首扶神器兼於戎馬倥偬之際以中庸誨引張載俾成大儒彬彬乎歐陽子之右矣乃不得分芹藻之末光不平孰甚乞下臣章令諸臣一併博議議准謚號加稱大成至聖文宣先師孔子一應禮儀

仍從明例

衍聖公孔衍植入朝

賜第於太僕寺街　定選授歲貢官制

公閱歲貢廷試卷上卷授知州推官上次知縣中適判中次教職後乃不分等第俱以訓導用

定春秋仲月祭丁禮　革各官涖任鋪設銀兩

丙戌三年定進士除官之制　刻賦役全書　嚴欺稅倡收錢糧及侵尅少解者

頒大清律　編審人丁以五年爲期印官遍歷境內每百有十戶推丁多者十人爲長餘爲十甲甲繫以戶戶繫以口編爲一册城中曰坊近城曰廂在鄉曰里凡年十六始傅六十以上除之造册申上其殘疾逃亡故絶者盡免又立保甲之法戶給印單書其姓名習業出注所往入稽所來十戶爲牌立牌長十牌爲甲立甲長十甲爲保立保長自城及鄉使相董率約束察姦宄勸戒行善則相共患則相及以安保息之政

丁亥四年夏四月大水　冬十二月辛巳衍聖公孔衍植卒遣布政使諭祭葬如例　設田房契尾禁抽落地稅　定生員廩米

廩膳生每名歲給膳夫銀六十兩廩生每名歲給廩糧銀廿二兩師生每人日給廩米一升俱於存留項下支銷

戊子五年春三月孔興燮襲封衍聖公 立督催漕糧法 定斛樣

官儲民戶一體督催及時入廒候兌不得推貯私家違者治罪斛樣由糧道製准印烙發行

己丑六年定水次交兌法

經徵漕米州縣限十月開倉十二月兌完監兌官驗明實米足額貧究即將各幫糧數備造清冊交糧道照數驗實不許私折顆粒

行易知由單式

開明上中下地及正雜各項於開徵月前給散花戶不許單外多徵絲毫

庚寅七年晉衍聖公孔興燮太子少保 勒石禁革兌漕積弊 懸米數於倉戶

辛卯八年夏四月

遣右副都御史劉昌來祭告少昊陵孔子廟
祭少昊陵文曰自古帝王受天明命繼道統而新治統聖賢代起先後一揆功德載籍炳如日星朕誕膺天眷紹纘丕基景慕前徽圖追芳躅明禋大典亟宜肇隆敬遣專官代將牲帛爰昭殷薦之誠用展儀型之志伏惟格歆尚其鑒享祭孔子文曰朕惟治統緣道統而益隆作君與作師而並重先師孔子無其位而有其德開來繼往歷代帝王未有不率由之而能治安天下者也朕奉天明命紹纘丕基高山景行每思彰明師道以光敷至教而祀典未修曷以表敬事之誠登嘉平之理茲遣專官虔祀闕里儀惟備物誠乃居歆伏祈格思尚冀鑒饗

晉衍聖公孔興燮少保兼太子太保　賑饑
以倉穀賑窮民
以學租賑貧士
定遠水災之州縣勿令百姓轉運
責令佐貳糧官徵收督運其額定
解費盡給本官不許令百姓轉運
壬辰九年刻臥碑　旌收埋枯骨者　秋九月衍聖公孔興燮
率各博士各氏子孫入京陪祀觀禮　封漢漢壽亭侯爲忠
義神武關聖大帝　定三大節朝賀儀
癸巳十年行背鑄一釐兩字制錢
詔以山東德府廢藩莊地撥補衍聖公
甲午十一年改鑄錢　川法馬　定積穀多寡之例
令有司自理贖鍰悉入常
平倉備賑勸紳戸樂輸

免順治六七兩年逋賦

頒部鑄丈尺均田分州縣地方爲三等　定州縣官催科條者處分

乙未十二年

丙申十三年定候選各官照甲第考察行文截取　禁木夾折乾

罪在有司并監兌官其未完一分至五分以上司條革職有差俱戴罪督催完日開復如有蠹役包攬侵蝕監追之籍其家產妻孥並重處其官是年頒赤歷冊歲發二扇一備騰填一給百姓自登納糧

巡鹽御史王秉乾重修奎文閣

出銀二千兩並勸所屬公捐修之而提學僉事戴京啓施閏章先後又略爲補葺

免順治八九兩年逋賦　定樂舞生入學額

丁酉十四年定文廟尊稱曰至聖先師孔子　以鄉試耳字號舊額二名歸四氏學　予州縣官增地丁者議敘　專行寶泉局錢

每文重一錢四分一面鑄順治通寶四漢字一面鑄寶泉二滿字

免輪充現年徭役

止令催納各戶錢糧

戊戌十五年定舉人揀選之限

山東近省以三科會試爲限

令民隨地種桑柘榆柳資財用

己亥十六年定進士停授知州俱以推官知縣用　夏六月大水巡荒使者來

督率知縣履畝清丈分別荒熟實徵畝之大小繩尺之制
俱照舊規違從者有罰又以廢滿山鄉以五百四十步為
一畝租銀倍輸今俱照二百四
十步為一畝與民地一例均丈
立社長令民遇農時有死病者助其耕
庚子十七年衍聖公孔興燮率各博士各氏子孫入京陪祀觀
禮　定限單送漕米禁派累
總漕發單與糧道開明某衛幫若干隻兌州縣米若干承
奉上司日用薪米修造衙門供應夫馬各項者嚴禁之
立常平倉糶糴法
務以糶糴生息便民遇凶
荒即按數給散災戶貧民
刑科給事中莊本盛請於學宮立傳聖祠祀周公部議未允
辛丑十八年春正月
頒登極恩詔　行康熙通寶錢

順治錢仍行無禁字者每觔官千價七分敢毀改鑄狠濫買用私錢者罪

造糧冊

戶各具析數與甲總額相符列木櫃公廨前令各戶自投禁勿於私宅秤兌

曲阜縣志卷之三十一終

曲阜縣志卷之三十二　　知縣楚安鄉潘相修

通編第三之十八　　男承炳編

壬寅　聖祖仁皇帝康熙元年定行州縣之件不得過二十日　免造內外官各黃冊　禁隱匿地畝假報新墾者　停科試減歲貢

癸卯　二年亢徵粮考成法　議敘編審人丁至二千名以上者

甲辰　三年定外官廻避例　定州縣報災之限　免順治十五年以前逋賦　修八蜡廟　夏旱　冬無雪

乙巳　四年復行大計考用才守政年四格　重修縣學　免順治十六十七十八三年逋賦　均地　大旱

丙午五年議敘招集流民一萬名者

丁未六年以策論取士　授進士顏光敏國史院中書舍人

定州縣那用錢粮假稱民欠者罪　定釋奠樂曲　冬十有一月衍聖公孔興燮卒子毓圻襲封衍聖公

戊申七年春停造黃冊并會計冊　罷看守庫尉樓軍　夏四月

遣光祿寺卿楊永寧來祭告少昊陵孔子廟

祭少昊陵文曰自古歷代帝王繼天立極功德並隆治統道統昭垂奕禩朕受天眷命紹纘丕基庶政方親前徽是景明禋大典亟宜舉修敬遣㫖官代將牲帛爰昭殷薦之誠聿展欽崇之禮伏惟格歆尚其鑒享祭孔子文與順治八年同

六月甲申地震壞城郭廬舍　衍聖公孔毓圻入朝
召見於瀛臺
己酉八年復以經義取士　定災傷按村莊地畝分數蠲免
禁知府親至州縣徵糧　夏四月衍聖公孔毓圻率各博士
各氏子孫入京陪祀觀禮
庚戌九年春授進士孔興釪內弘文院庶吉士　令地主各照
災免分數免徵佃戶銀穀
頒上諭十六條
辛亥十年定新墾地三年後再寬一年起科　免康熙四五六
年逋賦　衍聖公建啓聖王林享殿及墓門墻垣
壬子十一年定漕糧加潤耗

癸丑十二年復科試並考取儒童　授進士顏光猷翰林院庶吉士　改孔興釪江南道監察御史掌山西道事

甲寅十三年命孔興釪巡視東西兩城　修火神廟　修洙泗書院　衍聖公修尼山書院

乙卯十四年冬清驛站定盜案處分 皆從孔興釪之請也

十二月

遣宗人府丞馬汝驥來祭告少昊陵孔子廟

祭孔子文曰朕惟治統緣道統而益隆作君與作師而並重

先師孔子德侔天地教範古今歷代帝王咸宗道法用臻治

安朕奉天眷命紹纘丕基懋建元儲以崇國本景行至聖肅

崇明禋玆道尊宣聖 啟爲伏惟鑒格衎饗其居歆 祭心吳文 興化年桐

丙辰 十五年議從祀事宜 未從孔興釪之請也

丁巳 十六年調孔興釪福建道監察御史掌山西道事 表烈

婦孔衍聚妻宋氏門

戊午 十七年舉博學鴻詞 以孔興釪爲滝商道

己未 十八年勸捐輸米穀貯常平倉

庚申 十九年秋八月雨雹 知縣孔興認到官

辛酉 二十年免康熙十七年以前逋賦

遣副都御史宋文運來祭告少昊陵孔子廟

祭少昊文曰自古帝王受天顯命繼道統而新治統聖賢代

曲阜縣志卷三十二 通編 三

起先後一揆成功盛德炳如日星朕纘膺眷祐臨制萬方掃滅兇殘廓清區宇告功古后殷禮肆稱敬遣專官代將牲帛爰修禋祀之誠用展景行之志仰獻明靈尚其歆享

祭孔子文曰朕惟治統緣道統而益隆作君與作師而並重先師孔子德侔天地教範古今歷代帝王咸宗道法用奏治安朕奉天眷命紹纘丕基翦除兇殘乂安海宇告功至聖肅舉明禋茲遣專官虔申殷薦伏惟鑒格尚冀居歆

壬戌　二十一年秋八月雨雹傷稼

癸亥　二十二年滄商道孔興釪卒　衍聖公立宰我墓碑

甲子　二十三年秋九月

聖駕東巡岱宗遂幸江南冬十一月戊寅還

幸闕里己卯親行釋奠禮

祭文曰仰惟先師德侔元化聖集大成開萬世之文明樹百王之儀範永言光烈罔不欽崇朕丕御鴻圖緬懷至道憲章往哲矩矱前模夕惕朝乾覃精思於六籍粘今稽古期雅化於萬方緊惟典訓之功實賴乂安之效茲者廵省方國至於岱宗瞻望魯邦爰來闕里空堂至止恍聞絲竹之聲舊寢徘徊喜動宮墻之色車服禮器宛然三代遺風几杖冊書貿矣千秋盛蹟懍明靈之儼在文治遐昌肅禋祀以惟虔精忱庶格時禮官議儀注兩跪六拜如釋奠太學儀不用樂奉

古尊禮先師應行三跪九叩頭禮用樂

命內閣學士麻爾圖翰林院學士常書都察院副都御史孫果

翰林院掌院學士孫在豐內閣侍讀學士徐廷璽翰林院侍讀學士朱瑪泰太僕寺少卿楊舒欽天監監正安泰分獻四配十哲及兩廡從祀先賢先儒巡撫張鵬率司道府等衍聖公孔毓圻率各博士及族人等皆陪位

遣國子監祭酒阿瑚祭告啓聖祠

文曰惟公系本神靈生稱瓌瑋勇力聞於爵國皆道德所發皇政事紀於鄹邦悉文章所宣著篤生聖子代爲帝師寰宇崇歲祀之儀不先父食古今奉斯文之統共指家傳兹值東巡特臨曲邑溯三千年之教澤孰非厚德燕詒垂七十世之孫謀如見明神陟降用修薦祭之典代以扈從之臣泗水環流知發源之有自防山聳峙占積慶之無彊牲醴式陳尚其

歆格祭畢
御詩禮堂講筵隨從諸臣巡撫司道衍聖公及各博士族人皆
入堂聽講班既定傳
特旨兖州府知府張鵬翮爲官清正亦准聽講監生孔尚任進
講聖經首節舉人孔尚鉝進講易繫辭首節講畢
勅大學士王熙宣
諭衍聖公孔毓圻等曰至聖之道與日月並明與天地同運萬
世帝王咸所師法下逮公卿士庶罔不率由爾等遠承聖澤
世守家傳務期型仁講義履中蹈和存忠恕以立心敦孝弟
以修行斯須弗去以奉先訓以稱朕懷爾等其祇遵毋替宣
畢

上諭大學士曰孔尚任等陳書講說克副朕懷著不拘定例用

又

諭曰朕初至闕里祀典既成意欲徧覽先聖遺蹟著衍聖公孔毓圻山東巡撫張鵬戶北道孔興洪講書官孔尚任孔尚鉝

引駕

上復至大成殿召孔氏子孫入

諭曰至聖之德與天地日月同其高明廣大無可指稱朕向來研求經義體思至道欲加贊頌莫能名言特書萬世師表四字懸額殿中非云闡揚聖教亦以垂示將來歷代帝王致祀闕里或留金銀器皿朕今親詣行禮務極尊崇異於前代所有曲柄黃蓋留之廟中以示朕尊聖之意覽先聖手植檜

御製古檜賦又賦詩一章覽漢元嘉始置百石卒史碑尙任奏
百石卒史卽今守廟百戶官也毓圻因奏典籍司樂管勾等
官皆奉朝選惟百戶止由臣劄委乞一體題授
詔許之登詩禮堂以
御製過闕里詩賜毓圻等旋
駕幸孔林詣先聖墓行一跪三叩頭禮酹酒畢覽林中古蹟徘
徊久之問林周幾許毓圻具以對尋以開擴請得
旨報可
賜衍聖公五經博士及族人等書籍貂蟒銀幣各有差又敘錄
陪祀觀禮人員生員孔衍溥等十五人准作恩貢送監讀書
見任官口北道孔興洪以應陞之缺先用候補候選官廕生

孔興滋等二十三人舉人孔興璉等六人並以應得之缺先用貢生顏光岳等十一人俟考定職銜先用其世襲官員各加一級

免縣境內本年地丁銀　東野沛然奏乞奉祀職銜部議未允

上諭周公承接道統繼往開來功德昭著其子孫應否給與職銜着九卿科道詹事會同確議具奏諸臣議奏周公後裔應授官職撥祀田修廟宇奉

旨允行是日

回鑾駐蹕兖州府庚辰

遣恭親王長寧禮部尚書介山來祭告周公廟

文曰惟公丕承聖緒懋敘六倫光烈顯揚成一家之繼述宮禮制作垂萬世之經常道闡圖書探六爻而贊易心傳精一兼三代以訂謨啓東魯之典型猶存故澤入尼山之夢寐未墜斯文朕稽古省方瞻言至止郊原縱目遙深松柏之思廟貌崇觀爰切羹牆之慕特申祗薦代以親藩惟冀神靈鑒克歆饗

遣官祭告少昊陵 封衍聖公孔毓圻祖母陶氏爲一品太夫人

賜額曰節並松筠

乙丑二十四年定舉薦州縣官開列實蹟之條 以東野沛然爲五經博士世襲職撥給周公廟祭田五十頃免顏氏地畝

額銀　衍聖公孔毓圻請修幸魯盛典報可　知縣孔尚愉

到官　吏部考功司郎中顏光敏卒

丙寅二十五年定州縣學贊禮選用生員大學六名中小學四名考試列爲優等後停止優等之例

丁卯二十六年免康熙十三年以後加增雜稅銀兩　令濟兗

二府漕米就近支放兵餉不必交倉　立

御製闕里孔子廟文碑立

御製孔子贊碑立

御製周公廟文碑設周公廟禮生廟戶佃戶禮生二十名廟佃戶各十名

十七年免康熙十七年以前民欠漕銀米麥

遣內閣學士彭孫遹來祭告少昊陵孔子廟　授進士顏懋敎翰林院庶吉士　夏五月雨雹傷稼

己巳二十八年立

御製四配贊碑

庚午二十九年免本年地丁銀　令富室酌減佃租　立文廟下馬碑　禁紳士詭寄地畝包攬錢糧　夏六月

遣內務府郎中皂保來修闕里孔子廟　博士孔毓埏請建子思子專祠許之

毓埏奏言臣祖子思子未有專廟每至春秋丁期俎豆罷如登顏曾孟三廟之制皆前殿後寢及門之賢列於廡廡又別立祠宇並祀三賢之父若母今子思子既無專廟而其父伯魚以大聖爲父以大賢爲子乃不得如顏路曾點孟孫氏者享一日堂上之尊其母與夫人亦不得各備寢位之榮即門人如孟子者亦不得侍坐於師側彻為曠古

欽典乞准照顏曾孟三賢祀典許其一體設立專廟其廟
基即在闕里孔廟西北之隅臣爾著之左與顏廟相爲輔
翼至於建造之費臣不敢再望發帑亦不敢重煩有司祗
用孔廟之殘材餘料其不足者臣自行設處積年累歲漸
就規模以爲臣奉祀獻爵之地但求
皇上恩比周公孟子兩廟及先儒書院
勅撰碑文
御書匾額以照耀四海垂示來茲則子思子之道彌光而萬禩
之祀典攸賴矣疏奏允行倣顏曾孟三廟規制建立子
思子廟春秋致祭載入祀典後以藏擬爲卒不果修
辛未三十年勒地丁科則於石　免三十一年應輸漕米
壬申三十一年令民自首隱占田畝定兩年之限
癸酉三十二年秋八月闕里孔子廟工竣冬十月
遣皇三子來祭告孔子詣孔林祭謁
詔皇四子皇八子陪祀
文曰朕惟道統與治統相繼作君與作師並重先師孔子德

由天縱學集大成締千聖之心傳爲萬世之師表故廟久遠垂於無窮朕御宇以來立綱陳紀彰教敷治咸奉至聖爲法程凡典禮追崇竭誠致敬自京師下逮郡邑辟雍泮水建廟釋奠罔不修舉況茲闕里乃聖人鍾毓之鄉車服禮器於斯藏守曩者東巡展拜之餘仰觀廟貌因多歷年所漸有頹敝深廑於衷用是命官董理重加修葺棟宇維新以妥聖靈茲當告成特遣皇子允祉致祭俎豆肅陳恍乎接至聖之音容以將朕儼恪欽崇之至意既降在茲尚祈歆享

免三十三年地丁銀米　皂保捐建顏子墓享殿知縣孔興詔到官

命顏光敏提督浙江學政

甲戌三十三年嚴禁隱匿田糧　禁折收漕糧

乙亥三十四年

遣通政使吳涵來祭告少昊陵孔子廟

祭孔子文曰仰惟先師道隆參贊德冠古今集聖哲之大成樹人倫之極則朕欽崇至教勤恤民依永期殷阜邇年以來郡縣水旱間告年穀歉登夙夜孜孜深切軫念用是專官秩祀爲民祈福冀靈爽之默贊將樂利於羣生尙鑒精忱俯垂歆格

丙子三十五年立

御製平厄魯特噶爾丹碑

丁丑三十六年免本年漕米

遣侍讀學士史夔來祭告少昊陵孔子廟

祭孔子文曰朕服膺聖訓殫究遺文凡茲六籍所垂惟以安民爲要臨御以來孜孜圖治綏乂烝生遠邇中外視同一體乃有厄魯特噶爾丹荒陬狡寇肆虐跳梁擾害邊方稔惡已極朕親統六師三臨絕塞宏張撻伐克奏膚功逆孽就俘渠惡殄滅遐荒部落罔不歸誠自茲永靖邊塵咸安生業惟是

至聖先師默相啓佑特遣專官敬申禋祀祗告成功伏惟昭

鑒

博士孔毓埏請除邑僧道印記不果行

埏入部見禮部尚書韓菼時通政使吳涵在坐言及曲阜不絕髡緇裘謂是衍聖公及世尹之責埏曰貴部給僧綱道錄印記源不清流弗潔也菼愕然謝囑埏歸語諸當事速具詳咨暫爲聖人鄉請此片土埏歸即白於知府李世

敬毅然任之未及行以疾卒獎亦去位事遂寢

衍聖公咨毀三教堂

時各處皆有三教堂衍聖公咨巡撫王國昌布政使劉暟請撤聖人之像除三教之名杜褻慢以正人心士論快之

戊寅　三十七年禁上司家人借訪事爲名勒取州縣餽遺

遣賢能司員二人同巡撫賑兗州府州縣之饑

己卯　三十八年免康熙三十六年逋賦緩徵三十七年錢糧

立

御製重修闕里孔子廟文碑　重修洙泗書院

庚辰　三十九年嚴地方官失察頂冒出結之例　立徵糧滾單

大無麥禾

辛巳　四十年衍聖公孔毓圻進呈

御製序文賜之　賑饑民

壬午四十一年議准四氏學教授一體陞轉

頒訓飭士子文

癸未四十二年設社倉　大疫饑截漕賑災民

遣侍郎徐秉義來祭告少昊陵孔子廟

甲申四十三年免本年地丁銀米　大有年

乙酉四十四年免本年地丁銀　議准州縣官不用衰劣人員

議敘錢糧無虧有餘之官　初設縣汛弁

丙戌四十五年免康熙四十二年逋賦　知縣孔尚愷到任

表節婦孔興埠妻顏氏孔興人妻王氏孔毓玠妻陸氏孔尚

恪妻宋氏門

丁亥　四十六年

戊子　四十七年夏四月大雨雹　饑准季解錢糧給批廻

己丑　四十八年嚴捕蝗不力之例

遣侍講學士梅之珩來祭告少昊陵孔子廟

祭孔子文曰惟先師孔子聖由天縱德集大成闡明六經師表萬世永立人倫之極式端道統之原朕仰荷天庥俯臨海宇建立元良歷三十餘載不意忽兒暴戾狂易之疾深惟祖宗洪業及萬邦民生所繫至重不得已而有退廢之舉嗣後漸次體驗當有此大事時性生奸惡之徒各庇邪黨借端搆釁朕覺其日後必成亂階遂不時究察窮其始末因而確知

病原皆由鎮厭亟爲除治幸賴上天鑒佑平復如初朕皆因
此事耗損心神致成劇疾皇太子晨夕左右憂形於色藥餌
必親寢膳必視惟誠惟謹歷久不渝令德益昭丕基克荷用
是復正儲位永固國本特遣專官徼申殷薦尙祈歆格

庚寅 四十九年定武職官同入孔子廟行禮

辛卯 五十年初弛尼山樵牧之禁

尼山舊有檜柏千株荊根大如車輪糾結山谷閒歷世莫
敢剪伐時婁一均爲鄒令民有盜荊根者學錄送於縣一
均不之罪也陰令齊源村居民盡掘之且歐禁止者學錄
言於衍聖公咨府檄一均查報一均陰令民戶插小紅旗
謂是非族即塋戒胥役勿入其搜獲者悉公府屯戶也
自此遂弛樵牧之禁民德一均到今不絕戶山以濯濯

壬辰 五十一年升先賢朱子於大成殿十哲之次 知縣孔衍
澤到官

癸巳五十二年免本年地丁銀　大賚老民老婦　定丁銀以五十年爲額

盛世滋生人丁永不加賦

遣戶部侍郎廖騰煃來祭告少昊陵孔子廟

祭少昊文曰自古帝王繼天出治建極綏猷莫不澤被生民仁周寰宇朕躬膺寶歷仰紹前徽夙夜孜孜不遑暇逸茲御極五十餘年適當六旬初屆所幸四方寧謐百姓乂和稼穡歲登風雨時若維庶徵之協應爰舉祀之虔修特遣端官式循舊典冀益贊雍熙之運衍永貽仁厚之休儆鑒精忱用乖格歆

甲午五十三年夏五月烈風大雨雹洙泗書院壞

五月二十二日大風拔木晝夜昔飛雨雹大如梨其尋盈
尺一望如雪寒氣砭人肌膚盛夏如深秋孔林樹死一千
餘株碑碣仆者以百十計洙泗書院石坊
全體合抱之松糾結如繩一夕頓朽腐

乙未 五十四年以宋儒范仲淹從祀孔子廟 冬崇信門火
門有東魯文邦四字額極遒勁
前戶部主事郭木筆也亦被燬

丙申 五十五年定樂章取平字義 以孔毓珣爲廣西按察

丁酉 五十六年行鄉飲酒禮

戊戌 五十七年以孔毓珣爲四川布政使

遣禮部侍郎張廷玉來祭告少昊陵孔子廟
祭少昊文曰自古帝王受天景命建極綏猷垂萬世之經常
備一朝之典禮朕欽承帝祉臨御九圍夙夜惟寅敬將祀典
茲以

皇妣孝惠仁憲端懿純德順天翼聖章皇后神主升祔
太廟禮成特遣專官代將牲帛用展苾芬之敬聿昭禋祀之虔
仰冀明靈尚其歆享
祭孔子文曰仰惟先師孔子德冠古今道隆參贊作人倫之
儀表集羣聖之大成永念高山欽崇至教朕仰紹
祖宗纘承大統殫精思於六籍期雅化於萬方矩矱前型朝乾
夕惕茲者
皇妣孝惠仁憲端懿純德順天翼聖章皇后神主升祔
太廟禮成遙深松栢之思爰切羹墻之慕特將牲幣用遣專官
降鑒在茲尚其歆格
中和韶樂器一副於山洞里

己亥 五十八年旱

庚子 五十九年旱冬無雪

辛丑 六十年旱大饑 賑

壬寅 六十一年

舉孔毓珣巡撫廣西 秋八月

頒登極恩詔 免康熙五十年以前民欠錢米 旱饑 加孔

毓珣總督銜

曲阜縣志卷之三十二終

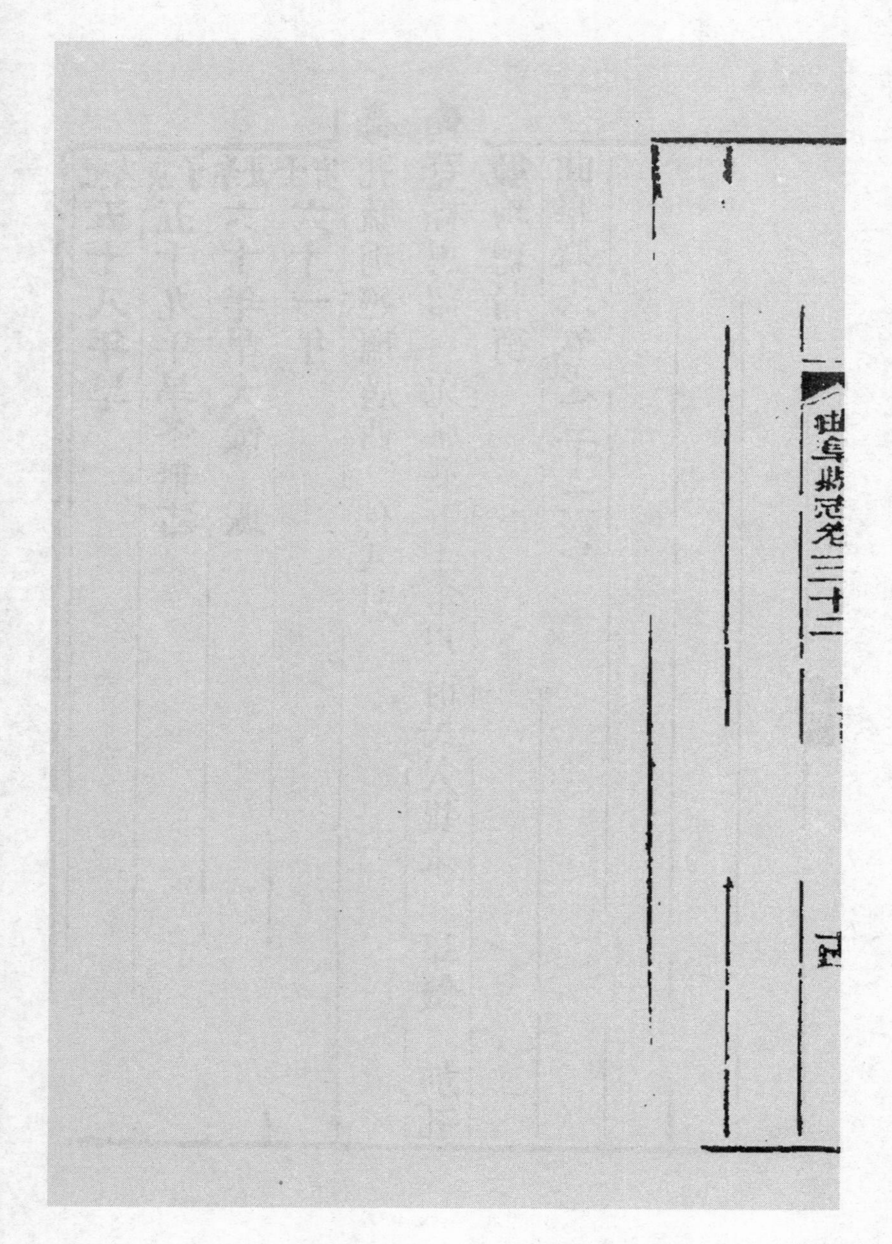

曲阜縣志卷二十二

四

通編第二之十九　　男承焯編

世宗憲皇帝雍正元年癸卯遣通政使楊汝穀來祭少昊陵孔子廟

癸卯

祭少昊文曰自古帝王繼天出治建極綏猷莫不澤被生民

仁周海宇惟我

皇考峻德鴻勳媲美前古顯謨承烈垂裕後昆朕以藐躬纘膺

大寶當茲嗣位之始宜修享祀之儀特遣專官虔申昭告惟

冀時和歲稔物阜民安淳風徧洽乎寰區厚德長孚於率土

尚其歆格鑒此精誠祭孔子文曰仰惟先師道冠百王教垂

萬世自生民而未有集羣聖之大成朕自沖齡仰勤嚮往欽

皇考親承道統既先聖後聖之同符實藐躬仰羿心傳知作君
作師之一致茲當嗣位之始宜隆享祀之儀特遣專官虔申
昭告惟冀時和歲稔物阜民安淳風徧洽乎寰區文治永光
夫前緒尚其歆格鑒此精誠
大賚老民老婦　改捐納教職以對品佐貳用　議敘勸懲
地多者　免府屬康熙六十一年應徵銀兩　截留糧石賑
饑民　免康熙三十八年至五十年逋欠其五十年至五十
八年糧欠停其併追　夏旱　秋七月蝗蝻生地深數尺不爲
災　建忠義孝弟節孝祠　學使彭維新置學田四十畝
遣禮部侍郎胡煦來祭告少昊陵孔子廟
祭孔子文曰仰惟先師德參兩大教洽羣倫紹千聖之心傳

備百王之道法朕遙瞻闕里念切景行茲於雍正元年十一
月二十五日恭奉
聖祖合天弘運文武睿哲恭儉寬裕孝敬誠信功德大成仁皇
帝配享
圜丘禮成特遣專官虔申昭告惟冀永著皇風之洵穆益昭文
治之光華庶鑒精誠尚其歆格
衍聖公孔毓圻入朝卒於京邸子傳鐸襲封衍聖公
甲辰 二年春二月
詔改幸學爲詣學衍聖公孔傳鐸率博士及各氏子孫入京陪
祀觀禮宴賚優敘如例　增四氏學額取二十名　夏四月
冊封孔子先世五代俱爲王

先是

上諭內閣禮部曰至聖先師孔子道冠古今德參天地樹百王之模範立萬世之宗師其爲功於天下者至矣而水源木本積厚流光有開必先克昌厥後則聖人之祖考宜膺崇厚之褒封所以追遡前徽不忘所自也畧稽舊制孔子之父叔梁紇於宋眞宗時追封啓聖公自宋以後歷代遵循而叔梁紇以上則向來未加封號亦未奉祀祠庭朕仰體

皇考崇儒重道之盛心敬修崇德報功之典禮意欲追封五代並享烝嘗用伸景仰之誠庶慰羹牆之慕著內閣禮部會同確議具奏禮臣以俱封公爵議奏奉

上諭五倫爲百行之本天地君親師人所宜重而天地君親之

義又敕師教以明自古師道無過於孔子誠首出之聖也我
皇考崇儒重道超軼千古凡尊崇孔子典禮無不備至朕蒙
皇考教育夙夜誦讀心切景仰再欲加尊崇更無可增之處故
敕部追封孔子先世五代今部議封公上考歷代帝王皆有
尊崇之典唐明皇封孔子爲文宣王宋眞宗加封至聖文宣
王封孔子父叔梁紇爲齊國公元加封孔子爲大成至聖文
宣王加封齊國公爲啓聖王至明嘉靖時猶以王係臣爵改
稱爲至聖先師孔子改啓聖王爲啓聖公雖似歷尊稱朕意
以爲王爵較尊孔子五世應否封王之處著諸大臣具奏遵
旨議定五代並追封爲王木金父公爲肇聖王祈父公爲裕聖
王防叔公爲詒聖王伯夏公爲昌聖王叔梁公爲啓聖王其

啓聖祠向係專祀叔梁公故以啓聖爲名今
聖朝異數合祀五代應更名爲崇聖祠春秋致祭之儀俱各照
啓聖王例通行天下乃
遣禮部尚書張伯行來祭告孔子行
冊封禮冊曰右文稽古思統緒之相承重道尊師溯淵源於自
遠舉千秋之曠典蘋藻維馨超五等之崇封綵綸式煥緬惟
先師孔子之五世祖木金父公系本殷朝居從魯國治惟尚
質傳樸素之[illegible]風貴而彌恭守謙和之家法積功累行肇宏
毓聖之基奕葉鍾祥遂極生民之盛朕初登大寶欽想前規
欲伸景仰之誠用議顯揚之制特追封爲肇聖王錫之冊命
於戲克昌厥後永立人倫之宗特開必先兼膺素王之號服

兹嘉命丕示無窮又曰道高群聖學宜推師表之原恩浹儒宗
用廣尊崇之典擬王封而昔秩禮殊古今定鴻號而加稱榮
增洙泗緬惟先師孔子之高祖祁父公系出商宗望隆宋國
姓分公族為孔氏之再傳瑞啓聖人肇凡宮而間出溯淵源
於累葉知德盛而世昌鍾鬱秀於一人實教尊而功溥朕纂
墻至聖宿稼前徽思敬禮之加隆必恩綸之及遠特追封為
裕聖王錫之冊命於戲衮衣端冕祇躬相蒲穀而彌尊春禴
秋嘗與鳧嶧龜蒙而並久欽茲寵命永荷鴻庥又曰聖人覺
世道有開而必先王者尊師禮必隆於所自備顯揚之典用
煥千秋申嚮往之誠特超五瑞緬惟先師孔子之曾祖防叔
公般朝賢裔曾國儒宗潛德彌彰守高曾之矩矱詒謀貽遠

蘊詩禮之淵源聿開天縱之能四科立教爰啟時中之聖
貫傳心朕寶歷初膺前徽是式溯儀型而景仰加名號以褒
崇特追封爲詒聖王錫之冊命於戲俎豆常新峻秩與尼山
並峙絲綸誕賁恩光共洙泗長流永荷崇嘉昭垂無斁又曰
化民善俗道首賴乎師資積行累功誼推崇夫祖德閎再傳
而誕聖垂裕詒謀超五等以加封創興盛典緬惟先師孔子
之祖伯夏公東山毓秀泗水鍾靈生秉禮守義之邦漸摩既
久奉崇信尊賢之訓歸趨尤深集慶在躬早兆四科之教克
昌厥後遂開萬世之蒙朕寶歷初膺景行彌切推降祥之有
自念賢號之宜加特追封爲昌聖王錫之冊命於戲溯尼山
之世澤茂績丕昭崇闕里之家聲斯文益振服茲嘉命永式

光榮又曰達天盡性御道統之攸傳崇德報功體孝思之不匱惟誕生夫膺哲遂系樹乎師模用崇徽號特升數秩輒推先師孔子之父叔梁公望重將郭業傳鄒邑秉姿勇毅垂史傳之盛名積慶攸長衍家庭之令緒威弧釋於闕里光啓素王徵靈應於尼山運鍾玉聖與從前代載崇上公嵩兹續緒之初更議推恩之典特追封爲啓聖王錫之冊命於戲澤推裕後聿宏作述之規善則歸親宜加尊崇之禮儀型如在嘉命是承祭告孔子文曰道尊往聖宜錫類以推恩牒溯前徽乃緣情而制禮絲綸聿賁俎豆維新仰惟先師孔子撰合乾坤名高日月纂修刪定煥六籍之文明祖述憲章樹百王之儀範朕夙承

庭訓彌往實深誕紹丕基欽崇彌切惟德全而業盛知積厚而流光爰命廷臣式稽譜系詒謀式穀洵篤慶於一門毓秀鍾靈宜上追於五世並躋祀典特晉王封禮

皇考敬師之心引先聖顯親之孝金聲玉振集古今之大成木本水源享蒸嘗之美報靈其不昧尚克來歆祭告肇聖王裕聖王詒聖王昌聖王啓聖王曰欽崇至道爰思毓聖之基特創隆規用沛推恩之典馨香攸薦譜牒增輝惟王系本商宗支分魯邑公族傳爲著姓溯盛德之淵源聖人功在彝倫綿斯文之統緒聯情殷仰止禮極褒崇晉五世之王封綸誥賁垂千秋之祀事廟貌常新顯親慰至聖之心錫類廣與朝之澤恩覃闕里報式穀於前徽愛溢膠庠敷光華於奕禩尚

其歆格鑒此殊榮

六月癸巳闕里孔子廟災

衍聖公孔傳鐸疏言臣叨沐殊恩襲職守祠詎於本年六月初九日申時疾風驟雨雷電交作有火從先師大成殿脊吻間出榱宇高峻火勢猛烈不能撲滅臣驚惶之下奉請祖像牌位四配十一哲牌位出正殿業經焚燬沿燒寢殿兩廡大成門

聖祖仁皇帝御碑東西二亭啟聖王寢殿金絲堂等處至五鼓方熄荷蒙

特恩勅封五代王爵新建崇聖祠仰賴洪福幸得無恙臣祀先無狀致罹天災臣不勝恐懼待罪之至

上諭朕惟孔子道高德厚爲萬世師表所以維世教立人極者與天地同其悠久朕臨御以來思極尊崇之典用伸仰止之忱今闕里聖廟被災豈朕尊師重道之心誠有未至歟朕在諒闇之中素服齋居無庸更事減膳撤樂惟謹擬親詣國學

文廟虔申祭奠宣讀告文以展朕踟躕不安之誠先期齋戒二日於二十七日不設鹵簿朕隨身素服前往諸王大臣官員陪祀者亦皆常服從事仍遣官馳赴闕里祭告以慰神靈幸新建崇聖祠無恙聖像神牌不致震驚朕心稍寧遣工部堂官一員會同該撫作速計材料工擇日興修務期規制復舊廟貌重新告成之日朕將親詣行禮該部遵旨速行

遣禮部侍郎王景曾來慰祭孔子

文曰仰惟先師道高千古業著六經集聖學之大成樹人倫之標準朕紹承丕緒仰止師範溯譜系以追封入成均而釋奠不謂杏壇之地忽罹回祿之災雖像位幸存而榱楹俱燼具聞奏報實切疏惶豈成毀有時竟莫爭於定數恐尊崇未

至祇難釋於中懷即遣所司協同大吏飭工材而備豫占啓
日以經營將式煥夫宮牆測重新於丹艧薛蘿伊邇已親詣
以昭虔闕里云遙用專官而展祭慰安靈爽瞻登格歆
初以丁銀均入田賦代輸
據見存之冊數按通省州縣均入地糧內輸
納其無田之戶悉免之門有滋生糧無加額
議准曲阜縣缺出衍聖公會同巡撫揀選保舉送部引
見補授
遣署理工部侍郎馬臘會同巡撫陳世倌相度修廟　議准增
祀先儒及增先賢後博士　增四氏學中額一名　以孔毓
珣為兵部尚書總督兩廣軍務　設田畯立先農壇　孔毓
珣條陳闕里事宜　禁外官畜優伶　令闕里樂舞生習樂

於太常寺

乙巳三年禁百姓保留離任官員　定自首隱匿墾地者一年之限

詔自康熙五十八年至雍正二年帶徵錢糧寬限八年

詔避至聖孔子諱　定丁祭增用太牢　秋八月闕里孔子廟興工

賜衍聖公孔傳鐸欽承聖緒額

頒社稷山川祭物圖　衍聖公修尼山書院　表節婦孔衍海妻孫氏王峻烈妻莊氏陳大經妻顏氏門

丙午四年令大計八法官員送部引見　罷私書用官印

詔蠲徵漕米改作兩年帶徵

命巡撫塞楞額董廟工

頒御書生民未有額於大成殿　知縣孔毓琚判官

丁未五年春兩廣總督孔毓珣入朝

命會勘蘇松水利　表節婦孔毓沭妻龔氏孔興翮繼室黃氏

趙建親妻田氏門　旌孝孔傳櫃顏光敩賢良方正

傳櫃發安徽試用

光敩賜六品冠服

頒御書顏子請賢匾額　定至聖誕辰齋一日

戊申六年

命巡撫岳濬董廟工　表烈婦黃孫錡妻孔氏門

制割股割肝療親疾及輕身殉夫者毋請旌　河東總督田文

欽祭勅修廟各官

配七年春正月設糾正一人直月三人胡錫崔宋公所講

遣通政使留保來督廟工

上諭闕里文廟工程朕屢降諭旨令該督撫等遴選賢員敬謹修造務期堅固輝煌計日告竣其所以未遣專官監督者盖恐京員到彼又多日用僕從之費擾累於地方也乃原任巡撫陳世倌委用不得其人於前而塞楞額又復因循怠忽於後以致工程遲緩未能即速告成頃據巡撫岳濬奏稱祇因購求長木一時難得是以工作稍遲等語著通政使留保前往曲阜督率在事人員盡心出力敬謹辦理務期速事以慰朕懷二月

命署山東巡撫岳濬會同留保督催其原任山東巡撫陳世倌仍同山東率從前承修遲延之知府州縣分別解任在工辦理其督催遲悞之各上司交留保查明交部議處

留保至縣會同岳濬查勘各工次第辦理隨令濟東道張體仁綜理諸務兗州府知府金以誠稽查度支又令青州同知張文瑞萊州同知張文炳兗州通判黃宗楷泰安知州王一夔東平知州王敷贊鄆城縣知縣張曰連滕縣知縣馬兆英嶧縣知縣崔宏烈汶上知縣于斐東阿知縣何一斐皆解任辦工以專責成曲阜知縣孔毓埏試用通判廖開試用知縣吳金涵暨汶克庀材鳩工分任厥事

上諭文廟工程務期巍煥崇閎堅緻壯麗纖悉完備燦然一新著岳濬留保會同衍聖公詳加相度備查制外有應行添設者有應加修整者俱著估計奏聞添發帑銀督理丹雘總期經理周密毫髮無憾工成之日朕當親往瞻謁以展尊禮先

師至誠至敬之意又

諭闕里文廟正殿正門用黃琉璃瓦兩廡用綠琉璃瓦以黃瓦鑲砌屋脊供奉聖像遴內務府匠人到東用脫胎之法敬謹裝塑　重建

聖祖仁皇帝御書碑亭　增建樂器庫

頒御書大成殿匾額

御書

御製對聯懸之廟堂改櫺星門石坊爲至聖廟奎文閣前之參同門曰同文詩禮堂前之燕申門曰承聖門

頒內府新製大成殿祭器一分

頒鎮圭及新製曲柄寶蓋各一繖二十有四

冬十一月丙申慶雲見戊戌正殿上梁

留保等奏言十一月二十六日午刻當孔廟上梁之前二日慶雲見於曲阜縣形若芝英彩鳳五色繽紛環繞日輪自正南綿亘東西歷午未申三時等語大學士張廷玉奏請宣付史館

上諭朕平素尊奉先師至誠至敬雍正二年闕里文廟不戒於火比時廷臣援明代弘治前事爲言而朕心悚懼不寧引過自責親詣太學文廟虔申祭告特發帑金命大臣等督工建修凡殿廡制度規模以至祭器儀物皆令繪圖呈覽朕親爲指授遴選良工庀材興造虔恪之心數年以來無時稍間今大成殿上梁前二日卿雲見於曲阜卿等歸美朕躬之詞朕不克當或者

上帝先師鑒朕悚惕誠敬之心見茲雲物昭示瑞應朕不敢矜

言祥瑞但能功過相抵朕之幸也應擇日躬詣太學文廟祭告以申感慶之衷一切禮儀著該部速議具奏朕躬被先師之福祐普天士子誦法服膺同受聖人之澤著將明年會試取中額數廣至四百名壬子科各省鄉試每正額十名加中一名其十名之外有餘數者亦加中一名此朕體恭先師樂育之盛心特行造就人材之曠典諸士子其各興文教行益加勉旃所請宣付史館之處知道了

表節婦孔興訓繼妻傅氏及其子毓瑛妻呂氏門

賜衍聖公孔傳鐸

世祖御製人臣儆心錄

聖祖御製文集及各書籍

御製朋黨論凡二十七種藏於闕里

庚戌八年夏六月大雨水漂廬舍　蔣衡來

欽定孔子廟大門曰聖時二門曰弘道　秋八月聖像成

遣編修劉秦賫香帛命留保祭告

文曰金聲玉振開宇宙之文明日角珠庭垂聖神之儀範謂敷筵几聿薦蘋蘩仰惟先師孔子學綜圖疇統承堯舜道超萬類喻河海泰嶽之崇深德服羣賢比江漢秋陽之皎潔溫良恭讓之度邦國共欽齊莊中正之容簡編備載新營廟貌虔製豆籩竭誠敬之心思極尊嚴之規制乃者歲逢庚戌序屬仲秋上溯周朝近當今日推之長歷即尼山降誕之時卜以良辰是闕里增輝之會用稽徽典適協貞符於戲棟宇恢

宏巳慶雲霞之糺縵堂楹端嚴重瞻日月之光華神鑒孔昭

苾芬歆享

留保奏聖廟工竣請編輯成書從之

遣皇五子來祭告孔子廟

文曰達天盡性樹萬世之師模重道尊經煥千秋之廟貌肅將嘉祀用告成功仰惟先師孔子得聖之時由天所縱纂修刪定啓宇宙之文明祖述憲章綜帝王之統緒升堂入室宏施樂育之恩學禮誦詩永作義方之矩民高懸之日月亘古莫踰喻出類之鳳麟生民未有　奉遺編而欽企儀典務極其推崇循舊址而鼎新經營必盡其誠敬俾夫國帑董以大臣每備式以先呈乃按圖而指授楩楠栝栢求大木於名山[illegible]

簋樽罍選良工於內府品焚貴玉金準制度於宸居璀璨玉圭儼威容於聖座懸標題之巨榜灑翰親書建屹峙之豐碑摛文恭紀工程累歲時深嚴恪之忱棟宇宏規益備觀瞻之美華榱雕柱增輝講道之壇璆磬金鏞重振大成之鼓數例之宮牆逾峻兩楹之俎豆虔陳特遣皇五子親詣几筵敬行告祭於戲鄉雲糺縵已開丹[illegible]之祥古檜貞堅佇望青蒼之色惟祈鑒格式享苾芬

遣多羅淳郡王弘暻來祭告崇聖祠不讀文行三獻禮

詔設聖廟執事官四十員

上諭朕惟孔子道冠百王功高萬世朕景仰企慕寤寐弗諼備

舉崇奉之儀用申報享之願查世襲歷代俱有成規而聖廟
執事人向來未加爵秩所當廣置官僚以光祀典今欲特設
聖廟執事官三品者二員四品者四員五品者六員七品者
八員八品九品各十員各按品級給與章服每逢聖廟祭祀
之時虔設官裳駿奔趨事凡此人員著衍聖公於孔氏子孫
內選擇人品端方威儀嫻雅者報部充補彙奏以聞每年各
給俸祿銀二十兩其孔氏子孫內有情願充補之人或曾經
出仕而退休在籍者或身有職銜而未曾出仕者以及貢監
生童等皆可入選若屆鄉試之期有情願入場者准以監生
入場應試

衍聖公孔傳鐸率族人赴闕謝賞賚有差　立

御製重修闕里孔子廟文碑　冬十二月八

詔修孔林

上諭內閣曰皇五子致祭闕里文廟典禮告成回京奏稱恭謁孔林周視規制見享堂墻垣間有年久傾圮之處朕尊崇先師夙夜罔斁今廟貌已經鼎新林園允宜修葺著欽天監遴員前往會同衍聖公孔傳鐸相度方位宜於何時營治詳慎定議屆期朕命大臣前赴曲阜令衍聖公孔傳鐸協同敬謹修理務令崇閎堅固光垂永久以昭朕尊禮先師之至意

欽天監五官挈壺正李廷耀來相度

辛亥九年春三月雨雪　夏五月

詔陳世倌張體仁仍同衍聖公孔傳鐸監修孔林其估計之處

會同巡撫岳濬議奏　秋七月丙子孔林興工　衍聖公孔
傳鐸以病予告其長孫廣棨襲封　岳濬陳世倌奏請孔林
享殿瓦色依廟工寢殿之制
詔從之　修洙泗書院　調孔毓珣總督江南河道提督軍務
尋卒
諭賜祭葬謚溫僖　生員魏嘉祚等請增建縣學孔子廟不果
行
壬子十年夏大旱　六月卿雲見　秋九月孔林工竣
諭遣兖東二府在京人員回籍賑饑　孔子手植檜復生新條
增孔子廟祭費　衍聖公孔廣棨率族人赴闕謝恩諭賜
賚有差

癸丑十一年秋大有年

甲寅十二年修少昊陵圍墻　表貞女孔傳鉦未婚妻李氏門

乙卯十三年夏四月前衍聖公孔傳鐸卒　秋九月

頒登極恩詔免雍正十二年以前民欠錢糧　冬十二月

遣太常少卿圖爾泰齎祭告少昊陵孔子廟

祭少昊文曰禮崇典祀光俎豆於前徽念切景行薦馨香於往哲維帝王繼天立極撫世誠民豐功焜耀於簡編駿烈照垂於宇宙溯典型於在昔凜法鑒之常存朕以藐躬繼登大寶屬膺圖之伊始宜展祀以告虔特遣專官祗遵彝典苾芬在列備三獻之隆儀靈爽式憑仰千秋之明德尚其歆格永錫鴻禧祭孔子文曰仰惟先師道媲勳華功參天地金聲玉

振集千聖之大成韶舞夏時開百王之至治我
皇考隆師重道禮儀備極夫尊崇予小子典學研經前法恆深
夫嚮往茲屬膺圖之始宜修展祀之儀敬遣尊官虔申昭告
惟道德文章之要作君兼懋夫作師念修齊平治之規後聖
實承夫先聖仰祈昭鑒啓牖文明祗薦明禋尚惟歆格

修縣志

晉江何琦及顏懋倫等纂輯共二十六卷一疆域二營建三風俗四學校五軍政六民賦七官師八選舉九廟十陵墓十一祀典十二錫命十三帝王十四聖賢十五人物十六物產十七災祥十八古蹟十九至二十五俱藝文二十六雜志始事於壬子之冬及是年而稿就較舊志頗爲詳贍知縣孔毓琚擬裁訂之以付梓而未果也茲志所載孔氏事文皆以闕里志闕里文獻考諸書爲主其邑中事實多本此

曲阜縣志卷之三十三終

曲阜縣志卷之三十四

知縣楚安鄉潘相修

通編第三之十　門承熾編

丙辰

今皇帝乾隆元年夏四月

賜黃孫懋進士第二人及第　表貞女孔廣敎未婚妻周氏墓

秋九月

諭辟雍孔子廟大成殿及門俱如闕里文廟制用黃瓦　冬十一月復以元儒吳澄從祀孔子廟　廣生員額　裁河東總督　表節婦孔貞德妻孫氏門

丁巳二年夏四月

遣左副都御史陳世倌來祭告少昊陵孔子廟

祭孔子文曰仰惟先聖德合乾坤光昭日月樹百王之宏範
集千聖之大成朕欽仰至道嚮往維殷茲於乾隆二年四月
十六日恭奉
世宗敬天昌運建中表正文武英明寬仁信義大孝至誠憲皇
帝配享
圜丘禮成特遣崇官虔申昭告惟冀丕煥文明之盛永臻熙皡
之風鑒此精誠庶其歆格　衍聖公孔廣棨入朝　表節婦
閻化妻顏氏馮天文妻王氏門
戊午三年春三月衍聖公孔廣棨入朝陪祀晏筵頒恩盛典六書
御製序文賜之升有子於東哲　子之次
頒御書匾額於闕里孔子廟　秋九月毀三教堂

河南學政林枝春奏稱河南州縣有三教堂佛居中老子
孔子互相左右或䌤羽奉祀或女僧住持殊屬不經宜加
禁止但聖像既成付之推毀亦未安請移奉書院
義學始為相宜其祠宇如向屬公地管領無人者卽其地
改為書院義學北省如此者亦多且間道流建醮
輒以天尊之號謬加聖人請一體嚴禁議准允行
表節婦孔毓富妻董氏陣亡士杜妻孔氏門
己未四年秋八月衍聖公孔廣棨入朝預
經筵班聽講　表節婦顏崇玖妻姚氏劉光祖妻顏氏杜公琰
妾馬氏門
庚申五年秋八月衍聖公孔廣棨入朝仍預
經筵班聽講著為令
辛酉六年
遣大臣會同巡撫勘訊衍聖公孔廣棨及知縣孔毓琚互訐款

蹟

詔原廣棨勿問毓瑶依議　知縣孔傳松到官

頒禮器一副於闕里孔子廟

頒上諭文武和衷三教同源士習性理各一冊明史

欽定四書文於學官

壬戌七年

詔舉直言極諫如陽城馬周者

癸亥八年春正月衍聖公孔廣棨卒　夏五月蝗來不爲災

頒闕里丁祭旋宮之樂

頒世宗憲皇帝上諭二部於學官　冬聖裔孔繼汾孔繼涑重

陳邢彥記之日記復洙水復古也古者史官於城郭川渠之興築必謹書之而能復前績使無堙廢尤尚其功德往往以爲美談東漢時復鴻郤陂晉復南陽陂唐丹陽刺史復練湖長安復樊惠渠皆志在簡牒播乎碑頌班然可考至今猶傳焉洙爲水著名春秋今之曲阜禹貢徐州也書稱沂泗未嘗及洙然曾子語子夏事夫子於洙泗之間傳又言孔子葬魯城北泗水上洙濆帶其旁則靈源無窮宜與天地共久長矣自孔子去今時幾二千三百餘載洙之經流屢亦改闕舊有浚而復之者其遺碑尚存而文字荒凉半就磨滅益欲稽其歲月而歎其不可復識也乾隆八年冬孔子之裔孫有繼汾繼濂者起而慨然規復其舊於是鳩工徒具畚鍤卒作興事經營具周載疏載導長流遂通決決瀰瀰浮碧含秀映列楷之廣林抱藏璜之阜壤合沂入泗故迹是循功既成則以書來告予曰洙之濬於前而復塞於後不知幾何時惟是先聖生卒之所遊彈琴講道朝夕乎是不聽其圯閉以湮鬱於陵陸也幸得修而復之思有以示後來者俾無墜其事則請爲文以記之夫古今貿遷無常而川流之變徙尤甚方在漢時去古未遠耳然九河已失其處或且遷其名禹所治三江前宋元嘉中早就堙塞而卒不可復洙之爲水不與淄濰汶泗稱望青徐閒然學士大夫羣相仰而知其所則非以孔子之故邪其堙而常復復之而欲其終古如此也雖不必孔子之世人

且願爲之而况其爲孔氏之子孫者邪爲孔氏之子孫復之斯有嘉績焉抑吾聞汾與涑之爲之也本以其太夫人之申命則又其賢也乃書之使刻於石以示永久是役也計金三千有奇其所濬長徑八里廣深各三丈云

表節婦李本愚妻岳氏顔紹議妻孔氏門

甲子 九年春正月

頒學政全書於學宮　孔昭煥襲封衍聖公

乙丑 十年

詔輸免錢糧一年 山東以十三年

表節婦顔伯瑛妻孔氏顔懋健繼妻王氏郭大有妻孔氏郭大智妻孔氏門

丙寅 十一年春正月

頒御纂周易折中性理精義
欽定書經傳說彙纂詩經傳說彙纂春秋傳說彙纂各二部於
學官　冬十月優貢生孔繼涑新修考棚號舍
丁卯十二年夏四月以孔繼洞爲袞州府知府　六月奉
上諭朕幼誦簡編心儀先聖一言一動無不奉聖訓爲法程御
極以來覺世牖民式型至道願學之切如見羹牆辟雍鐘鼓
躬親殷薦而未登闕里之堂觀車服禮器心甚歉焉仰惟
皇祖聖祖仁皇帝巡幸東魯親奠孔林盛典傳於奕禩
皇考世宗憲皇帝崇聖加封重新廟貌嘗遣朕弟和親王恭代
展祀未以命朕意者其或有待歟朕寅紹丕基撫茲熙洽思
以來年孟春月東巡狩因溯洙泗躬杏壇瞻仰宮牆申景行

之夙志復奉
聖母皇太后懿旨泰山靈嶽坤德資生近在魯邦宜崇報享朕
不敢違爰遵
慈訓親奉
鑾輿秩于岱宗用答鴻貺旋蹕靑齊觀風布澤以昭崇聖法
祖教孝省方鉅典所有應行典禮大學士會同該部稽考舊章
詳悉具議以聞其應預備之各衙門查察事宜先期請旨至
行在一切所需悉出公帑無得指稱供頓儲偫絲毫貽累閭
閻羽林衛士內府人役等各該大臣嚴行稽查約束並令扈
蹕文武臣僚嚴飭傔從毋或侵踐田疇致妨麥如有騷擾
地方指名需索者立即參奏從重治罪通行曉諭知之　表

節婦顏懋崍妻孔氏門　大水　饑　賑　設粥廠

戊辰十三年春大饑疫加賑一月　毀無字碑及元人重修[illegible]

靈宮碑　二月戊寅

聖駕幸闕里

詣孔子廟拈香山東巡撫阿里袞濟東泰武道明德衍聖公

孔昭煥率人孔繼汾等恭導至奎文閣前降輦步入大成門

升階盥手入殿中上香行三跪九叩頭禮畢周覽廟中古跡

還

行宮翼日己卯

皇上親行釋奠禮祝文曰仰惟先師道備中和德兼聖智覺修

刪定敷教化於六經祖述憲章紹心傳於羣聖樹百王之軌

範開萬世之太平爲今古所尊崇與天地無終極昔
聖祖駕臨曲阜旣肅將於廟貌復祗謁於塋林穹碑
聖製之文
御蓋
天章之錫煇煌闕里照耀杏壇展慕道之隆情逈邁往代備崇
儒之極則度越前規朕丕纘鴻圖敬承
祖烈誦遺言於典籍夙懷向往之心驗至道於敷施式冀治平
之效茲者廵行東國游止聖居欣瞻萬仞之宮牆喜睹千秋
之禮器陟堂階而景仰恍親道範於[illegible]杏依然[illegible]以徘徊
聽元音於金石謹齋心而上格期靈爽之來歆鑒此微忱爰
予雅化三獻九拜如康熙二十三年儀四配十二哲及兩廡

從祀先賢先儒

命左都御史劉統勳吏部左侍郎德齡刑部左侍郎錢陳羣工部左侍郎索柱內閣學士德爾格詹事府詹事裘曰修少詹事世貴鴻臚寺卿吳應枚等分獻崇聖祠

遣誠親王允祕行禮祝文曰惟王系本商家代為公姓生聖人之後華胄遐遙衍明德之傳令名昭著自孔父別族為得姓受氏之宗逮防叔來歸稱適魯始遷之祖褆躬紬德數傳而緒業彌昌保世允宗奕世而貽謀愈遠惟善仁之積累乃神聖之篤生早開文教之先宜食燕詒之報我

皇考特加恩命並錫榮封合五代以同尊曠千秋而獨盛備極崇儒之禮允隆報德之文茲以時巡緬懷前蹟仰褒綸之赫

奕式昭佑啓之功贍爵號之煇煌倍切景行之慕虔申祀事

特遣專官惟冀神靈尚其歆格崇聖祠先賢先儒

命侍讀吳爾泰贊善武極理給事中宗室同寧馬宏琦各分獻

祭畢

御詩禮堂講筵孔繼汾進講中庸凡爲天下國家有九經一節

優貢生孔繼涑進講周易臨卦彖辭隨從諸臣巡撫司道衍

聖公各博士及十三氏子孫皆入詩禮堂聽講講畢

勅大學士傅恒宣

諭衍聖公孔昭煥等曰至聖之道參天地贊化育立人極爲萬

世師表凡茲後裔派衍支繁尤當永念先型以期無忝昔我

皇祖東巡時邁闕里特頒

聖諭炳若日星朕仰紹
前徽虔修展謁之禮念爾等令緒相承淵源勿替載申誥諭用
示訓行其務學道敦倫修身慎行克奠先師之彝訓祗遵
聖祖之誨言弗愧爲聖者子孫朕實嘉予之其欽承毋怠宜畢
遂
詣孔林酹酒行一跪三叩頭禮先是奉
上諭上古聖皇神靈天亶道法淵源所自曲阜爲少昊金天氏
舊都有陵在焉朕東巡所歷瞻眺松楸情殷仰止宜躬親祀
事祇薦馨香以展誠敬欽此是日
上詣少昊陵致祭御龍袍袞服扈從守土各官咸蟒袍補服陪
祀

駕至陵門前降輿由中門入饗殿陳設祭品及行禮儀均與祭
帝王廟同祝文曰惟帝系出有熊祥呈華渚自窮桑而登位
國號青陽徙曲阜以定都王由金德靈徵瑞鳥用紀官師樂
奏大淵式和上下功開草昧爰修太昊之遺德被人神克紹
軒轅之化名尊邃古兆建雲陽朕稽古時巡至於東魯幸松
楸之伊邇心切溯洄瞻墳石之猶存情深仰止廼修秩祀用
薦馨香惟冀神靈尚其歆格

遣和親王祭周公廟祝文曰惟公生本篤仁業隆制作達孝樹
人倫之極繼述無愆精忠盡臣職之常勤施不懈闡六爻之
奥儀道洩圖書立萬世之經綸治垂官禮忠厚開基於東魯
典則猶存儀型入夢於尼山斯文未墜允合尊崇於億載誠

宣昭報於千秋往年

皇祖東巡虔申祀事恩卹後裔典禮彌光朕仰紹

前徽省方涖止羹牆可接彌深亦烏之思松栢遙瞻倍切袞衣

之慕特申祇告代以親臣惟冀神靈尚其歆饗又奉

上諭朕涖止闕里奠先師祀少昊夙誠申矣惟是周公元聖蔭

祠咫尺不一瞻拜於心歉焉其致祭已照例遣親藩行事今

朕欲至祠瓣香瞻拜所司具儀以聞朕所重者道也豈所論

於位乎欽此遂

幸周公廟拈香還宮

賜十三氏子孫宴

御書門榜聯額懸大成殿詩禮堂及各門又

諭內閣曰康熙二十三年恭遇
皇祖孝曾尊崇至聖曾將曲柄黃蓋留供大成殿今朕親詣闕
里釋奠先師敬紹
前徽具遵成例其以曲柄黃繖留於廟中永光秩祀
詔東省本年錢糧見已普免曲阜泰安歷城爲鑾輿駐蹕之所
將次年地丁錢糧全行蠲免廣山東通省入學額數大學三
名中學二名小學一名又
諭學臣拔十三氏子孫有文學可觀讀書立品者貢入成均以
示鼓勵
授孔繼汾內閣中書舍人
賜孔昭煥貂裘蟒服表裏緞疋

錫賚聖賢後裔如康熙二十三年故事凡十三氏子孫有職者皆加一級進士舉人各增賞銀十兩貢監生員各銀五兩又特諭昭煥曰先師修道立教天下萬世之人服習聖訓咸有以自善其身況爲其子孫者乎卿以宗裔奉祀紹封列爵既優崇矣當思淵源何自夙夜敬勉親師向學以植始基愼行謹言以培德器循循詩禮之教異日卓然有所成就允孚令望表率族黨俾當世知聖人之後能守家傳於勿替匪徒章服之榮已也豈不休哉其祗遵朕勑先是太常寺卿李世倬奏曲阜有顔子專祠應否遣官致祭至是

上諭内閣曰朕東巡躬詣闕里致祭先師顔曾思孟四賢作配殿庭雖從與享但聞其故里各有專廟應分遣大臣恭奉香

帛前往祭獻以展誠敬朕向在書齋曾製四賢贊景仰之忱
積有日矣其勒石廟中致朕崇重先賢之意乃
遣禮部左侍郎鄧鍾岳及裘曰修光祿寺卿沈起元及吳應枚
分祭顏子曾子子思子孟子祠祭顏子文曰惟復聖顏子賦
秉深潛學精純粹處屢空之境樂著不移受終日之傳語稱
足發三月之操存無間克復歸仁四代之禮樂兼該行藏與
共踐履祇爭一閒入聖域以非遙行能首冠諸科紹心傳於
不墜追崇允合昭報攸宜朕稽古東巡至於東魯慕前型而
不遠用企清修瞻遺廟以猶存式懐令範虔修祀事敬遣專
官惟冀神靈尚其歆格祭曾子文曰惟宗聖曾子秀毓武城
業宗泗水三省勤於夙夜允稱篤實之功一貫悟於須臾彌

徵貞積之久獨受孝經之訓用廸臨深履薄之修永綿大學之規式啓明德新民之要術薪傳於勿替以啓得之開絕學於無窮其功大矣追崇允合昭報攸宜朕稽古東巡至於東魯念先型之未遠心切溯洄瞻故里之非遥情深仰止虔修祀事敬遣專官惟冀神靈尚其歆格祭子思子文曰惟述聖子思子早廸躬修懋承家訓有聖人之遺緒無慚繩武之文孫紹賢父之芳踪不忝克家之有子嬰城固守式昭貞靖之操卻餽森嚴想見剛方之概闡尼山之絕學衍道統於無窮啓鄒嶧之先聲荷薪傳於勿替追崇允合昭報攸宜朕稽古東巡至於東魯仰瞻故里緬道範之猶存式念前修幸儀型之未遠乃修秩祀用遣專官惟冀神靈尚其歆格祭孟子文

曰惟亞聖孟子靈鍾鄒嶧道贊尼山母教三遷德業夙成於早歲師傳一綫淵源私淑諸其人闡性善養氣之精擴聖人之所未發述唐虞三代之治爲奕世之所共由衛正學而闢異端功豈在於禹下尊王綱而賤霸術教實秉於孔門洵宜昭報於千秋允合尊崇於億載朕省方時邁至於魯邦欽廟貌以非遥恍瞻氣象遣專官而將事式薦馨香惟冀神靈尚其歆格庚辰

聖駕回鑾　表烈婦臨淄訓導孔毓懿妻姚氏墓

己巳十四年

遣太僕寺卿阿蘭泰來祭告少昊陵孔子廟

祭孔子文曰惟先師垂經教孝備武修文立道綏和合南北

東西而思無不服聖神美大比高明博厚而德更難名贍萬仞之宮牆特崇典禮肅千秋之俎豆敬展明禋茲以遜徽敕

寧中宮攝位

慈寧晉號慶洽神人爰遣尊官用申殷薦仰惟歆格示錫鴻禧

表節婦孔與揚妻桂氏婁士俊妻馮氏門

十五年庚午

頒恩詔

遣鴻臚寺卿吳應枚來祭告少昊陵孔子廟

祭孔子文曰惟先師垂經立教勸學明倫立道綏和比堯舜而功爲益遠聖神美大配天地而德更難名贍萬仞之宮牆特崇典禮肅千秋之俎豆敬展明禋茲以正位中宮鴻儀懋

康

慈寧晉號慶洽神人爰遣專官用申殷薦仰惟歆格丕永錫鴻禧

辛未十六年春二月

聖駕南巡衍聖公孔昭煥率各氏子孫迎

鑾於德州

御製詩賜之

遣通政使富森來祭告少昊陵周公孔子廟

祭周公文曰惟公道隆繼述業贊文明損益夏殷成德賴勤勞之績覲揚文武廸光歸材藝之姿書述三宗識民依於稼穡詩歌七月陳王業於農桑開萬禩之太平享千秋之美報茲朕稽古南巡道經東魯緬懷赤舄豚狼跋於前徽尚想袞

衣蔡鴻飛於爨烈訪遺墟而不遠瞻廟貌以非遙特勅有司恪修祀事庶其昭鑒安此明禋祭孔子文曰仰惟先師時中運世先覺牖民集羣聖之大成等百王而未有朕欽崇至道仰止遺風希聖之情載勞寤寐茲以觀風吳會道出魯邦仰數仞之宮牆杏壇在望瞻兩楹之俎豆闕里非遙特遣具官虔修祀事庶幾靈鑒尚格來歆　梁鎮龍防　表節婦孔傳瑛妻章氏卌一冬十一月

遣鴻臚寺卿儲麟趾來祭告少昊陵孔子廟

祭孔子文曰惟先師垂經立教勸學明倫立道綏和比堯舜而功爲益遠聖神美大配天地而德更難名峻萬仞之宮牆肅千秋之俎豆茲以

慈寧萬壽懋舉鴻儀敬晉

徽稱神人慶洽爰申殷薦特遣專官齎鑑慈忱永綏多福

壬申十七年調孔繼涧西寧府知府　冬十月衍聖公孔昭煥

入朝

賜三希堂法帖一部

癸酉十八年冬十月以孔繼涧爲寧夏道

甲戌十九年衍聖公重修聖廟櫺星門易以石

命戶部主事孔繼汾隨軍營籌餉　表烈婦孔傳培妻苑氏墓

乙亥二十年夏六月己酉奉

上諭曰平定準噶爾捷聞以數十年逋寇迅就廓清荒服敉寧

中外蒙福乃我國家無疆之休緬惟

皇祖聖祖仁皇帝削平三孽於康熙二十三年諏吉東巡
親祭闕里武功文德彪炳簡册朕仰承
先烈集此大勲保泰持盈彌深兢業親告成功於
太廟
郊
社嶽瀆諸祀次第遣官敬謹舉行以昭懋典先師孔子闕里理
應恪循
成憲躬詣行禮用申誠敬且自瞻謁林泉已逾六載仰止之思
時切於懷擬於明歲春月敬奉
皇太后安輿自京起鑾恭詣曲阜翠華所經亦以體察吏治清
問閭閻行慶施惠以稱朕法

祖尊師之至意所有應行預備事宜該部詳議以聞　衍聖公

孔昭煥入朝　初建古泮池

行宫　衍聖公改建啟聖王林享殿林門重修尼山書院

曲阜縣志卷之三十四終

曲阜縣志卷之三十五　　知縣楚安鄉潘相修

通編第二之二十一　　男承煒編

丙子二十一年春正月改曲阜縣爲在外調補之缺二月

聖駕東巡免所過州縣今年田賦十分之三加賑災民一月衍

聖公孔昭煥率各氏子孫迎

鑾於劉智村三月己巳

上幸闕里詣　廟拈香庚丁釋奠禮祝文曰朕惟治統道

統理本同源作君作師義歸一致先師功高堯舜德炳乾坤

集羣聖之大成金聲玉振闡六經之正學觀海登山百代奉

爲楷模萬年光於俎豆緬

皇祖親臨岱嶽特隆北面之文洎朕躬祗謁尼山即在東巡之

蕆式觀事服時已閱乎七年景仰宫牆心彌殷於再至惟尊
師之典與法
祖俱長亦望道之誠共省方益切幸文治興崇之會正遠人率
服之年稽典禮於王猷聿修時邁本治平於聖訓上印心傳
載薦明禮　申昭報聆金絲　溯往聲欬非遥溯詩禮以趨
蹌儀型若接鑒茲誠意尚克來歆翊我鴻圖庶幾受福
命禮部尚書楊錫紱兵部尚書傅森工部尚書汪由敦理藩院
尚書那延泰吏部左侍郎歸宣光戶部右侍郎五福刑部左
侍郎勒爾森工部右侍郎夢麟內閣學士富德錢維城分獻
十二哲及從祀先賢先儒同日
遣大學士陳世倌祭告崇聖祠文曰惟王廸德承家累仁毓聖

自子姓別族之始式訓傳恭迄鄹鄉從政以還在師致果六
百載神明後裔美克著乎象賢萬億年文教常開功自歸於
燕翼褒封載錫仰綸綍之垂光歲祀維虔薦苾芬而致敬事
隆恒典禮紹前規茲以諏吉東巡告成闕里榛楹在望彌緬
往以追崇俎豆斯陳載緬懷於佑啓用申虔祭特遣專官惟
冀神靈尚其歆享崇聖祠先賢先儒

命鴻臚寺卿　趾通政使司參議那瀚翰林院侍讀索爾遜
中允德昌各分獻祭畢遂
詣孔林親酹酒如十三年儀辛未
幸少昊陵周公廟拈香遂
回鑾幸泉林道經啓聖王墓

命大學士陳世倌詣墓前奠酒又

遣歸宣光勒爾森富德錢惟城分祭顏子曾子子思子孟子祠

祭顏子文曰惟復聖顏子泗水鍾英杏壇希聖四科首選德

行冠夫諸賢三月無違克復徵於一日證行藏之合常屢空

而宴如集之成堪王佐不愧好學之懿修弗替廟庭

之配典常崇茲以時巡載臨舊里侑尊彝於廣殿已致虔恭

申奠醊於專官更陳秩祭靈其來格享此清芬祭曾子文曰

惟宗聖曾子秀毓武城學宗泗水懋婣修於篤實三省勤夙

夜之功崇真積於躬行一貫悟精微之旨端治國齊家之本

大人之學昭垂示至德要道之原教孝之經永著衍孔門之

聖脈以魯得之啓孟氏之師傳其功大矣尊崇允協報享攸

宜朕以禮時巡道臨魯甸情深仰止瞻故里之非遥心慕典型念德輝之如在虔申禋祀敬遣專官惟冀神靈庶其歆格祭述聖子思子文曰惟述聖子思子派衍尼山教原泗水繩其祖武性天本自家傳慎厥身修詩禮紹夫庭訓道尊不友抗顏曾贊之庭義重爲臣仗節衛齊之境紹曾傳於忠恕三十三章啓孟淑於見聞百有餘歲追崇自昔昭報於今載謁孔林重臨魯國千秋俎豆欽述作於一家數仞宮牆念後先之同揆爰修明祀特遣專官靈爽式憑尚其歆格祭亞聖孟子文曰惟亞聖孟子靈鍾鄒嶧學本尼山溯私淑之淵源道實承夫三聖紹見知之統緒辭大備於七篇幼學壯行既躬履夫仁義知言養氣亦明析其精微衛正學而闢異端惟道

性善尊王政而賤霸術聿正人心教悉禀於孔門功不在於
禹下朕時巡東土莅止魯邦欽廟宇之非遥如親道範勅專
官而將事肅薦馨香惟冀神靈尚其來格又
遣禮部尚書楊錫紱祭告周公廟祭文曰惟公德冠姬宗治隆
家相善繼善述樹模範於人倫多藝多材懋勤勞於臣職闡
揚河洛微言允紹羲文翊贊經綸大業光昭官禮溯魯甸分
封之始逮尼山入夢之年雖越世之云遥實斯文之不墜尊
崇一體昭報千秋朕心企嘉懋弗絕
祖德爰茲親臨東魯兼告馨香茲辰藏謁孔林並申俎豆覲光
揚烈緬勲猷而彌切師承袞衣繡裳望東宇而益深仰止虔
修祀典特遣專官神爽式憑尚其來格

詔免縣境今年地丁銀 知縣[illegible]若木到官 表節婦孔毓[illegible]妻顏氏門 立烈婦祠祀[illegible]訓導孔毓懿妻姚氏

丁丑二十二年春正月

聖駕南巡

遣工部尚書秦蕙田來祭告少昊陵周公廟

祭周公文曰惟公道纘三王功敷四國仰思待旦勤勞端赤舃之容旁作逆衡忠孝發金縢之冊繫辭一象普述西郊制禮六官獨推冢宰所其無逸陳皇懸於民功范用有成觀文光於天命懋昭自昔美報於今朕蒞遹南邦道遵東國歌鱒餙於九罭尚想袞衣莫私恩以二卣聿昭元祀稽於祭典特命專官格于馨香神其歆饗

遣協辦大學士蔣溥來祭告孔子廟文曰惟先師德備時中功
參化育紹心源於往代祖述憲章傳道統於後人贊修刪定
金聲玉振集羣聖之大成觀海登山爲生民所未有儀型萬
古若日月之莫可踰秩祀千秋與乾坤而俱不朽朕言循東
魯再莅南邦釋奠而謁杏壇屈指甫週乎一載揚旌而瞻闕
里抒誠用遣乎專官敬薦明禋式遵舊典宮牆遙望彌深仰
止之情俎豆常新永啓右文之治神其鑒格庶克來歆　免
所過州縣田賦十分之三　衍聖公孔昭煥率各氏子孫迎
鑾於劉智社
御製詩賜之二月甲申恭
上諭朕擬於回鑾渡淮後由順河集前往徐州取道至山東之

曲阜展謁孔林用申仰止之忱

皇太后鑾輿仍由頓可集先至泰安之靈巖山駐蹕所有大營

道路務從簡約但取足供行走頓宿而已不必過求齊備夏

四月己巳

上過鄒縣

親幸孟廟拈香行一跪三叩頭禮是日

駕至曲阜

詣聖廟拈香行三跪九叩頭禮翼日庚午

詣孔林酹酒乃

回鑾

賜衍聖公孔昭煥高祖母黃氏匾額曰六代含頤　夏玉月調

孔繼洞霸昌道　衍聖公孔昭煥入朝

戊寅二十三年

頒欽定三禮義疏於學宮

己卯二十四年冬十一月衍聖公孔昭煥入朝

賜寶墨軒法帖

遣通政使圖爾泰來祭告少昊陵孔子廟

祭孔子文曰惟先師德備中和功參位育覆幬持載合東西南北文治二立道綏和邁文武聖神之廣運望防尼而仰止景行時切高山溯洙泗之淵源誦法有同觀海茲以西師克捷回部蕩平擴一統之車書絕徼遠傳夫凱奏肅千秋之俎豆明禋敬展乎杏壇特遣專官用將殷禮伏惟昭鑒來格馨

香　表節婦孔毓垣妻上官氏門

庚辰　二十五年咸里馬

辛巳　二十六年冬十一月衍聖公孔昭煥率各氏子孫入朝

遣吏部右侍郎恩丕來祭告少昊陵孔子廟

祭少昊文曰惟帝本仁祖義明物察倫修人紀以綏猷則天

經而立極緬羹牆其可接先後攸同崇俎豆以常新模楷斯

在茲以

慈闈萬壽懋舉鴻儀敬晉

徽稱神人慶洽展尊

覲之義思克紹夫前型廣錫類之仁期永綏夫後祿爰申祝告

式薦馨香尚鑒悃忱俾膺多福祭孔子文曰惟先師德由天

縱行在孝經集聖道之大成樹人倫之極軌微言奧義千秋

之本鐸猶新仰止景 數仞之宫牆未遠茲以

慈闈萬壽懋舉鴻儀敬賫

徽稱神人慶洽廣顯

覲揚名之義用則天經原至德要道之歸式遵聖教專官致告

殷薦惟虔昭格有靈繁禧用錫 表節婦朱世培妻蔣氏孫

立盧妻陳氏門

壬午二十七年春正月丙午

聖駕兩巡甲寅衍聖公孔昭煥率各氏子孫迎

鑾於劉智社

御製詩賜之辛酉

遣禮部右侍郎介福來祭告少昊陵周公孔子廟

祭周公文曰維公運翊成周望隆家相豳風七月溯積累仁厚之基周禮六官昭黼黻昇平之績念民依於稼穡無逸陳書揭理與於天人爻辭衍象本揚烈覲光之義備治功道法之全朕特遵南邦路經東國龜蒙鳧繹緬遺蹟以猶新赤舄繡裳溯風流而宛在爰稽祀典特遣專官用薦馨香尚希昭格

祭孔子文曰觀民設教道有淵源崇德報功禮隆秩祀載舉四巡之典允懷百世之師惟先師德建儒宗道垂帝範五百歲得知相接繼往開來二千年教澤如新經天緯地朕欽承治法夙稟鴻規仰溯心傳緬思遺訓聆八音於孔壁前曾再謁東山軼五瑞於虞書今値三臨南國驅分鄒魯採風而

儒俗猶存地介青徐接壤而聖居特近載展精禋之薦用申

向往之誠敬遣專官惟神昭鑒　夏四月庚辰

聖駕回鑾至鄒縣

幸孟子廟拈香遂至闕里

詣孔子廟入櫺星門下馬由中道步入大成殿拈香行兩跪六

叩頭禮出德侔天地坊駐蹕古泮池

行宮辛巳

詣孔林酹酒禮畢低徊久之問衍聖公孔昭煥著草根苗昭煥

恭擢一本呈覽遂

回鑾　夏五月衍聖公孔昭煥率各氏子孫入朝奏進孔繼汾

闕里文獻考　以王澄總督甘肅等處地方節制四鎮

癸未二十八年立

御製平定準噶爾

御製平定回部碑

甲申二十九年

遣兗沂曹道毛嘉梓致祭衍聖公孔昭煥高祖母黃氏　知縣

嚴文典到官

乙酉三十年春正月壬戌

聖駕南巡

諭衍聖公孔昭煥服制未滿不必易服來迎

頒夾鐘南吕兩律鑄鐘特磬各一簴於闕里孔子廟二月辛丑

遣禮部右侍郎雙慶來祭告少昊陵周公孔子廟

祭周公文曰惟公任重勳親道隆輔相詩歌入告陳祖功宗德之留遺官禮成書備國治民生之至計翊與周於豐鎬政洽彤庭受封魯之山川祥開青社朕每因巡莅特舉明禋兹四省於南邦爰再經乎東國采風問俗今時之禮樂猶崇揚烈觀光昔日之謨猷俱在載展馨香之薦用申秩祀之誠特遣尊官尚希歆格祭孔子文曰學闢萬古俎豆如新道闡百王宮牆在望屢舉時巡之典爰修禋祀之儀惟先師日月中天江河行地五百年聞知之統獨衍心傳七十子悅服之誠長垂師表朕祇承遺訓嚮往前徽曾展謁以加虔每經行而致敬今值省方輯瑞四莅南邦入境觀風載遵東道青徐接壤聖人之宅里非遥洙泗交流道脈之淵源可溯敬循祀典

特遣專官川嶽致祭香牲神昭格 大賚老民老婦

丙戌 三十一年初令民壯專習鳥鎗

詔蠲免漕糧一年 山東以三十二年

初揀選優等舉人分發試用 定奉祀生額數 定地丁數

以鰲爲斷 表節婦張兆煜妻桂氏門

丁亥 三十二年議准州縣因公赴省者督撫年終彙奏 知縣

龍元燈到官 鄉各立陸任 曹州府同知嚴文典碑

戊子 三十三年夏大旱六月雨 甘肅提督王澄卒

己丑 三十四年春二月

賜衍聖公孔昭煥敬勝齋法帖

頒周範銅器於太學孔子廟　冬十月學政韋謙恒來歲試

十有一月會勘尼山祭學田之被鄰民隱佔者

庚寅三十五年春正月朔雨木冰　買麥石運京倉　夏四月

庚寅

詔以來年東巡泰

上諭前以富明安而泰山左臣民情殷望幸且泰安岱廟及碧

霞祠宇俱重經修理落成明歲正屆

聖母八旬聖壽

慈懿亦欲親詣拈香因允其所請並諭令富明安一切務遵儉

約斷不可稍事華飾靡費該撫自當體會朕意善爲經理

惟入山東境內前往泰山山[illegible]平陸程尚有數日前經富明安

委明添設行宮數處以供頤養因念

聖母年高氊屋較氈廬更爲安適且可省運帶行營城分之繁姑允所請然所經不過一宿憩留但期補守粗完掃除潔淨足矣斷不必點綴水石佈置亭臺徒致耗費物力再泰山經路陡峻縈紆將來

聖母臨幸時但詣岱麓神祠瞻禮並不遠躋崇嶽毋庸於山頂另建行宮至朕登岱經由道路只須就現成山徑略爲除治足資策騎總不得做照從前搭蓋天橋重勞工作著傳諭該撫務須遵旨撙節妥辦不得稍涉踵事增華以副朕意欽此

夏五月學政李謙恒來科試　六月濟東道汪圻來

賜衍聖公孔昭煥

皇朝禮器圖　蝗來集於泗河之沙灘不為災　布政使尹嘉
銓來　秋八月乙酉奉
上諭今春巡幸天津山東撫臣富明安至行在覲謁以明歲恭
逢
皇太后八旬萬壽普天同慶奏請登嶽祝釐且言該省臣民五
年以來望幸之情實為誠切懇至於再三朕因泰岱
聖母以泰山廟宇鼎新欲
親詣拈香展敬朕亦以闕里久未臨謁便道往莅於禮為宜而
往返俱由水路兼可適
高年頤養面諭該撫俟秋成後再行降旨茲該撫奏山左二麥
既獲大田豐稔比屋盈寧爰允所請於獻歲春和恭奉

安輿撰吉啓蹕以臚歡忭而迓
慈禧惟是連歲恭逢
慶典業於春巡津淀時俯順輿情俾共申巷舞衢歌之悃來年
巡蹕所至非但甸畿境內不宜復事繁文即東省入疆以後
亦不當綴景增華致滋靡費朕省方問俗念切觀民惟以閭
里恬熙羣情愛戴爲樂若侈陳彩飾粉燿川途不足美觀而
徒耗物力實所不取該督撫其善體恪遵毋違朕命將此宣
諭知之欽此　修古泮池
行宮冬十月乙酉奉
上諭明歲恭逢
皇太后八旬萬壽普天同慶已允山東巡撫富明安所請祗奉

安輿
親詣泰山拈香展敬朕亦以便道臨謁闕里諏吉於來春二月
初三日啓鑾所有一應事宜著各衙門照例預備欽此 重
修周公廟顏子廟 葺少昊陵 修
御道及沂河橋 衍聖公修林廟 定凡遇
慶典令衍聖公奏明朝賀得
旨遵行五經博士不必來京 按察使姚立德來
詔輸免錢糧一年
賜衍聖公長子允憲二品冠服 登萊青道王站住來 有年
表壽婦賈志學妻倪氏楊居讓妻孔氏顏光琇妻孔氏胡公
珩繼妻張氏門 兖沂曹道李瀚兖州府知府福森布來

辛卯 三十六年春二月甲戌

聖駕東巡乙酉衍聖公孔昭煥率各氏子孫迎

鑾於袁樓水營丙戌奉

上諭朕俯順輿情祗奉

皇太后安輿恭詣泰岱祝

嘏延禧並登闕里之堂躬行釋奠輦路所經推恩優渥而泰安曲阜爲駐蹕之地允宜廣敷恩澤用溥隆施著將該二縣乾隆辛卯年應徵地丁錢糧全行蠲免該部即遵諭行欽此戊子禮部侍郎兼太常寺卿諾穆渾來莅習禮儀 大賚經過地方老婦如例予軍流以下人犯減等廣山東本年學額考試獻詩士子

賜舉人二名　賞鹽庫銀三萬兩以贍工作加辦差官各一級

三月乙巳

遣理藩院尚書固倫額駙超勇親王色布騰巴爾珠爾祭少昊

陵簡親王豐訥亨祭周公廟

祭少昊文曰惟帝德協金行靈輝華渚纘有熊之令緒承太

昊之遺徽圯自窮桑照日華而呈五色都於曲阜召鸞鳥而

致諸祥分至啓閉別其司爰調四序重該熙修毓其秀無曠五

官惟功烈之攸垂宜明禋之勿替朕時巡東國載考西皇瞻

舊闕於雲陽如聽大淵之奏緬遺蹤於壇石聿修秩祀之文

靈爽式憑庶其歆格

祭周公文曰惟公多材多藝丕顯丕承矢忠藎於金縢勤勞

家相美德音於赤舄佑啓姬宗勒官禮之書經綸範世紹羲文之緒河洛闡源陳皇敬以重田功所其無逸覲耿光而揚大烈迄用有成緬維青社肇封聿降美報亦越龍旂承祀勿替馨香閱世雖遥徽猷如昨朕時巡東土言莅岱宗懷衮繡以欽承猶親道範望榰楹而仰止載舉明禋特遣專官敬修祭典期吉蠲以將事庶靈爽之來歆

命刑部左侍郎錢維城奠酒於啓聖王墓

聖駕幸闕里御行服乘步輦入崇信門詣孔子廟入德侔天地坊樂生奏仙源九視之曲原任戶部主事孔繼汾著五經博士孔廣棨恭導由奎文閣左掖門入至大成門外降輦由中道步入大成殿拈香如乾隆二十一年儀出

駐蹕古泮池

行宮丙午

皇上親行釋奠禮祝文曰惟先師立極三才作師萬世綜刪定

贊修之業德媲勳華宣立道綏動之謨功參覆載百王將其

幣奠千古式其里居朕祗來

金輿言臨青壤挹泉林之混混久契心源瞻岱岳之巖巖彌欽

道岸溯南巡遣祭而幾閱星霜當東幸抒誠而重陳俎豆宮

牆雖峻遙通望道之忱車服長新丕煥右文之治維神來格

尚予是歆三獻九拜如乾隆十三年儀四配十二哲及兩廡

從祀先賢先儒

命工部尚書和碩額駙福隆安署兵部尚書豐昇額吏部右侍

郎曹秀先禮部左侍郎金甡刑部左侍郎錢惟城內閣學士
富察善內閣學士福德光祿寺卿申甫太僕寺卿皂保鴻臚
寺卿和桂各分獻崇聖祠
遣協辦大學士戶部尚書于敏中行禮祝文曰惟王緒衍殷商
支延宋胤本聖裔而開至聖適居作述之間踵王迹以垂素
王實接君師之脈銘鼎克傳世德累葉稱恭抉門始著威名
貽謀遂遠
崇封五世廟貌永以不祧秩祀千春歲薦昭其美報典逾常格
尊適等倫茲以諏日將蒞登堂展謁念道兼治統禮宜追祖
德宗功而化洽川流祭亦擬先河後海用申特祀爰遣專官
惟冀神靈尚其歆格先賢先儒

命翰林院侍講學士德昌翰林院左中允哈福納翰林院五經
博士孔傳錦世襲六品官孔傳松各分獻祭畢
上出大成門步至奎文閣西北閱
登極遣祭碑還
行宮
命曹秀先金甡錢惟城申甫分祭顏子曾子子思子孟子祠祭
顏子文曰惟復聖顏子泗水鍾靈尼山紹統身雖屢空矣樂
志於簞瓢詎切歸仁殫勤修於克復守博文約禮之教既竭
吾才兼聞一知十之資無言不說爲邦作王佐治功商三代
之全好學契聖心德行冠四科之首尊崇允協報享攸宜兹
以時巡重臨魯甸敬申秩祭緬陋巷以非遥殷慕典型冀淸

尊之是侑神其降止享此苾芬祭曾子文曰惟宗聖曾子擬
秀武城傳心闕里則天因地聿垂孝子之經明德新民首述
大人之學悟眞源於一貫悉本躬行衍道脈於千秋獨由魯
得耕田食力歌聞金石之聲郤聘辭卿心輕晉楚之富篤實
之姱修如在廟庭之配典攸崇茲者問俗東巡臨風仰止肅
申禋祀想至行於几筵敬遣專官把德輝於陟降神其來格
於此居歆祭子思子文曰惟述聖子思子德符元聖系禀素
王繩祖闡微書析天人之奧紹庭綿緒訓承詩書之型性道
昭垂溯習傳於一貫見聞遞授啓私淑於百年守土獨勵臣
心義嚴衛境發賢並尊師範禮重魯廷久著褒崇式修禮祀
朕時巡東郡祇謁孔林欽作聖而述明詒謀正遠念開來而

纖往昭報非虛特遣祠官用申馨薦冀神靈之是格儼道範
以常新發孟子文曰惟亞聖孟子統接見知學承私淑繼傳
薪於三聖大道是閑扶墜緒於七篇斯文再盛守先待後息
浮議以正人心幼學壯行黜近功而崇王政性原堯舜獨標
仁義之宗道重齊梁力矯從衡之習信侔稱乎禹績實稟訓
於孔傳朕載莅曾邦近瞻高躅緬風徽於鄒嶧廟貌如新欽
氣象於泰巖祠官是飭肅精禋而昭報佇神爽以式憑芳醑
敬陳尚其歆格

賜衍聖公孔昭煥以下衣服銀幣有差丁未

上御行服詣孔林酹酒遂詣少昊陵周公廟顏子廟拈香禮畢

還

行宮賜衍聖公孔昭煥及名博士族人宴
諭頒周笵銅器於闕里孔子廟戊申
聖駕回鑾　夏四月丁丑衍聖公孔昭煥率各博士族人入朝
修縣志　五月大雨水
授新進士孔繼涵戶部額外主事孔廣森翰林院庶吉士
賜年八十以上會試舉人黃業欣翰林檢討銜　秋九月辛巳
頒御書額聯於少昊陵
頒御書額於孔子廟顏子祠　奉勘更名地　冬十一月衍聖
公孔昭煥入朝
賜五臨曲阜詩卷一匣　更衍聖公長子名曰憲培
頒恩詔大賚老民老婦　舉原任遼商道孔興釪入鄉賢祠

頒少昊陵周公廟顏子廟范銅供器各五

壬辰三十七年春正月

遣吏部右侍郎曹秀先來祭告少昊陵孔子廟

祭少昊文曰惟帝王體元則大撫世誠民勲被寰區德昭往

古羹墻匪隔累朝之統緒相承俎豆維新百代之英靈如在

茲以

慈闈萬壽懋舉鴻儀敬晉

徽稱神人洽慶孝道以尊親爲大式仰前型

母儀之錫類者宏永綏厚福彝章載舉祀典斯崇布肹蠁以告

虔庶靈明之來格祭孔子文曰惟先師德由天縱學範人倫

備性道之統宗闡治平之極軌微言奥義千秋之彝訓猶新

因地則天百代之綱常永植茲以

慈闈萬壽懋舉鴻儀敬晋

徽稱神人慶洽仰宮墻於泗水群瞻美富之休隆俎豆於尼山

益錫詩書之福專官致告將事維虔歆格有靈蘩蘊用荷

三月巡撫徐績來　夏四月衍聖公洛清釐祭田　兖沂曹

道松齡重修曾子廟　五月新建顏子蒸享殿修林門　按

察使國泰來

授孔廣森翰林院檢討　縣志成

曲阜縣志卷之三十五終

曲阜縣志卷三十五

【民國】續修曲阜縣志

孫永漢修　李經野、孔昭曾纂

民國二十三年（1934）鉛印本

災祥

道光元年四月朔日月合璧五星連珠孔憲圭曾作詩紀瑞

咸豐七年雹旱蝗三災均有五穀不登人將相食

咸豐九年九月髮匪過境十年三月髮匪又臨城下擾害鄉村極甚幸城守完固無恙

同治七年泗河決口淹沒禾稼屋宇西關一帶尤甚

光緒十一年冬彗星屢見

先緒十三年四月二十四日大風雨雹田麥傷大木拔秋大水禾盡傷是年大饑

光緒十四年秋旱秋禾豆禾均皆枯槁

光緒十六年五月二十四日泗河決口已登場麥子沖去極多而西關西鄉一帶倒塌屋墻無算

光緒二十四年蝗蟲爲災毀傷穀穗殆盡二十五年歲大饑

宣統三年除夜雷雨大作

民國三年春蝗蝻生不甚爲災

民國四年秋九月彗星見

民國四五年皆大雨雹毀傷麥禾殆盡

民國八年七月初有蝗自西南來損害秋禾

民國十年四月初三日大雨雹損害麥禾殆盡

濟南同志印刷所印

民國十五年泗河決口大水冲毀墻屋禾稼甚重西關附近尤甚

民國十六年凶旱皆大饑

民國十六年秋飛蝗蔽天蝻子徧野秋豆秋禾食之殆盡飢寒之狀莫可言喻幸有官紳商設方賑濟稍有補救

民國十七年二月二十四日日套三環

民國十七年夏五月蝗蝻生田禾食盡

民國二十一年七月旱蝗食豆葉咸盡